a *AMSTERDAM aux Depens de la* COMPAGNIE *1725.*

HISTOIRE PHYSIQUE DE LA MER.

Ouvrage enrichi de figures deſſinées d'après le Naturel.

PAR

LOUIS FERDINAND COMTE DE MARSILLI,

MEMBRE DE L'ACADEMIE ROYALE DES SCIENCES DE PARIS.

A AMSTERDAM,
Aux DE'PENS DE LA COMPAGNIE.

M. DCC. XXV.

A MESSIEURS
DE L'ACADEMIE ROYALE
DES SCIENCES
DE PARIS.

MESSIEURS,

UAND je vous offre cet Essai de l'Histoire Naturelle de la Mer, c'est vôtre Ouvrage, que je vous offre. Les doctes Remarques que vous y avez faites, l'honneur que j'ai d'être Membre de vôtre Illustre Corps, tout cela vous le rend propre ; & en vous l'offrant, je ne fais que vous restituer un bien, qui étoit déja à vous. Si quelque chose me fait plaisir en cela, c'est, MESSIEURS, de pouvoir vous l'offrir dans une Langue, qui est presqu'aujourdhui la Langue universelle, & de pouvoir vous remercier, en cette même Langue, de l'honneur que vous m'avez fait de me proposer à Louïs le Grand de très-glorieuse mémoire, pour remplir parmi vous, au nom de l'Italie, la place du celebre Viviani. J'aurai fait en deux mots, l'éloge de ce grand homme, en disant qu'il étoit le dernier Disciple favori de Galileo Galilei, & qu'il fut choisi par le feu Grand Duc de Toscane, pour enseigner les Mathematiques au Grand Prince GASTON son Fils, aujourdhui regnant. Mais plus ces deux mots sont expressifs, plus je dois entrer en défiance de moi-même de ne pouvoir soûtenir un rang si distingué. Toutefois ce qui me rassure auprès de vous, c'est que de vous-mêmes, MESSIEURS, & sans que j'en eusse la moindre pensée, vous avez bien voulu me proposer au grand Roi, qui m'a honoré de son choix, par préference à tant d'autres Savans d'Italie ; mais ce qui peut, MESSIEURS, m'excuser en quelque façon auprès de vous, peut-il également me justifier dans l'esprit de toute ma Nation, à qui je dois persuader que mon obéïssance seule me fait occuper une place, qui auroit pû être remplie beaucoup plus dignement par tout autre ? Le choix du Prince, qui a daigné me nommer, sera, auprès d'elle, mon Apologie. Accoûtumée, comme elle l'est, à entendre dire que Louïs le Grand créoit les talens, qu'il falloit avoir pour lui plaire, elle croira que son choix m'a rendu tel que je devrois être, pour obtenir un rang parmi vous. Moi seul je

*

fensentirai mon insuffisance ; & à l'abri de vôtre nom , je joüirai de l'honneur d'une place qu'il suffit d'occuper, pour être distingué ; c'est, MESSIEURS, pour le mériter du moins par les justes effets de ma reconnoissance, que je vous consacre cet Essai, tout imparfait qu'il est. Je l'avois conduit jusqu'au commencement de la troisième Partie, lorsque tout-à-coup je reçus ordre de N. S. P. le Pape CLEMENT XI. mon Souverain, de très-heureuse memoire, de me rendre aux pieds de Sa Sainteté. Je me flatois de me retrouver en état de le continuer ; mais divers incidens , & en dernier lieu le mal contagieux, ne m'aiant pas permis de retourner en Provence ; j'ai été obligé d'interrompre un travail, que je ne pouvois aisément achever ailleurs. Cette raison, jointe au nombre de mes années, qui s'augmente, & la diminution de mes forces, qui se fait sentir tous les jours, auroit suffi, pour le supprimer même entierement, sans les instances réïterées d'un celebre * Professeur de Leide, à qui je n'ai pû refuser de mettre ce que vous voyez au jour. Alors je me suis ressouvenu de l'approbation que vous aviez daigné leur donner ; & muni d'un suffrage si authentique, je ne l'ai pas cru indigne de paroître. C'est aussi pour continuer à m'en prévaloir, que je vous supplierai toujours de croire que je n'ai autre dessein en tout ceci que de vous prouver mon Zèle, pour la perfection des Recherches naturelles, & que de me montrer du moins Vôtre Confrere, par des efforts dignes d'un nom si avantageux, qui me procure le bien de me souscrire, avec la plus vive reconnoissance,

* Mr. le D. *Beerhaave* Professeur en Medecine, Chimie, & Botanique dans l'Université de Leide, qui vouloit se charger lui-même de l'impression.

MESSIEURS,

Vôtre très-humble, & très-obéïssant Serviteur,
Le Comte LOUIS FERDINAND
MARSILLI.

PREFACE.

 ENDANT plusieurs voyages, que j'ai eu occasion de faire en presque tous les Païs de l'Europe; je me suis appliqué à reconnoître, s'il y avoit, dans le corps entier de la Terre, une Symmetrie reglée de toutes les parties qui le composent. Il me sembloit que la masse, qui contient tant de corps animez, & inanimez qui sont organisez, pourroit l'être, aussi bien qu'eux, & qu'il ne seroit pas impossible de trouver par là cet ordre, qui lui fut donné par le Créateur. Il est vrai qu'à cause de la petite étendue de ces corps il a été plus facile d'en faire l'Anatomie, qu'il ne l'est de faire celle de la Terre, qu'on ne peut voir entiere, d'un seul coup d'œil; mais qu'il faut parcourir, par de longs & de penibles voyages; & qui de plus tient les parties cachées sous des Eaux, des Neiges, de la glace, & des sables; & ce sont en partie ces difficultez, qui dégoûtant les observateurs, les ont portez à croire plûtôt que la Terre n'est qu'un amas confus de Corps de differente nature que le hazard a disposez. Ou si quelques personnes ont voulu y établir une structure reglée, ils ont mieux aimé l'inventer, dans le réduit d'un Cabinet, sur une Table unie, que d'aller, pour ainsi parler, par monts & par vaux, s'assurer d'une verité, qui ne pouvoit que leur causer beaucoup de dépenses & de fatigues. Mais aussi ce n'est que par ce moyen, que l'on peut faire la distinction Anatomique de toutes les parties de ce Globe, & sans outrager, par des Chimeres, l'Auteur d'un ouvrage si parfait, en donner une Analyse utile, que l'on a négligée jusqu'à present.

CETTE tentative m'a semblé nécessaire, dans l'étude de la Nature, jugeant que nous entendrions beaucoup mieux quantité de choses dans la Physique, si une fois nous étions assurez de la structure de la Terre. On détruiroit par là certainement bien des sotises, dont on a composé des volumes, sous diferents Titres, & par lesquelles on veut nous persuader que la forme du Monde a été entierement changée, par le Déluge, comme si un corps si dur & si vaste avoit pû, ainsi qu'une boule de craye, se détremper entierement, par les eaux, & devenir tout autre que Dieu ne l'avoit fait. Toutes ridicules que soient ces spéculations, elles ont trouvé de l'aplaudissement, jusqu'à aujourd'hui; & cela à cause que personne n'a voulu, ou n'a pû se donner la peine de commencer l'examen de toutes les parties qui composent ce Globe; par lequel on auroit distingué bientôt de quelle courte durée ont été les alterations, que le Déluge fit à la superficie de la Terre, & quelles ruptures peuvent avoir été causées, par ses Tremblemens.

CE dessein me parut hardi, & je jugeai que l'execution en seroit difficile; mais plusieurs occasions se présentant, je me déterminai enfin à en faire l'essai. Je fis donc quelques remarques, sur cette chaine de Montagnes, qui est entre les Alpes de la Suisse, & le Rivage occidental de la Mer Noire. Cependant comme je vis, qu'il étoit nécessaire de les continuer jusques aux Monts Pirenées, où sont proprement les racines de toutes ces Chaines qui vont aboutir à l'Ocean

*

sur

PREFACE.

sur les Côtes d'Espagne, je ne voulus point les donner au Public, esperant qu'à l'aide d'une Paix génerale, je pourrois continuer ce que les vicissitudes du Monde m'avoient permis de commencer, nonobstant la fureur de la Guerre.

J E compris qu'avec la continuation des lignes des Montagnes, il faloit avoir également une connoissance de la structure du Bassin de la Mer, qui ne pouvoit être qu'une suite proportionnée à celle du Continent; ce qui est effectivement vrai, comme mes observations sur les Côtes de Provence & de Languedoc me l'ont fait voir. Cette recherche m'a engagé, par occasion, à travailler à un Essai de l'Histoire Physique de la Mer, qui est une chose qui nous manque, dans l'étude de la Nature. Ce sujet est vaste, même dans les Bornes que je me suis prescrites, qui ne sont presque que des atomes, en comparaison de l'entiere masse de la Mer, j'espere pourtant d'en donner au moins une ébauche, pour inviter quelqu'autre, qui ayant l'esprit plus élevé & étant mieux pourvû des moyens nécessaires, pourra lui donner toute sa perfection. Ce sera donc ce dernier sujet, que je traiterai à présent en diferents Cayers, lesquels je soumetrai au Tribunal de l'Academie Royale des Sciences de Paris, & après qu'ils y auront été examinés, on pourra les unir en un volume, pour qui j'espererai l'aprobation du Public, après une correction si illustre.

J E travaillai pour la premiere fois à cet examen de la Mer, quoi que sans une idée si universelle, sur la petite étenduë du Canal de Constantinople, l'an 1680, & mes observations furent communiquées à Christine, Reine de Suede, qui les fit imprimer à Rome. Ensuite un nouveau séjour, que je fis en cette ville Imperiale, l'an 1691. me donna lieu de renouveller mes recherches sur ce sujet, que j'eus toûjours dessein d'unir dans une nouvelle Edition, avec les premieres; mais les occupations que j'ai euës d'ailleurs m'en ont ôté le moyen. Ce seroit ici l'endroit de les joindre avec celles d'à present, si j'avois auprès de moi les premieres, qui furent imprimées, & les secondes qui n'ont été encore que manuscrites. Ne les ayant point, à l'heure qu'il est, j'attendrai quelqu'autre conjoncture pour les publier, sur le même dessein, que j'établis dans cet Essai, ou bien dans un Volume separé, suivant ce qui me paroîtra le plus à propos, en revoyant tout cet ouvrage ensemble.

I L n'y a personne, qui ne prévoye le grand nombre de difficultez, que la nature de la Mer présente à ceux, qui veulent pénetrer dans son interieur; & c'est peut-être, ce qui est cause que plusieurs hommes d'esprit, non seulement ne se sont pas osé promettre de voir la fin d'une pareille entreprise, mais même n'ont pas crû pouvoir la bien commencer. Le Public, qui se conduit ordinairement par le seul interêt, qui regarde la vie humaine, & non par celui qui peut regarder les Sciences, s'est contenté de quelques remarques, qui peuvent servir à la Navigation, ou à donner quelque connoissance des diferentes especes & qualitez des Poissons qui servent d'Aliment. Les mêmes difficultez, que les autres ont trouvées avant moi, se présentent devant mes yeux; sans que je desespere pourtant de les surmonter en partie, & de pouvoir réünir utilement dans les observations, & les experiences que j'ai tentées. Ceux qui ont navigué nous ont donné quantité

de

PREFACE.

de Rélations qui, quoique difperfées en diferents fragmens, pourroient être réünies; & en les plaçant en leur lieu, elles feroient une
partie confiderable de l'Hiftoire de la Mer. Il fe pourra faire qu'un
jour quelqu'un entreprendra de donner cet ouvrage au Public; mais
il faudra pour cela, quelque Illuftre & fecourable Mecene. Pour
moi je me prépare à l'Effai Phyfique, que j'ai entrepris de faire dans les
pétites limites, que je fpécifierai; afin d'animer les autres à en faire
autant, & plus, dans toutes les parties du refte de la Mer.

Les Rivages, que j'ai examinez, par raport à la ftructure de la
Terre, & qui ont donné lieu à cet Effai, font une partie de la Pro-
vence & du Languedoc. Dans la premiere, j'ai commencé au Cap
Siffié, & j'ai fini dans l'autre à celui d'Agde.

Voila l'étendue, dans laquelle mes obfervations ont été faites. Les
lieux & les fituations fe diftinguent, par des Chifres particuliers. Je
ferai voir, dans la fuite du difcours, les raifons qui m'ont obligé d'é-
tendre la Carte, jufques au Cap de Quiers, qui eft fitué entre les
Royaumes de France & d'Efpagne, quoique je ne fois pas allé moi-
même jufques-là. Je dois la defcription des Côtes du Languedoc à
Monfieur de Basville, Intendant de cette Province, qui l'ayant fait
faire, avec beaucoup d'exactitude, a eu la bonté de me la communi-
quer; & celle de la Provence & du Rouffillon à Monfieur de Chazel-
les, de l'Academie Royale des Sciences de Paris, & Ingenieur des Galeres, qui travaille à publier la correction de toute la Mer Méditerranée, fondée fur fes nouvelles Obfervations Aftronomiques qu'il a faites il
y a treize ans, par ordre du Roi, dans tout le Levant. Pour la fituation, & la veritable hauteur du Mont Canigou, le plus élevé de tous
ceux qui forment la Ligne des Pirenées, je me fuis fervi des Obfervations qui y furent faites, par Monfieur Caffini, lors qu'il prolongea, dans
toute l'étenduë de la France, le Méridien de l'Obfervatoire Royal de Paris, defquelles il a bien voulu me faire part. Afin d'examiner, avec
plus de netteté, toutes les parties, qui concourent à former le Corps
entier de la Mer, j'ai cru devoir divifer mon Difcours en cinq differentes Sections.

Dans la premiére, je parle du Baffin ou du Lit de la Mer; dans la
deuxiéme de l'Eau; dans la troifiéme des divers mouvemens de l'Eau;
dans la quatriéme de la nature, de la proprieté, & de la végétation
des Plantes; & dans la cinquiéme des animaux, qui naiffent & qui vivent dans la Mer.

Le Baffin, ou Lit de la Mer doit être confideré, felon les diffe-
rentes furfaces qu'il a euës, ou par la premiére difpofition du Créateur
ou par les additions, & les diminutions de la vieille & de la nouvelle
matiére. On ne doit pas oublier avec quel ordre les materiaux, qui
compofent ces parties, ont été mêlez enfemble; de combien de forte il
y en a, & enfin quelle temperature d'air, en comparaifon de celle que
nous remarquons en nôtre Terre, fe trouve dans les diverfes profondeurs.

J'examine en l'eau les diverfes couleurs, & les differens goûts.
Les mouvemens de l'eau de la Mer font ou continuels, ou acciden-
tels. Les premiers proviennent des Courans réglez, & des flux &
reflux certains, & les feconds de la varieté & de l'inconftance des Vents

* 2

qui

PREFACE.

qui en reglent la force, suivant qu'ils sont plus ou moins impetueux.

Les Plantes sont remarquables par leur Figure, leur Structure, leur Substance, leur Nature, & par la maniére, dont se fait leur Végetation. C'est ce qui m'a obligé à ce grand nombre d'observations, qui à cause de leur nouveauté ne seront peut-être pas desagreables au Public.

Il est nécessaire de diviser les animaux en deux parties génerales. L'une de ceux qu'on mange, & l'autre de ceux qu'on ne mange pas. La premiére contient toutes les sortes de Poissons, que l'Industrie des hommes a coûtume de pêcher pour l'usage de la vie, & qui font le gain de peuples entiers, qui en vivent. Ceux-ci, en fournissant les peuples de tant d'especes de poissons, ont procuré aux Naturalistes anciens & modernes la commodité de composer ces histoires, que nous avons, dans l'étude de la Nature, accompagnées de descriptions & de figures distinctes. C'est effectivement la partie la plus achevée de l'Histoire maritime. La seconde est celle des Insectes, qui a été négligée également, par les Ecrivains, & par les Pêcheurs. Ces derniers ne voyant aucun profit à les transporter dans les villes, les rejettent dans l'Eau, & les Savans ne voulant pas se donner la peine de se rendre eux-mêmes à la Pêche, sont privez par conséquent de la connoissance, qui est nécessaire, pour en former cette partie considerable. Ce sera donc seulement sur cette seconde que je m'étendrai, la premiére nous étant si connuë, que ce seroit perdre le temps que de nous y arrêter.

Tout ce que j'exposerai est fondé sur les experiences, & les observations que j'ai faites moi-même sur les lieux; car pour les Rélations, que j'ai euës d'ailleurs, les ayant examinées, & ayant trouvé qu'elles se contredisoient, je n'ai point voulu du tout m'en servir. Mes experiences ont été faites sur les lieux mêmes, où il étoit nécessaire, tantôt avec des Rets, & tantôt avec d'autres instrumens de diverses formes, que j'expliquerai, quand il en sera temps. J'ai eu recours, dans les observations, à la Chimie & au Microscope.

La premiére m'a montré toutes les parties cachées des Corps, qui composent les cinq parties de cet Essai; & le second a étendu les parties que j'avois besoin de connoître dans la structure des Plantes & des animaux, pour en faire une démonstration exacte, à la vuë, par le moyen du dessein qui a été executé avec soin.

J'ai été obligé, en plusieurs occasions, de me servir de mesures pour proportionner ce grand nombre de parties, qui composent le Corps entier de la Mer; & la brasse est la seule, qui est en usage parmi les mariniers, laquelle ils reglent grossierement, par l'étenduë des deux bras qui, comme on peut juger, devient plus ou moins grande suivant la differente proportion des hommes.

Cependant comme j'ai vû que c'étoit à peu près la même chose, que la Toise, pour me rendre plus intelligible au Public je m'en servirai; & enfin quant aux Poids qui ont dû régler mes experiences, voici ceux dont je me suis servi. J'ai pesé les Corps solides avec la Balance ordinaire, mais très-exacte, me servant de la livre composée de douze onces, l'once de huit dragmes, & la dragme de soixante grains; & les fluides avec l'Areometre de verre, de la forme, grandeur, & poids que l'on trouvera décrits.

PRE-

LECTURO PRE'FACE

S. P.

H. BOERHAAVE.

EN Tibi tandem , Lector Philosophe , diu quidem exspectatum, at præclarum Hercle , Opus. Huic sane aliud par invenire in naturali Historia erit quam difficillimum, instructissimam licet Bibliothecam quis excutiat. Sive enim Auctorem spectaveris , aut materiem Operis , vel modum denique , quo idem confectum habetur , ubique insolita omnia, & pulchra, reperies. Illustris quippe tanti Operis Artifex, eximio natalium splendore præfulgens, Italicis semper artibus totus deditus , inque militari educatus disciplina , per varios gradus ad prima in ea munera evectus fuit. Idem interea , inter horrentia Martis , jam a teneris, nullum unquam tempus remisit , nullam neglexit oportunitatem, quin in rerum naturalium contemplatione totus esset. Vero utique exemplo docens, galeam & lanceam haud dedecere Artium Præsidem Palladem ; utque magnus olim *Cæsar*, ab utroque se insignem præstans. Utique a Piratis captus ille Musas colere haud desiit ; ita hic , inter Barbaros captivus Thracas , ex ipsa calamitate pulcherrimam quæsivitque occasionem, & invenit ad investiganda Naturæ nondum detecta arcana ; atque negotiorum utilissimorum dulcedine miserias captivi lenivit.

DE Mr.

HERMAN BOERHAAVE,

Professeur en Medecine , dans l'Académie de Leide , sur l'Histoire Physique de la Mer , par Mr. le Comte de Marsilli.

Voici enfin un Ouvrage, à la vérité long-tems atendu , mais aussi l'on peut dire , que c'est un Ouvrage excellent ; & tel qu'il seroit très dificile de lui trouver son pareil , pour ce qui regarde l'Histoire Naturelle , dans aucune Bibliotheque , quelque nombreuse & quelque bien assortie qu'elle pût être. En éfet , soit que vous consideriez l'Auteur , soit que vous regardiez ce qui fait la matiere de l'Ouvrage , soit enfin que vous vous atachiez à la maniere , dont il est exécuté , vous n'y trouverez rien de commun ; tout vous y paroîtra admirable. Celui à qui nous devons ce grand Ouvrage , illustre par sa naissance , s'est toujours entierement adonné aux beaux Arts qui fleurissent en Italie ; & nouri dans l'Ecole de Mars , il est parvenu , par degrés , jusqu'aux premiers Postes militaires. Cependant , depuis sa plus tendre jeunesse , parmi les horreurs de la guerre , il n'a jamais cessé de profiter de toutes les ocasions de se livrer tout entier à la contemplation de choses naturelles : & c'est un Exemple vivant , qui nous fait voir , que Pallas, cette Déesse , qui préside aux Arts & aux Sciences , n'a pas mauvaise grace , le Casque en tête , & la Lance en main. Comme on a vu autrefois le grand Cesar, qui s'est rendu fameux , par ces deux beaux endroits , après avoir été pris par les Pirates , continuer parmi eux à cultiver assidûment les Muses ; de même aussi , notre Auteur , captif parmi les Turcs , a toujours cherché , & trouvé , dans son malheur , la plus belle occasion de découvrir plusieurs secrets de la Nature , inconnus avant lui ; & c'est , par l'agrément de ces ocupations utiles , qu'il savoit adoucir l'amertume de sa captivité. Il a passé près de cinquante ans dans cette étude , avec tant de succès , qu'on l'a vu rechercher une infinité de choses, à quoi personne n'avoit même pensé ; & venir glo-

rieusement à bout de beaucoup d'autres , que les plus habiles du Mètier avoient, à peine, osé souhaiter. En cela , il a imité Cyrus , Mithridate , & Dioscoride, qui, célèbres par les armes, ne se sont pas moins distingués, par la connoissance des choses naturelles. Mais, n'en soions point surpris : au lieu que la plupart des autres Géneraux donnent ordinairement les heures , que leur laissent leurs travaux & leurs soins militaires , au Jeu, à la Débauche , aux Spectacles , & aux Plaisirs qui leur peuvent faire passer le tems , ce Héros plus sage les a toujours consacrées à l'unique étude de la Nature, pour en découvrir l'ordre , les ouvrages , les loix , & pour aquerir une connoissance parfaite d'une chose si belle, si utile, & si nécessaire. En éfet, peut-on trop admirer cette sagesse, qui lui faisant éviter avec soin, tous les vices atachés naturellement , pour ainsi dire, à la vie militaire , qui le détournant des atraits des plaisirs dangereux , & des engagemens souvent funestes du Jeu & du Vin, l'a porté à cultiver son genie sublime, en lui inspirant le goût d'une Science solide ! Mais peut-on, en même tems , trop admirer le bonheur qu'il a eu, de faire de si grands progrès dans cette noble Science, que, par les services signalés qu'il a rendus au Siecle présent, & à la posterité, il leur a fourni le plus exemple de vertu ; &, qu'il a immortalisé son nom, en leur imposant l'obligation d'une reconnoissance éternelle ! Car , soit qu'il conduisît les Troupes, dans un Décampement ; soit qu'il eût un Camp fixe & arrêté ; soit qu'il allât à la Découverte, ou au Fourage , ou pour faire du bois ; soit qu'il fût en quartier d'Eté , ou en quartier d'Hiver , il étoit toujours atentif à tout ce qui pouvoit être de quelque usage physique ; &, dès qu'il rencontroit quelque chose de pareil, il le couchoit soigneusement sur ses tablettes, serrant & ramassant toujours ; faisant sans cesse de nouvelles provisions , pour les mettre au jour, quand il en seroit tems. C'est ainsi, qu'il observoit avec soin, les Montagnes, les Vallées, les Fleuves, les Lacs, les Etangs, les Mers, les Rivages, les Bois, les Forêts ; par-tout , il cherchoit à découvrir la maniere dont agit la Nature ; se défiant de tout, sans complaisance pour lui-même, n'écoutant que les loix de la Nature, il a toujours poussé sa géneureuse entreprise. Jusqu'ici, ce ne sont que les recherches qu'il a faites sur Terre, qui sont, sans doute, dignes de louanges, quoi-qu'elles ne soient pas incompré-

Sic dimidiati fere spatio seculi in hisce se gessit eo successu, ut plurima affectaverit , de quibus alius nemo vel cogitaverat , perfecerit multa, quæ Principes in Arte Viri vix votis attingere ausi fuerant. *Cyrum* in his , *Mithridatem* , & *Dioscoridem* imitatus, qui bello clari , in rerum naturalium cognitione palmam tulerunt. Neque mirum : quod enim cæteri belli Duces a labore militari vacuum & a cura tempus, aleæ, commissationibus, spectaculis , aliis voluptatibus dare solent , ut tædia otii fallant ; omne vero illud sapiens hic Heros uni Naturæ studio sacravit, ut hujus instituta, opera, leges perspiceret, animoque suo conciliaret cognitionem rei tam præclaræ , utilis, necessariæque. Sapiens ! qui vitæ militaris propria fere declinans vitia , illecebras damnosæ libidinis , & funesta toties Bacchi aleæque pericula, sublime ingenium solida potius sapientia excoluit. Felix ! cui contigit tantum profecisse in nobili Scientia, ut præclare merendo, & seculo præsenti , & venturæ posteritati, recte agendi exemplum præbuerit, memoriamque pulchre meriti suam immortalitati adscripserit. Sive enim copias duceret motis castris ; sive haberet stativa ; speculatum iret ; vel excurreret pabulatum , frumentatum , aut ad lignationes, & materiationem ; sive in æstivis versaretur vel hibernis ; semper circumspexit omnia, si quid forte physicos in usus notare posset, quoties tale quid se ingerebat sollicite statim suos in Commentarios retulit, legens semper , condensque, quod tempestive posset depromere. Ita ille Montes, Valles, Campos, Flumina, Lacus, Stagna, Maria, Littora, Nemora, Saltus,
per-

perscrutatus ubique, Naturæ agentis modum obfervavit fedulo ; omnibus diffidens, nec fibimet indulgens, folis Naturæ dictantis legibus obfequens, generofum femper propofitum promovit. Verum omnia hæc commemorata hactenus, Terra quæ indagavit, forte ut mireris, tamen intelligere queas, forte & ipfum Te imitari poffe putes : quid vero, dum per Marium horrida, diras tempeftates, inter mille mortis intentatæ pericula, fui fecurum, atque tranquilla ad ftudia Naturæ mente utentem, fpectas ? Admiratione abripiaris, *Numici* licet poffideas ingenium, omnino neceffe eft. Inter nauticam plebem, qua haud aliud durius hominum genus vel magis rude, afperrimos inter Pifcatores, politiffimis excultum moribus Virum verfantem fpecta. Mille hi quæftionibus torti, coacti ad infueta quæque, ad contemta, & neglecta fibi jam obfervanda impulfi, afpera verba, infultos jocos, mycterifmos affiduos, ingerunt. Cuncta hæc vel viliffimo hominum intolerabilia concoquenda funt generofo Pectori. Si irritati femel vix placandi erunt, nifi nummis vel potu fedaveris. Tali emit pretio fcientiam fibi, alios ut docere poffet, quid ipfa res habeat, quidque in abfcondito rerum parens agitet. Præivit fuo fic exemplo, quibus vellet artibus Naturam indagari, atque tradi deinceps in fuo *Bononienfi Inftituto.* Quod regio animo, regalibus dotatum reditibus, erexit, Artibufque facravit liberalibus, vere regium & ftupendum opus. Sed ego defino plura de his : viventis modeftia filere jubet, quæ fuperftes poft fata per fecula omnia deprædicabit fama. Quare ab his averfus ftylus eo fe vertat potius, ut Operis contenta paucis enarret.

henfibles ; & qu'il puiffe même fe trouver des gens, qui fe flatent de le pouvoir imiter. Mais, que dirons-nous, de le voir, parmi les horreurs des Mers, parmi les tempêtes afreufes, parmi mille dangers, qui le menacent d'une mort prefque certaine, de le voir, dis-je, fans foin pour lui-même, aporter toute la tranquilité de fon efprit à l'étude de la Nature ? On ne peut ici s'empêcher d'être ravi en admiration, quand on auroit le naturel de Numicus. Confiderez l'homme du monde le plus poli, parmi des Matelots, parmi des Pêcheurs, c'eft-à-dire, parmi les gens les plus brutaux, & les plus groffiers : il les queftione, il les preffe fur tout ce qui n'eft pas ordinaire ; il les force d'obferver des chofes, qu'ils ont toujours méprifées, ou du moins, auxquelles ils n'ont jamais fait d'atention ; eux, de leur côté, ne lui répondent, qu'avec des duretés, que par de mauvaifes & infipides railleries, que par des infultes continuelles. Il faut qu'un homme de qualité digere un traitement, qui feroit infuportable à des perfonnes de la plus baffe extraction. Si, par malheur, ils viennent à s'irriter, il n'eft pas facile de les apaifer ; & ce n'eft qu'à force d'argent, ou de les faire boire, qu'on en peut venir à bout. C'eft à ce prix, qu'il a aquis la Science, pour pouvoir inftruire les autres de l'effence des chofes ; & leur découvrir les reffors cachés de la Nature. C'eft ainfi, que, par fon exemple, il a fait voir, par quel chemin, il vouloit qu'on allât à la recherche de la Nature, & qu'on l'enfeignât, dans fon INSTITUT DE BOLOGNE. Cette Académie, que fa générofité lui a fait ériger, & enrichir de revenus fi confiderables, a été par lui confacrée aux Arts liberaux : y eut-il jamais rien de plus glorieux ; y eut-il jamais une entreprife plus digne d'un Roi ? Mais c'en eft affez, fur ce fujet. La Modeftie de notre Auteur nous impofe le filence, pendant fa vie, fur une infinité de chofes ; que la Renommée, qui lui furvivra, ne ceffera de publier jufqu'à la fin du Monde. Tirons donc le rideau fur tous ces objets ; & atachons nous à declarer, en peu de mots, le contenu de l'Ouvrage.

La Raifon humaine a reçu de la main adorable du Créateur de toutes chofes, la faculté de connoître certaines proprietés particulieres des Corps, & qui tombent fous les Sens : C'eft une verité fi bien établie, que Pyrrhon même ne le nieroit pas, & que Socrate n'oferoit le révoquer

en.

en doute. Mais les Sages ne font pas moins bien fondés à affurer, que la connoiffance qu'on aquiert des chofes, eft très-utile au Genre Humain, pour toutes les commodités, pour tous les befoins, & tous les ufages de la vie: l'Agriculture l'Aftronomie, la Medecine, la Navigation, pour ne pas parler d'un nombre infini d'autres chofes, nous en fourniffent des exemples & des témoignages certains. Cependant, il fe préfente ici deux chemins, par lesquels on eft toujours parvenu à une veritable connoiffance: dans l'un, on ne s'eft conduit, que, par le raport des Sens dans l'autre, on s'eft conduit par le raifonnement, & par la méditation. Mais, on a beau faire, on n'avance pas beaucoup, par l'une de ces deux voies, fans le fecours de l'autre; au lieu que, quand l'Art les fait affocier, elles produifent des éfets incroïables; & leurs forces unies font réciproquement à l'une & à l'autre, d'un merveilleux fecours. Il faut pourtant toujours obferver cet ordre inviolable, que la connoiffance des Corps, qui s'aquiert par les Sens, doit marcher la premiere, qu'elle doit être mife en ufage, & bien exercée, avant que la Raifon entreprenne d'en difputer. On a remarqué, que, plus le Raifonnement a été précedé par les expériences des Sens, plus l'Efprit a été heureux dans la contemplation des Corps, & dans fes fpéculations. On fait même, que tout ce que peut faire la Raifon, c'eft d'agiter, d'examiner, & de concilier les divers Phénomènes, que l'Expérience a raffemblés, de forte qu'on ne peut conclure, touchant les Corps, que ce qu'elle a connu, avec la derniere évidence, être une fuite néceffaire des facultés, que les Sens y ont aperçues. Ici pourtant, il fe préfente une difficulté fouvent infurmontable, qui confifte principalement, en ce que la recherche qu'on doit faire des chofes, par l'entremife des Sens, demande, que le Corps, qu'on veut examiner, foit à leur portée: c'eft pourquoi, quand on veut avoir le plaifir d'obferver des objets éloignés, il faut commencer, par s'en approcher. Mais, combien fe trouvera-t-il de gens, qui foient d'humeur, ou en état de penfer à une pareille entreprife? Il y en aura peut-être un entre mille, qui pourra fe faire un plaifir, de fe donner tout entier à une recherche auffi dificile. N'allons donc pas chercher plus loin la caufe malheureufe qui empêche, ou du moins qui retarde les heureux progrès, que pourroit faire la Phyfique. Mais auffi, que cela nous faffe connoître tout le

Mentem humanam ab adorando rerum omnium Creatore ita factam effe, ut poffideat facultatem cognofcendi corporum natorum dotes quasdam fenfibus objectas, ne *Pyrrho* quidem neget, de eo vel *Socrates* haud dubitet. Illam vero, quæ fic comparata habetur, rerum fcientiam Generi Humano, ad omnia vitæ commoda, neceffitates, & ufus, quam utiliffimam effe, optimo jure Sapientes afferunt. Agricultura, Aftronomia, Medicina, Ars Navigandi, infinita ut alia præteream, veriffima exempla dant & teftimonia. In quibus tamen omnibus duplex quidem via obfervata femper eft, qua itum fuit ad veram fcientiam; quarum una fcilicet per corporeos fenfus, per meditantis aciem mentis, procedit altera. Una tamen harum absque alterius ope parum promovet, multum licet moveat; ubi vero ex arte fociantur fimul, & excoluntur, incredibilia efficiunt, junctisque viribus mirifice fe mutuo juvant. Ea tamen inviolabili lege femper, ut natam per fenfus fcientiam corporum primam ordine excolendam effe, atque ante Rationis in his difputationem prius exercendam acriter, appareat. Imo vero evictum quoque fuit, eo felicius verfari in contemplatione corporum per rationalem fpeculationem animum, quo plura antea collegit undique per fenfuum experimenta. Denique, ne valere quidem ad hæc omnia Rationem, nifi eousque tantum, ut folis experiundo lectis Phænomenis verfandis, undique fpeculandis, atque componendis inter fe, occupetur: adeo, ut ultra quid de corporibus colligere fit nefas, nifi quod folum ex deprehenfis horum per organa fenfuum facultatibus certo fequi, quam liquidiffime perfpexit prius. Qua tamen in re summa, & ineluctabilis sæpenumero difficultas illa imprimis obtinet, quod indago rerum per sensuum instrumenta instituenda examinanda corpora propinqua omnino exploranti postulet. Quare etiam remota quicunque perlustrare volupe ducit, eadem ut prius investiget, atque accedat ad eadem, necessarium est. Quotusquisque vero est, cui vacat his adesse negotiis? vel nemo, vel unus forte, erit, quem voluptas trahet, ut totum se difficillimæ huic inquisitioni dedat. Patet profecto infelix inde remora, quæ progressum felicem Disciplinæ Physicæ retardat. Tanto itaque carius est pretium illarum observationum, quæ rite captæ sunt in natali cujusque corporis loco, ubi perspicere datur necdum a propria degenerans indole corporum ingenium. Hæc sunt illa demum observata, & hæc quidem sola, quæ Promptuaria physica replent, ditantque, ut ad illa recurrere queat tuto prudens Philosophus, quoties de naturalibus rebus meditari quid, vel commentari, instituit. Tum apparet summum illud talium historiarum pretium, tum demum dignitas observatorum juste æstimatur, & præ cæteris omnibus excellentia. Si enim quærere intempestive debes tunc, quando ad meditandum inventis indiges jam prius comparatis, aut ad scribendum te accingis, tædii fastidio a proposito averteris. Verum requisita reperire jam, ubi necesse est, posse & iis bene firmis ad rem tuam uti, pulchrum præprimis atque jucundum habetur. Atqui talem Liber hic materiem, atque eam quidem uberrimam, gratis Tibi exhibet. Imo vero & talem, quam vix ullus prius attigit, in qua nemo tantum profecit. Quid vero

prix des observations, qui ont été exactement faites de chaque corps, sur le lieu même de sa naissance, où il peut être examiné, avant qu'il ait eu le tems de dégenerer de son état naturel. Ce sont ces sortes d'observations, je dis même, à l'exclusion de toutes autres, qui fournissent, qui enrichissent la Physique, de sorte qu'un Philosophe peut y recourir hardiment, toutes les fois qu'il lui prend envie de méditer, ou d'écrire, sur les choses naturelles. Ces considérations nous font voir le prix inestimable de cette sorte d'Histoires; elles nous aprennent à faire une juste estime de leur excellence, par-dessus toutes les autres. Car, si lors qu'on veut méditer, ou qu'on se prépare à écrire, on se trouve obligé d'emploïer le tems, mal à propos, à chercher des matériaux, qu'il faudroit avoir tout trouvés d'avance, une recherche aussi ennuieuse n'est-elle pas seule capable de dégoûter, & d'en faire passer l'envie? Mais au contraire, y a-t-il rien de plus beau, rien de plus agréable, que de pouvoir trouver tout ce qui est nécessaire, dès qu'on en a besoin, & de pouvoir, sans scrupule, le faire servir à son usage? Vous avez ici cette matiere, sans dépenses, sans peines, & sans perte de tems; vous la trouverez, dans le Livre qu'on vous présente, en si grande abondance, & telle, qu'il n'y a presque personne qui l'ait touchée auparavant; personne absolument, qui l'ait portée aussi loin. Je dirai plus, c'est une matiere si nécessaire, pour entendre celles qui apartiennent à la Physique, qu'on ne peut se passer de cet Ouvrage, pour peu qu'on soit curieux d'aprendre la nature des choses, puis qu'on y trouve une infinité de descriptions, qu'on chercheroit inutilement ailleurs. Car les Experiences, que nous avons de tous côtés, nous aprennent, que tout le Globe de la Terre que nous habitons, est véritablement un Corps organisé; & tellement composé de diférentes parties, que, tandis que chacune d'elles, en particulier, fait la fonction qui lui est propre, l'éfort géneral de toute la Terre, par les éfets rassemblés de toutes les parties, achèvent de plus grands ouvrages, qui dépendent du concours de toutes les parties ensemble, & de l'harmonie de leurs éfets. Il ne faut pourtant pas inférer de cette Doctrine; que ces parties se sont unies par hazard, pour produire ensuite les choses à l'aventure, & sans ordre: c'est au contraire, une preuve certaine, que le seul Esprit

Créateur de toutes choses, dont la Sagesse est infinie, & la Puissance sans bornes, les a toutes formées, & tellement disposées entr'elles, que toutes leurs opérations tendent ensemble à un seul & même but. Toutes les choses créées sur cette Terre sont d'une nature, à pouvoir durer jusqu'à la fin des Siecles, & à avoir, pendant ce tems-là, leurs vicissitudes, leurs révolutions, leurs régénérations, par une loi certaine, & par un ordre déterminé. Toutes choses ont leur naissance, leur durée, leurs changemens; elles meurent, elles rénaissent, avec le concours, & l'aide de toutes les autres, qui rassemblées en une seule masse constituent tout le Globe terrestre. Quelle magnifique idée de cet Univers! qu'elle est digne d'un esprit élevé! N'en demeurons nous pas pleinement convaincus, qu'on ne doit pas plus atribuer au hazard, ce qui arrive dans toute la Terre, que ce que font, dans le corps humain, les deux yeux, les deux oreilles? Toutes les parties de la Terre ne sont pas moins nécessaires à chacune d'elles en particulier, qu'il est certain, que l'œil de l'Homme, pour pouvoir subsister dans son entier, & être en état de remplir ses fonctions, ne se peut passer, avant toutes choses, des opérations unies de la bouche, de la gorge, du ventricule, des intestins, des veines, du cœur, du poumon, des arteres, du cerveau, des nerfs, & de tous les autres visceres. Je suis persuadé, que, quand on considere, suivant cette opinion, les ouvrages de la Nature, & qu'on les redige en bon ordre, on n'en peut avoir qu'une idée beaucoup plus exacte, que celle qui est communément reçue. Consultez les autres Auteurs, allez chercher chez eux, ce que vous présente celui-ci; c'est de celui-ci seul, que vous devez atendre des secours pour vos diférens besoins. Ici, vous voiez les lits de la Mer taillés dans la terre, elle-même artistement travaillée, & qui conservant, dans leurs cavités, la même fabrique qu'ils avoient auparavant, lors qu'ils ne faisoient qu'une suite de terre, sans interruption, reçoivent dans leur sein des torrens innombrables de Fleuves, qui tombent avec rapidité du haut des Montagnes. Vous y aprenez en même tems, que des Rivieres, qui viennent avec autant d'impetuosité, se précipiter au fond de la Mer, par des conduits souterrains, communiquent à ses eaux des propriétés admirables; y produisent diférens mouvemens,

dicam, non est & alia ulla magis necessaria ad intelligenda Physica. Ita quidem, ut nobili hoc Opere carere possit nemo, cui cura est rerum naturam discere: quum aliunde nequeat hic descripta cognoscere. Lecta enim undique Experimenta nos docent, universum, quem incolimus mortales, Globum telluris vere corpus esse organicum, quod ex variis partibus ita conflatum, ut dum singulæ quæque harum proprium suo ingenio opus absolvunt, interim totum terræ molimen per adunatos partium omnium effectus, opera perficiat majora, quæ a concursu omnium simul unitarum partium & harum conspirantibus effectis pendeant. Neque tamen patitur doctrina hic tradita, fortuita sorte partes has coiisse inter se, & tumultuaria hinc modo producere. Contra vero certa hic demonstratione conficitur, ab una omniparente Mente, cujus ut propria est sapientia infinita, ita & absolute perfecta potentia, omnia hæc simul ita condita atque composita inter se, ut operando simul in unum propositum tendant. Scilicet ut in hac Terra semel creata cuncta ita instructa sint, ut multa queant in secula durare, vicissitudines interea suas, revolutiones, atque palingenesias, certa lege, & definito ordine, patiantur. Universa quippe hæc nascuntur, manent, mutantur, intereunt, atque renascuntur, per concursum, & auxilia rerum omnium, quæ in unam adacta molem Tellurem totam faciunt. O quam est pulchra hæc, & alta mente digna, hujus Universi idea! Nonne certo scimus inde, in tota Tellure nihil magis fortuitum quid accidere, quam quod in corpore humano bini agant oculi, aures binæ? Neque minus requiri omnes cæteras Telluris partes

partes ad unam quamcunque harum, quam certum est, oculum Hominis requirere oris, faucium, ventriculi, intestinorum, venarum, cordis, pulmonis, arteriarum, cerebri, nervorum, omniumque aliorum viscerum, praegressas prius, & conspirantes, actiones, ut bonus oculus, suo par officio, integer subsistat. Crediderim, quoties secundum hanc sententiam, opera Naturae in Tellure nostra lustrantur inque castigatum rediguntur ordinem, verior longe habebitur, quam pervulgata, super his idea. Eas jam, quaeras haec apud alios, quae praesto hic habes & usibus idonea nusquam nisi hic invenies. Spectas capacissimos hic alveos Maris de ipsa fabrefacta Tellure excisos, qui ejusdem tenaces fabricae in suis cavis, quam in solida Telluris compage prius habuerant, in se excipiant conspicuos Fluminum torrentes rapidissime de altis ruentes Montibus. Sed & discis simul, caecos ipso in Maris profundo Fluvios, haud minori immissos cum impetu per praecipitia subterranea, ibidem miras in ipsa marina aqua dotes, varios & in diversa altitudine oppositos saepe inter se motus, gurgites, voragines, producere; unde mille numquam prius intellectarum apparitionum causas pulcherrime intelligis. Strata in Tellure certo ordine Saxa ita disponi, ut ordinatas forment intercapedines, quas mobilior materies replet, primo hic docemur. Mox inde discimus, mollem hanc materiem in se gerere, fovere, perficere, movere, secernere, excernere, singularium Fossilium semina, horumque omnium maturos fructus. Sed & pari Experientiae evidentia demonstrantur, nata sic, & perfecta, fossilia transsudare tandem per vias modo dictas, atque in vasta Maris cava, ut in re-

souvent oposés entr'eux, selon leur diférente hauteur; & y forment des gouffres & des abîmes. Par de semblables instructions, vous pouvez très-bien déveloper la cause de mille Phénomènes, qu'on n'avoit jamais pu comprendre auparavant. Nous y aprenons d'abord, que les Roches couchées par un ordre certain l'une sur l'autre, dans la Terre, y sont cependant disposées, de maniere, qu'elles y forment des espaces réguliers, que remplit une matiere plus mobile. Nous aprenons ensuite, que cette matiere tendre porte en elle-même, qu'elle nourrit, qu'elle perfectione, qu'elle met en mouvement, qu'elle sépare, qu'elle crible les semences de toutes les espèces de Fossiles, & leurs fruits, lors qu'ils sont parvenus à maturité. La même Experience nous montre, que les Fossiles formés & perfectionés de cette maniere, transpirent par les voies dont nous venons de parler, & se jettent souvent dans les antres de la Mer, comme dans des réceptacles géneraux, & communiquent des qualités merveilleuses à son eau, que Thalès regardoit comme la matiere universelle des corps. Vous voïez des digues naturelles souvent faites en talus, souvent aussi verticalement escarpées, qui vous paroissoient formées au hazard, & sans ordre, jusques dans l'abime de l'Océan. Mais que vous voïez ici toutes ces choses bien diféremment! Car, vous y apercevez, que le bord de la Terre échancrée, en descendant jusqu'au vaste abime, conserve toujours ces mêmes couches, pour pouvoir jetter ses productions dans les cavités de la Mer. Qu'y a-t-il de plus admirable, que de voir les rives oposées d'une Mer souvent si large, construits de maniere que, malgré leur éloignement, la situation de ces planchers de pierre, & leur parallélisme par raport à l'Horizon, ne nous permettent plus de douter, que la superficie & les enfonçures de ces rivages ne conservent le même ordre des parties qu'elles soutiennent, & même par raport à la hauteur, le même nombre, que si les cavités successives des Mers eussent été remplies, par la suite des deux bords, & qu'elles eussent achevé la figure circulaire de leur sphere, à travers les lieux qui actuellement contiennent l'eau. On jureroit, que la Terre cette Mere féconde, de toutes ces veines, verse dans de vastes seins remplis aussi de veines pareilles, je veux dire les Mers, presque toute sorte d'humeurs, qu'elle avoit for-

formées dans chaque partie , par une fabrique qui lui est propre. Vous croiriez , que toutes ces productions, si diverses , qui s'y nourrissent , qui s'y attenuent , par l'ardeur du Soleil , par la chaleur souterraine , par une disposition naturelle au changement , par l'éfet du mèlange , par la secousse des Vents , par le flux & reflux de la Mer , par le choc des eaux oposées , étant enfin devenues mobiles s'élancent en l'air , s'y cuisent & s'y meurissent : puis bientôt après , qu'elles sont dispersées par les Vents ; qu'elles retombent ensuite avec la rosée , le brouillard , les pluies , la gelée , la neige , la grèle ; & qu'enfin , par cet arrosement continuel , elles rendent sa premiere fécondité à la Terre épuisée. Quel ordre admirable des choses ! Lisez , lisez , l'Ouvrage même ; pour peu que vous aïez fait atention aux choses , que je n'ai fait ici qu'éfleurer , je suis persuadé que vous y découvrirez mille observations , d'une conséquence infinie , pour la Physique. Considerez , je vous prie , ce que vous y lirez des ondes de la Mer , de leur cours, du flux & reflux. Vous n'y trouverez rien d'usé ; tout y est nouveau ; tout y est excellent. Considerez atentivement ce que vous y lirez de la couleur , de l'odeur , du goût , du poids de l'eau de la Mer ; je suis sûr , que vous en serez enchanté. Pour moi , parmi tant de belles choses , je ne trouve rien de plus beau , par son utilité , que l'amertume bitumineuse de la Mer , qui demeure atachée à son esprit volatil , après les distillations qu'en fait là Chymie. S'il m'étoit permis de raisonner sur cette matiere , je pourrois peut-être découvrir certaines choses , peu atendues sans doute. Mais , laissonsen la gloire à notre Illustre Auteur , qui a conclu , avec tant de subtilité , que le bitume , qui transpire des carrières , où se forme le charbon , devoit être mélé avec du sel. Les Lecteurs peuvent se servir de toute leur pénétration , pour déveloper le mystere , que cache là-dessous la Mere universelle de toutes choses. Il me reste , pour déclarer le sujet de ce Livre , à dire ici quelque chose des Plantes qui naissent dans la Mer. Il y a long-tems qu'on est convaincu qu'il y en a un nombre infini , & Aristote , ni Théophraste ne l'ont pas ignoré : mais combien ce nombre a-t-il été augmenté par Clusius, Paludanus, Imperatus, Columna, Boot, Boccone, Rumphius, Tournefort , Sloane , Gherard , Ray. Ce-

ceptacula universalia , sæpe effundi , atque miris sane dotibus hanc, communem *Thaleti* habitam corporum materiem , marinam aquam imprægnare. Declivia plerunque Maris retinacula , aut & verticali quandoque positura ardua, casu forte, absque ordine , facta putabas usque in Oceani abyssum. O quam alia hic omnia cernis ! Effractæ enimvero in vastam voraginem Telluris ripa descendens eadem illa strata servat , ut natos in se fœtus in cava Maris libere dimittat. Quid vero inauditum magis , quam oppositas ejusdem Maris sæpe adeo lati ripas, & remota valde littora , ita fere constructa observari , ut & tabulatorum saxeorum situs , horumque ratione Horizontis parallelismus , liquido evincant , declives littorum crepidines , atque superficiem , eundem illum partium incumbentium ordinem servare , imo & altitudinis respectu eundem horum numerum, ac si cava Marium continuata utriusque ripæ serie repleta constitissent , atque globosam suæ sphæræ figuram complevissent per ea loca, quæ aquam nunc capiunt. Jurares , magnam Matrem Tellurem ex omnibus suis venis in unos sinus venosos , Maria dico , effundere , & miscere omne fere humorum genus , quos varios admodum in singula quaque parte per propriam illi fabricam confecerat. Crederes , omnia hæc, adeo varia , fota hic , mota , attenuata , Solis per ignem , per calorem subterraneum , spontanea mutabilitate , miscelæ effectu, Ventorum concussu , Maris æstu & recessu , aquarum oppositarum offensa, tandem parta mobilitate in aera rapi , maturescere in eo & percoqui , mox per Ventos distribui, relabi

labi deinde cum rore, nebula, pluviis, imbre, pruina, nive, grandine, eoque tandem modo exhaustam impregnare denuo irrigua hac irroratione Tellurem. O! quantus hic se rerum ordo pandit! Tu, mi Lector, quæso Te, Opus evolve ipsum, modo pauca hæc, quæ inde delibavi, Tecum serio perpenderis, solertem Te dabo in eliciundis inde quam plurimis, quæ maximum dein per Physica usum habeant. Considera, amabo Te, quæ de Maris undis, de harum fluxu, de motu Maris reciproco, habebis nova omnia & eximia. Quid, ubi colore, odore, sapore, pondere, aquæ marinæ leges? Mihi quidem inter tot pulchra, præclarius usu suo nihil videtur, quam bituminosus Maris amaror, in volatico ejus latice perstans post destillationes Chemicas. Si fas esset mihi speculari super his, forte daretur proferre quid prorsus inexspectati. Sed maneat hæc palma Illustrem Auctorem, qui ex Lacunis carbonariis transsudans bitumen sali miscendum tam subtiliter deduxit. Tu interim, perspicacissime Lector, erue pro tua perspicientia, quod hic latet mysterii magnæ Matris. Superest in enarranda Libri hujus materie, ut de Stirpibus pauca marinis addam. Quas reperiri plurimas constitit dudum vel Magno *Aristoteli* & *Theophrasto*: quantus vero illis per *Clusium*, *Paludanum*, *Imperatum*, *Columnam*, *Bootium*, *Boecones*, *Rumphium*, *Tournefortium*, *Sloane*, *Gberardum*, *Rajum*, numerus accessit? Attamen, ante Illustrem *Marsilli*, primaque ejus super his communicata inventa, creditum, submarina alia longe lege nasci, quam quæ de Terra vegetant. Forte curiosis operum suorum contemplatoribus alma Natura de

pendant, avant l'Illustre Comte Marsilli, & les premieres découvertes, qu'il a bien voulu communiquer au Public, on avoit toujours cru, que les Plantes, qui croissent dans la Mer, naissoient d'une autre maniere que celles que la Terre produit. La Nature liberale a presenté à ceux qui se sont atachés à contempler ses ouvrages, plus de quatorze mille Plantes, sorties de la Terre, & toutes diférentes les unes des autres. Plût à Dieu que ce fameux Naturaliste Guillaume Ghérard voulût tirer de ses trésors, des preuves de ce que j'avance; car il est en état de le faire! Toutes celles qu'il m'a été permis de considerer de plus près, naissent de leur propre semence. Les Sages même de l'Antiquité ont bien aperçu, que c'est dans la partie masculine, que réside la vertu seminale de la Plante, qui est conçue dans la matrice feminine. Qu'il faille atribuer à l'un & à l'autre, l'apareil & la naissance des Fleurs, c'est ce qu'ont démontré, de notre tems, Malpighi, Grew, Leeuwenhoek, Morland, Robart, Vaillant; & ils ont assigné à chacune des parties respectives des fleurs, leur ofice particulier, pour la génération de la Plante. De sorte que la maniere d'engendrer, par mâle & femelle, est une loi commune aux Animaux & aux Végetaux. Mais, pour ce qui est des Plantes marines, on a été si éloigné de s'en imaginer rien de pareil, que le célèbre Naturaliste Ray en retranche absolument les fleurs; & qu'il assure, que jamais elles ne naissent sous les eaux. C'étoit aux travaux de l'incomparable Comte Marsilli, que la Justice même avoit reservé cette gloire. Il nous montre si clairement, la géneration complete des Plantes marines, qu'il ne nous reste aucun lieu de douter, qu'il n'y ait dans les fleurs qui croissent au fond de la Mer, les mêmes parties qui concourent à la naissance de celles qui paroissent sur la Terre, & qu'elles ne soient destinées aux mêmes usages. Voici donc, cette loi également établie, dans les ouvrages cachés de la Mer, & dans les productions visibles de la Terre. C'est ainsi, que nous découvrons, peu à peu, que, malgré la varieté infinie des Corps, les loix de la Nature sont toujours les mêmes. Voilà ce que contient ce Volume, de beau, de singulier, d'excellent. Il ne reste plus qu'à exposer, en peu de mots, la métode qu'a observée notre Illustre Auteur, pour achever ce grand Ouvrage. Il n'a rien

em-

emprunté des Livres, ni des opinions de personne : tout est de lui ; toujours exemt de préjugés, il a voulu examiner les choses par ses propres yeux, & il a recherché & vu, sur les lieux mêmes, tout ce qu'il nous a décrit. S'il a raporté quelque chose, sur la foi d'autrui, il en a fidèlement marqué la source, & il a soin de ne le pas mêler avec ce qui est bien avéré, sans en avertir : par tout, il distingue ce qui est vrai, de ce qui ne l'est pas ; ce qui est certain, de ce qui soufre quelque dificulté. Il a fait une exacte recherche des Fleuves, des Rivieres, des Ports, des Rivages, des Mers, toujours animé d'une ardeur infatigable d'aprendre quelque chose de nouveau, pour pouvoir nous instruire, par des découvertes certaines. Il y a quarante-cinq ans, qu'il donna l'ébauche de ses travaux, en publiant les merveilles du Bosphore de Thrace. Onze ans après, il en a donné une seconde édition dans un état beaucoup plus acompli, recommençant par deux fois à étudier toutes choses, dans le même lieu, par une ocasion, aussi rare, que fâcheuse. Ensuite, toujours atentif à sa grande entreprise, il n'a évité, ni travail, ni embaras, ni dangers, ni dépenses, pour pouvoir conduire à une fin glorieuse, l'Ouvrage qu'il avoit projetté. Y eut-il jamais un exemple d'une chose aussi admirable ! Un Philosophe, non pas dans le Cabinet, mais en Mer, éloigné du commerce des gens de Lettres, seul parmi des Matelots, non pas dans le silence & la tranquilité, mais parmi le tumulte & les clameurs, non pas avec les commodités de la paix, mais parmi les alarmes & les fréquens dangers de la vie ! Jugez, jugez de la dificulté & du prix de cet Ouvrage, dont la tâche, outre toutes ces circonstances, n'a pas demandé moins de tems, que depuis l'an 1680. jusqu'à l'an 1725. Jouïssez, faites votre profit du Livre qui vous est ofert, & qui vous ufre lui-même des fruits aquis par le travail d'autrui, & que vous ne pouviez esperer de trouver ailleurs.

Terra natas, diversas plane, Plantas jam supra quater & decies millenas obtulit. Utinam eximius Naturæ Sacerdos *Gulielmus Gherard* suis ex thesauris dicta mea, namque potest, firmet! Omnes vero hæ, quas propius speculari datum, proprio nascuntur semine. Quin & suboluit olim antiquis Sapientibus, seminalem vigorem masculinæ Stirpis parti, conceptum ejus fœminino deberi Plantæ utero. Florum vero apparatum utraque hæc genitalia præstare munera, *Marcellus Malpighius, Nehemias Grewius, Antonius Leeuwenhoek, Morlandus, Bobartus, Vaillantius,* nostra tempestate demonstravere, & suis quibusque Florum partibus officia assignarunt sua ad perficiendam Plantæ genituram, ut fere lex hæc generandi per Marem & Fœminam Animantibus Vegetantibusque prorsus communis sit. Verum in Marinis adeo nihil hic cogitatum simile, ut Venerabilis ille Naturæ Mystes *Joannes Rajus* flores his prorsus adimat, hasque sub aquis nunquam nasci asserat. At bonus *Marsillius,* cujus herculeis hanc gloriam laboribus destinaverat ipsa Justitia, completa ostendit marinarum genitalia Stirpium. Ut, quas partes in floribus terrestrium conspicimus conjugales, & his in omni submarinarum genere adesse eosdem in usus evincat. En itaque legem hanc æque hic assertam in opertis Maris quam in apertis Telluris. Ita sensim abditas Naturæ leges assequimur per infini-

torum sane corporum varietatem easdem semper & unas. En hæc sunt eximia illa, pulchra, & singularia, quæ hoc continentur Volumine, ut modo supersit enarrare quam paucissimis vias, quas sequutus hoc in Opere concinnado Auctor Illustrissimus sequutus sit. Non ex Libris Ille, vel emendicatis alienarum opinionum commentis, sua contexuit, sed omnis purus præconceptæ sententiæ, intentos modo oculos fideliter attulit, atque omnia, quæ descripsit, suis in locis, propriisque inda-

gavit

gavit fedibus. Si quid aliorum didicit relatu, id vero inde folum haus-
tum cautus aperte indicat, neque cæteris probe compertis abfque nota
commifcet. Sincerum a corrupto, ab ambiguo certum, ubique dis-
tinguit. Flumina, Portus, Littora, Maria, perfcrutatus, undique
difcendi ftudio atque ardore ; ut referre poffet certo comperta. Hinc
jam quadraginta & quinque ante annos inchoatos publicavit labores
miranda *Bofphori Thracici* evulgans, rurfumque undecim poftea annis
eosdem abfolutiores magisque perfectos repetens, bis in eodem loco
omnia inveftigans oportunitate ut duriffima ita & rariffima. Poftea
vero eidem femper intentus propofito nihil laboris, moleftiæ, pericu-
lorum, & fumtuum, fubterfugit, modo deftinatum perficeret opus.
Mira res ! res rara ! Philofophus non in Mufæo, fed in Mari, procul a
Sapientibus & Litteratis, medius inter Nautas, non inter tranquilla otii
filentia, fed rudes inter clamores, non in pace, fed inter vitæ difcri-
mina ! tantæ molis erat hos Tibi Commentarios confcribere ; iisdem-
que ab anno 1680. ufque in 1725. incumbere. Euge ! utere, fruere,
dato Libro, qui alieno partos labore fructus nusquam reperiundos li-
beraliffime offert.

PREMIERE

PREMIERE PARTIE

DE

L'HISTOIRE PHYSIQUE

DE LA MER.

Du Baſſin.

E Savant Robert Boyle eſt le premier , qui s'eſt aviſé de chercher la connoiſſance de cette vaſte partie du Globe de la Terre. Nous avons de lui une Diſſertation intitulée *de fundo Maris* , dans laquelle nous trouvons pluſieurs remarques, qu'il avoit eües dés Mariniers ; & qui toutes enſemble ne démontrent autre choſe, que l'inégalité du fonds de la Mer, prouvée par les diverſes profondeurs, que ceux-ci avoient rencontrées, dans les differens lieux, qu'ils avoient fondez ; mais pour ce qui eſt du reſte, que ſemble promettre ſon Titre, on n'y en trouve rien du tout. Il eſt probable que ſa Mort, ou quelqu'autre accident, qui ne nous eſt pas connu, en a privé la République des Lettres, car on a vû par quantité d'autres ouvrages, qu'il ſavoit finir parfaitement ce qu'il ſe donnoit la peine de commencer.

PLUSIEURS perſonnes experimentées, pour ce qui regarde la Mer, aüxquelles je communiquai mon deſſein, me figurerent cette démonſtration méthodique, ou impoſſible, ou du moins extrémement difficile ; ſe fondants ſur la difficulté qu'il y avoit de pouvoir directement pénetrer ſous l'Eau, pour y reconnoître ce qui étoit néceſſaire.

CEPENDANT mon intention, comme on l'a pu voir dans la Préface de cet Ouvrage, étant de montrer la ſtructure organique de la Ter-

A

re,

re, j'ai été obligé de chercher, par moi-même, quelque chofe de plus folide, que la Differtation de Robert Boyle & de ne me point arrêter à tout ce que me fuppofoient les Mariniers. Il m'a falu donc penfer à un nombre d'obfervations, qui toutes enfemble fiffent une compenfation à l'impoffibilité qu'il y a de pouvoir, avec les yeux & avec les mains, prendre connoiffance fous l'Eau de cette vérité que l'on recherche.

LES obfervations, que j'avois déja faites, touchant la ftructure d'une grande partie du Continent de l'Europe, m'ont encouragé, & m'ont fait efpérer de venir à bout de celles-ci; qui m'étoient abfolument néceffaires, pour achever la démonftration Anatomique du Globe entier; car il ne m'a pas femblé à propos de donner au Public ce que j'avois déja là-deffus, fans avoir auparavant examiné quelque partie confiderable de la Mer.

J'AI fait cet examen aux Côtes de Provence & de Languedoc. Je l'expofe à préfent, pour le commencement de mon Hiftoire Phyfique, & j'efpere de l'inferer, dans la fuite en mon autre Ouvrage de la ftructure du Globe de la Terre, afin d'y établir avec plus de fondement l'hypothefe de l'exiftence, & de l'organization de toutes fes parties que j'y unirai en un feul Corps.

AVANT de fpécifier les divers endroits où j'ai fait mes obfervations je devrois peut-être parler, en peu de mots, de la figure, & de l'étenduë de l'entier Baffin de la Mer, puis que ce feroit ici en quelque forte fon lieu; mais ce n'eft pas mon génie de m'avancer en des difcours, qui ne fauroient être, que des redittes d'autres Auteurs; fur tout confiderant qu'ils n'ont parlé là-deffus, que fur le raport d'autrui, & dans un tems, où l'Aftronomie étoit encore fort éloignée de cette perfection, que l'Academie Royale des Sciences de Paris vient de lui donner. D'ailleurs établiffant la mefure de l'étenduë de la Mer fur ce que les Anciens nous en ont laiffé, ce feroit vouloir acréditer de nouveau les erreurs, que cette même Academie corrigera bientôt, en uniffant toutes les nouvelles obfervations pour les Latitudes, & les Longitudes; qui ont été faites, par ordre du Roi, en plufieurs parties du Monde. Suivant fa Méthode exacte, elle a trouvé que le Baffin de la Mer, qui nous eft connuë, eft d'un nombre confiderable de degrez plus étroit. Il eft à fouhaiter, que cette correction paroiffe au plûtôt, car bien qu'elle ne foit pas pour le Globe entier, elle en renfermera pourtant une très-grande partie, & celle au moins où jufques à prefent le commerce a pu s'étendre, & qui a

été,

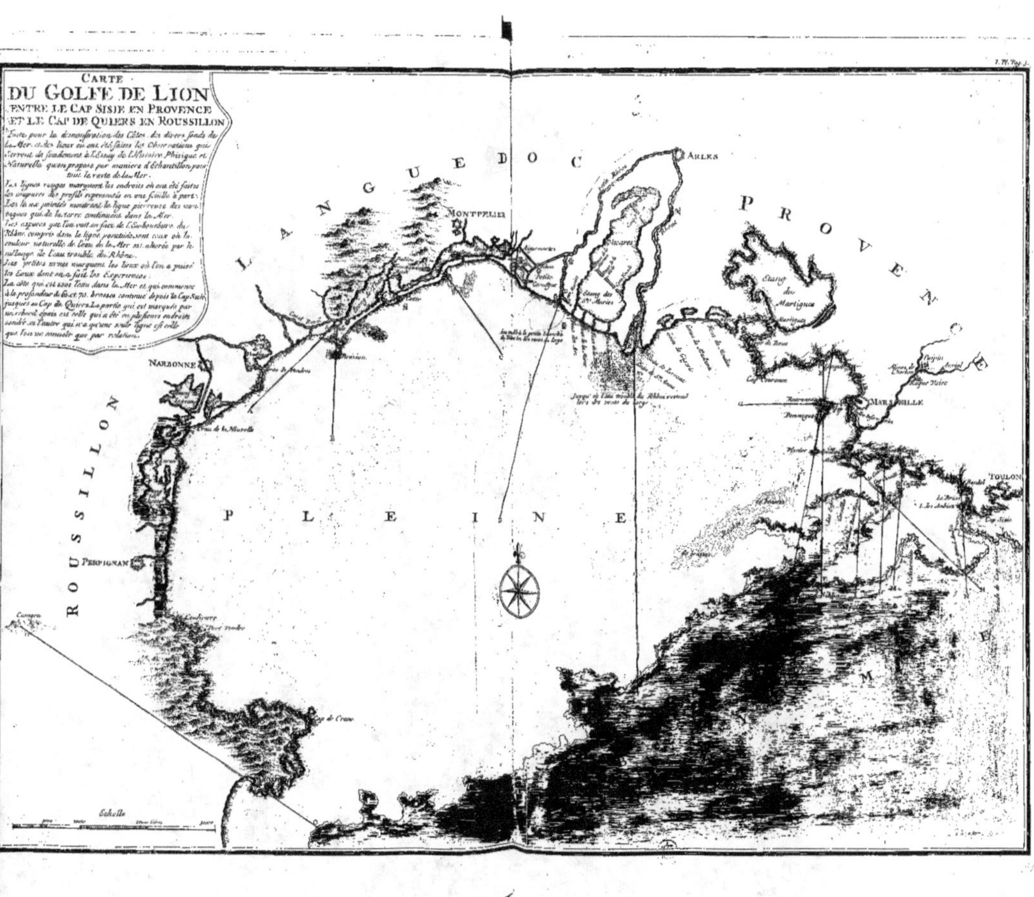
CARTE
DU GOLFE DE LION
ENTRE LE CAP SISIE EN PROVENCE
ET LE CAP DE QUIERS EN ROUSSILLON
Faite pour la démonstration des Côtes, des divers fonds de
la Mer, et des lieux où ont été faites les Observations qui
serront de fondement à l'Essay de l'Histoire Phisique et
Naturelle qu'on propose par maniere d'Echantillon pour
tout le reste de la Mer.
Les lignes rouges marquent les endroits où ont été faites
les coupures des profils représentés en une feuille à part.
Les lignes pointées montrent la ligne pierreuse des montagnes qui de la terre continuent dans la Mer.
Tous les espaces que l'on voit en face de l'Embouchure du
Rhône compris dans la ligne ponctuée, sont ceux où la
couleur naturelle de l'eau de la Mer est alterée par le
mélange de l'eau trouble du Rhône.
Les petites urnes marquent les lieux où l'on a puisé
les Eaux dont on a fait les Expériences.
La côte qui est sous l'eau dans la Mer et qui commence
à la profondeur de 60 et 70 brasses continue depuis le Cap Sisie
jusques au Cap de Quiers. La partie qui est marquée par
un rebord épais est celle qui a été en plusieurs endroits
sondée et l'autre qui n'a qu'une seule ligne est celle
que l'on ne connoit que par relation.
LANGUEDOC
PROVENCE
ROUSSILLON
PLEINE
NARBONNE
PERPIGNAN
MONTPELIER
ARLES
MARSEILLE
TOULON
Cerbere
Colioure
Port Vendre
Etang de Thau
Etang du Martigue
Martigue
Aigues Mortes
Sucares
Etang des Ste Maries
Echelle

été accessible aux gens de Lettres, comme l'ont été ceux, que l'on a employez à faire ces observations. Ce sera aussi un modele, sur lequel il ne sera pas difficile à ceux, qui viendront après nous, de les continuer, pour ce qui reste. Cette même cause, qui m'ôte le moyen de connoître la véritable figure de l'entier Bassin de la Mer, me dispense en même tems d'entrer en aucun détail sur ce sujet. Au reste lors qu'avec le secours de l'Astronomie, on y aura une fois établi quelque chose de solide, on pourra peut-être mieux entendre toutes les diversitez du flux & du reflux.

Je crois qu'après ce que je viens de dire, on ne trouvera pas mauvais que je m'exempte de donner ici des démonstrations, qui après tout importent fort peu pour nôtre dessein; & à vrai dire quelle alteration pourroit causer dans l'entier Bassin de la Mer son plus ou moins de largeur, & sa figure quarrée, ronde, ou ovale? *Que la figure, ou le plus ou le moins d'étenduë du Bassin de la Mer, importe peu à sa connoissance exacte.*

Me flatant que l'Anatomie, que j'ai faite des parties de la Côte, ou Rivage de France, sur la Méditerranée, pourra servir de preuve pour ce que j'avance du tout; quoi que je reconnoisse que ce ne sont que des Atomes, en comparaison du Tout entier du Bassin, je passe à la premiere démonstration. Je m'y suis servi d'une Carte exacte & je n'ai pas négligé les Conseils de ces Illustres Amis, dont j'ai parlé, dans la Préface, joignant à cela la connoissance que j'ai prise, avec mes propres yeux; particulierement dans les endroits, où les observations m'ont apellé. *Que la connoissance d'une partie du Bassin de la Mer, telle que le Rivage de la Mediterranée en France, donne des lumieres, pour la connoissance du Bassin, entier. Carte I.*

Cette Carte contient toute la Côte, depuis Toulon en Provence, jusques à Roses en Catalogne, bien que toutes les experiences, & les observations, qui m'ont été nécessaires, aient été faites entre les Cap Sicié & d'Agde, ainsi qu'un grand nombre d'annotations dans ce Traité le font voir distinctement du reste; que j'ai dû cependant y ajouter, pour ne pas rompre le Cercle entier du Golfe de Lyon, & aussi pour rendre plus intelligible quelque démonstration du fonds de la Mer & de la connexion de la Terre. *Les observations suivantes ont été faites par le secours d'une Carte exacte de la Côte depuis Toulon, jusques à Roses en Catalogne.*

On voit dans cette premiere Carte des lignes de points, qui partent de divers endroits du Rivage, s'étendant au plus cinquante milles dans la Mer, par de differens vents. Ces lignes sont celles, selon lesquelles on a, avec la sonde, avec des rêts, & autres Instrumens, cherché les diverses profondeurs, & par conséquent tous les Horisons du fonds de la Mer, & quels sont aussi les materiaux, qui le composent. On a marqué, par des caracteres particuliers, les lieux, d'où l'on a pris les Eaux, que l'on a voulu peser & analyser. On *Explication des caracteres & marques qui sont sur cette Carte.*

 a aussi

a auffi diftingué par des paroles écrites plufieurs autres chofes remarquables; mais tout cela eft encore mieux particularifé, dans l'explication de la Carte.

DANS la Côte de Provence, je l'ai étenduë plufieurs lieuës avant dans la Terre, pour pouvoir y diftinguer le lieu, & la veritable pofition des mines de charbon foffile. Il eft certain que l'on trouveroit ce charbon par tout ailleurs, aux environs de la Mer, fi l'on y vouloit, comme ici, fe donner la peine de creufer. Cependant comme c'eft ce qui contribue tant à l'amertume, que nous avons remarquée dans l'eau; il m'a falu néceffairement démontrer de quelle maniere les mines de ce fuc bitumineux coagulé peuvent s'étendre du Continent dans le Baffin de la Mer; ce que je n'aurois pu faire, avec clarté, fi je n'euffe compris dans la Carte cette partie de Terre.

IL y a une autre Carte plus particuliere de la Côte, entre le Cap Croifet & celui de Canaille, qui eft une partie de la premiere, contenant le terrinoire de Caffis, lieu, où j'ai féjourné tout le tems, qu'il m'a falu, pour achever les experiences que je defirois. On y voit non feulement les notes, qui font dans la grande Carte, mais encore plufieurs nouvelles qui y font fort détaillées, & entre autres une ligne de points tirée de la Terre ferme fur les écueuils de Stromb & d'Imperial, & fur la pointe orientale de Riou; Côtes qui font toutes Ifolées. Elles font oppofées à l'autre ligne du Continent, & on y voit cette Symmetrie, qui indifpenfablement doit fe trouver auffi à l'opofite dans celle d'Afrique, ainfi que je le montrerai, lors que je ferai l'aplication de cette ftructure fymmetrique, pour prouver celle de tous les autres Continens.

J'ai crû néceffaire auffi de faire voir, dans une autre Carte, tous les divers fonds de la Mer; en quoi je me fuis reglé, par les fondes. Je les ai diftinguez par des Caracteres, qui font connoître à quelles lignes de points de la Carte du Golfe de Lyon ils repondent, fi bien que d'un feul coup d'œuil, on peut y remarquer la diverfité de tous les horizons.

J'UNIS une quatriéme Carte à celle-ci, contenant la coupe de la Mer fuivant la ligne de points qu'on a marquée en celle de la Côte, entre le Cap Croifet & celui de Canaille, & qui traverfe les écueuils & l'Ile de Riou. Sa ftructure montre clairement que c'eft ici une de ces parties, que la vuë ne fauroit pénétrer, pour reconnoître la pofition des lignes de fel & de celles de Bitume, qui donnent à l'eau de la Mer les goûts, que nous y remarquons. Elle fait voir auffi que

fon

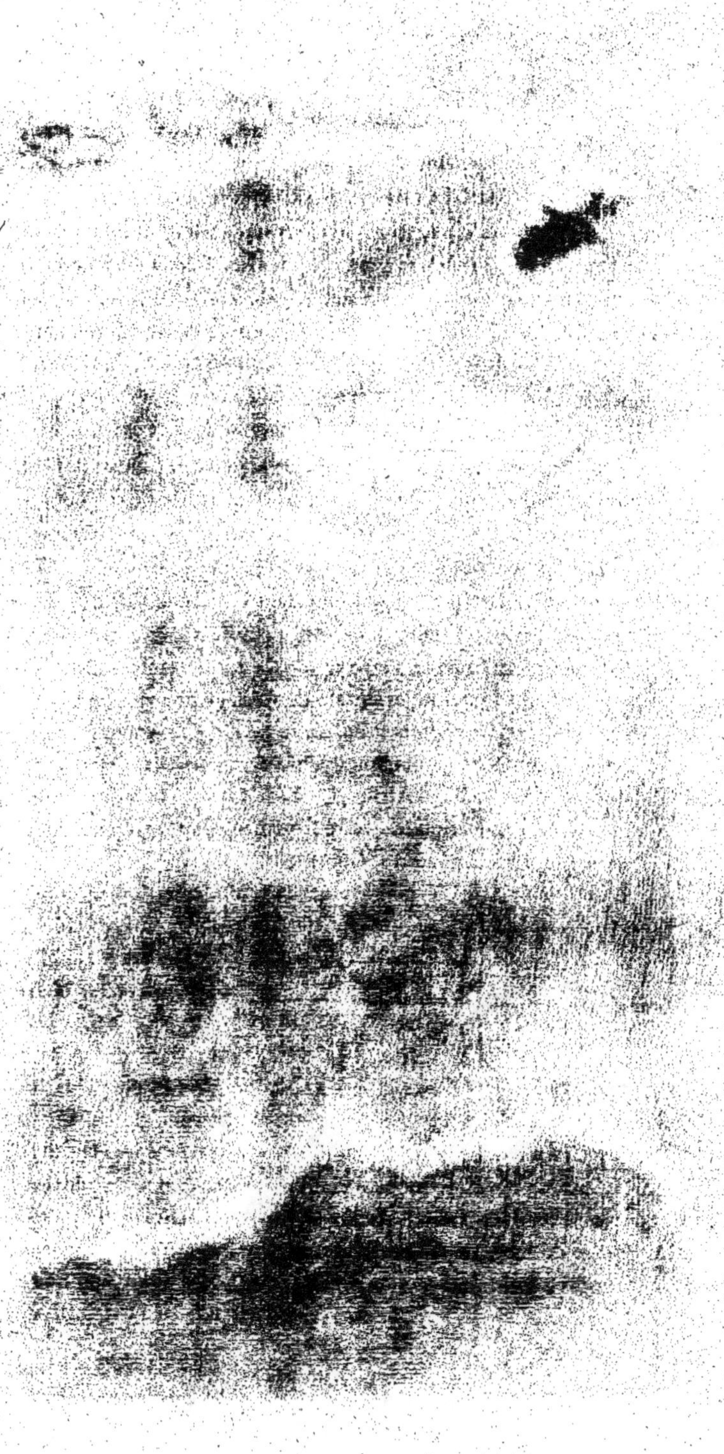

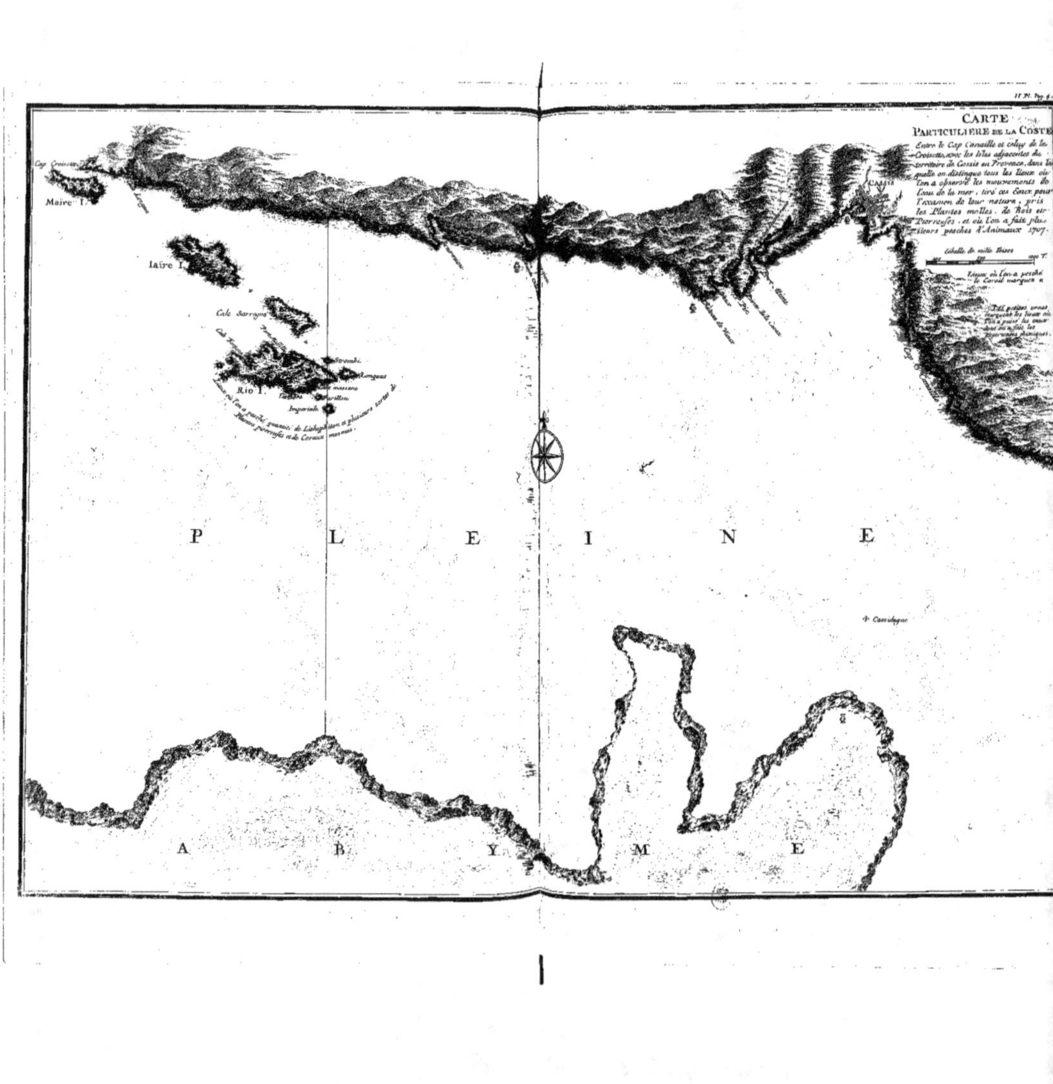

CARTE
PARTICULIERE DE LA COSTE
Entre le Cap Canaille et celuy de la
Croisette, avec les Isles adjacentes du
territoire de Cassis en Provence, dans la
quelle on distingue tous les lieux où
l'on a observé les mouvements de
l'eau de la mer, tiré ces Eaux pour
l'examen de leur nature, pris
les Plantes molles, de Bois et
Pierreuses, et où l'on a fait plusieurs pesches d'Animaux 1707.

Echelle de mille Toises
1000 T.

Lieux où l'on a pesché
le Corail marquez *

Ces petites urnes
marquent les lieux où
l'on a puisé les eaux
dont on a fait les
experiences chimiques.

Cap Croisette
Maire I.
Iaïre I.
Cale Sarragne
Cale
Rio I.
Strombi.
Longues
massane
Papillon
Imperiale
Là où l'on a pesché quantité de Lithophiton et plusieurs sortes
Plantes pierreuses et de Coraux marins.
Cassis
Cassidaigne
P L E I N E
A B Y M E

PROFILS OU COUPES DU BASSIN DE LA MER

où on voit en des differentes situations du Golfe de Lyon, les lignes qui repondent à celles qui sont marquées de couleur rouge dans la Carte de ce Golfe. Elles montrent sur le fondement de plusieurs sondes la difference des horisons qu'il y a.

Le 1. commence à Agde en Languedoc et va par le Sud-Ouest, traversant en longueur la Riviere jusques à la distance de seize milles et repond dans la Carte à la ligne A.A.

Le 2. part du Mont d'Agde, traverse le Fort de Brescou par Sud et s'étend 16. milles; il est dans la Carte à la ligne B.B.

Le 3. vient du Sommet de la Plage aux environs de Maguelone par Sud-Est 16. milles comme la ligne C.C.

Le 4. commence à l'Embouchure d'un petit Bras du Rosne, et part au Sud-Sud-Ouest, s'étend 16 milles comme la ligne D.D.

Le 5. vient de l'Estaque passant par le Sud au travers des Isles Ratonneau et Pomegue jusques à une partie de l'abisme. Il fait une ligne de 33. milles comme la ligne E.E.

Le 6. vient aussi de l'Estaque et traversant les Isles de Ratonneau Pomegue, et celle de Planier arrive par la longueur de 30. milles par Sud quart Sud-Ouest à l'entier abisme comme F.F.

Le 7. communique de la Coste de la vieille infirmerie auprès de Marseille par Ouest, traverse l'Isle de Pomegue à la longueur de 20 milles comme G.G.

Le 8. est du Cap de la Croisette comme la ligne H.H. passe au travers de l'Isle de Rion par Sud-Est et s'étend à 25 milles jusques à l'Abisme.

Le 9. passe perpendiculairement au travers de Rion par le Sud comme la ligne I.I. de 25 milles jusques à l'abisme.

Le 10. part de Port Pin-auve et la pointe de la Cacau par Sud environ, et s'étend jusques à l'Abisme 25 milles comme la ligne L.L.

Le 11. vient du Cap Caneille, traverse Cassidagne par Sud et va jusqu'à l'abisme 20 milles comme la ligne M.M.

Le 12. commence vers Bendol passant au Sud-quart Sud-Est par le travers de l'Isle des Ambiez jusques à l'abisme 12 milles comme la ligne N.N.

Le 13. et dernier est du Mont Canigou le plus élevé de tous ceux qui font la ligne des Pirenées, et dont la hauteur est de 14 Toises; jusques au Cap de Béar en Catalogne. Il étend dans la Mer une ligne de 54 milles par Sud-Est, et à la fin de cette ligne se trouve l'abisme qui a autant en profondeur que cette Montagne a de hauteur sur l'horison de la mer.

R. signifie que le fonds est de Roche	v.e. vaze et herbe	av. herbe et Roches
g.g. gros gravier	p.r. petites Roches	vr. vaze et Roches
v. vaze	gr. grosses Roches	

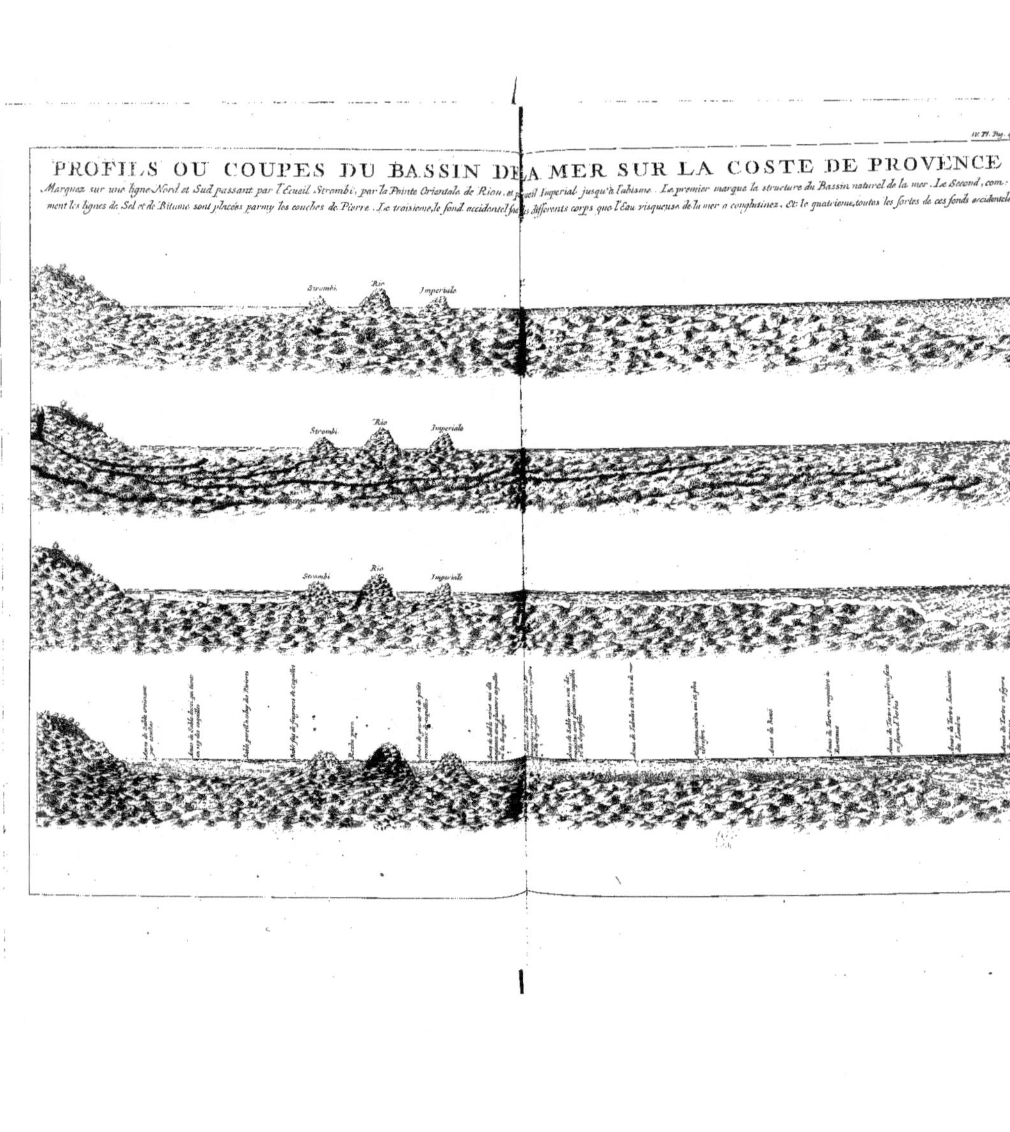

PROFILS OU COUPES DU BASSIN DE LA MER SUR LA COSTE DE PROVENCE
Marquez sur une ligne Nord et Sud passant par l'Ecueil Strombi, par la Pointe Orientale de Riou, et l'Ecueil Imperial jusqu'à l'abisme. Le premier marque la structure du Bassin naturel de la mer. Le Second, comment les lignes de Sel et de Bitume sont placées parmy les couches de Pierre. Le troisieme, le fond accidentel par les differents corps que l'Eau visqueuse de la mer a conglutinez. Et le quatrieme, toutes les sortes de ces fonds accidentels.
Strombi.
Rio.
Imperiale.
Strombi.
Rio.
Imperiale.
Strombi.
Rio.
Imperiale.

son veritable fonds est couvert presque par tout d'un autre fonds accidentel, fait par l'union de divers materiaux coagulez; de combien de sortes nous en avons trouvé; comment ce mêlange se fait, & de quelle maniere enfin les plantes de toutes les diverses Classes s'y trouvent disposées.

L'Entier Gölfe de Lyon, situé entre le Cap de Quiez, en Roussillon, & le Cap de Cicié ou Croiset en Provence, forme un Rivage au dessus de l'horizon de l'Eau de la figure d'un arc. A diverses distances en largeur, il s'y en forme un autre commençant à 60. & 70. brasses de la superficie de l'Eau & descendant 150. brasses pour le moins en quelques lieux; & en d'autres je n'ai pû établir sa veritable profondeur, laquelle se trouve tantôt parallele à celle du Continent, & tantôt fait comme la corde de l'arc.

L'Espace, ou l'Etenduë de mer, qui est entre ces deux diverses Côtes, est apellé par les pêcheurs *la Plaine* & l'on y trouve peu de difference, en divers lieux, pour la profondeur, ou du moins cette difference étant insensible en comparaison de celle qui paroît, d'abord qu'on a passé la Côte sous l'Eau. C'est pour cela aussi que les mêmes pêcheurs donnent le nom d'*Abîme* à cette vallée. Cette disposition réelle, nouvellement venuë à la connoissance des hommes, & que l'occasion de la Pêche du Corail m'a decouverte, le trouve marquée dans la Carte du Golfe, & en celles des Coupes dont la plus grande partie a été faite depuis la Côte de Terre jusqu'à celle que je nomme la Côte sous l'eau. On y a joint les notes nécessaires, pour l'intelligence du Lecteur; c'est pourquoi il trouvera bon que je l'y renvoye.

Nos démonstrations, pour expliquer la structure du Bassin de la Mer, & pour spécifier les materiaux qui le composent, seront toutes reglées par le rivage de la Terre, & descendant jusques au sol, on les continuera jusques à l'autre rive, ou Côte sous l'eau; & de cette Côte jusqu'au fonds auquel probablement elle s'unit.

Je fais donc trois parties du rivage de Terre. La premiere est celle du sommet du terrein, ou de la Roche qui regarde la mer, jusques à la ligne, où l'Eau dans une tempête peut s'élever; c'est-à-dire, que c'est la partie qui voit la Mer, mais qui jamais n'en est baignée. La seconde comprend l'espace, qui est entre la ligne où nous avons dit que la tempête fait quelquefois monter l'Eau, & le niveau ordinaire de la Mer dans un tems de Bonace,

B

mais

mais comme la Mer n'eſt pas toûjours agitée par la Tempête, on conçoit que cette ſeconde partie n'eſt pas toujours occupée pû l'Eau. La troiſiéme enfin eſt celle, qui depuis la ſuperficie de la Mer dans le calme, deſcend juſques au fond du lit de la Mer, & qui continuellement eſt baignée, puis que l'eau la couvre toujours.

La premiere partie donc eſt une continuation de la ſtructure, & des Materiaux du Continent, laquelle ne participe en rien d'aucune choſe de la Mer ; ſi l'on excepte quelques alterations, que l'air peut cauſer en ce terrain, pour la végétation des Plantes. La ſeconde eſt en pluſieurs lieux, par le batement des vagues, ou rongée, ou couverte, par des amas de ſable, & des dépoſitions de Tartre. Sa couleur, particulierement où il y a des Roches, eſt fort obſcure, & pluſieurs fois, fort variée. La troiſiéme eſt couverte par tout d'une eſpece de croute, ou crépiſſure, & des végetations, & autres ſortes d'alterations cauſées par les eaux dans le Baſſin de la Mer.

Les deux premieres parties doivent nous faire connoître comment la troiſiéme peut être conſtruite, n'étant viſiblement qu'une continuation de ces deux qui paroiſſent. La partie ſuperieure eſt, dans le Trajet, que nous examinons, couverte tantôt de Terre, ainſi que l'on voit en pluſieurs endroits des Montagnes pierreuſes de la Provence, apellées Côtes, tantôt de ſable, comme dans le Languedoc, s'étendant dans la Terre en maniere de plaine où le vent éleve de petites Colines.

On donne à ces Rivages le nom de *Plages*, pour les diſtinguer de ceux qui ſont élevez naturellement, & que l'on apelle, comme je viens de dire, *Côtes*. Ces *Plages* ont à plus, ou moins de profondeur, les mêmes lignes de pierre, que l'on voit dans la Coupe des autres Côtes dont nous ferons la démonſtration, & ces lignes s'étendent au deſſous du ſable dans la Mer, pour contribuer à la ſtructure reglée de ſon baſſin, lequel eſt formé de la même ſubſtance pierreuſe, qui comme elle ſoûtient, dans le reſte du Globe du Monde, la Terre fertile ou ſtérile ; ſoutient ici la grande maſſe de l'Eau.

Dans l'eſpace de cette Côte, que nous examinons, il y a toutes les principales ſortes de Rivages ; ſavoir, élevez, montueux & unis. La premiere ſorte eſt celle, qui ſe trouve par toute la Provence, & continue juſqu'à Fos. La ſeconde commence où celle-ci finit & s'étend juſques dans le Rouſſillon.

On decouvre la ſtructure des Rivages élevez & montueux par les

Cou-

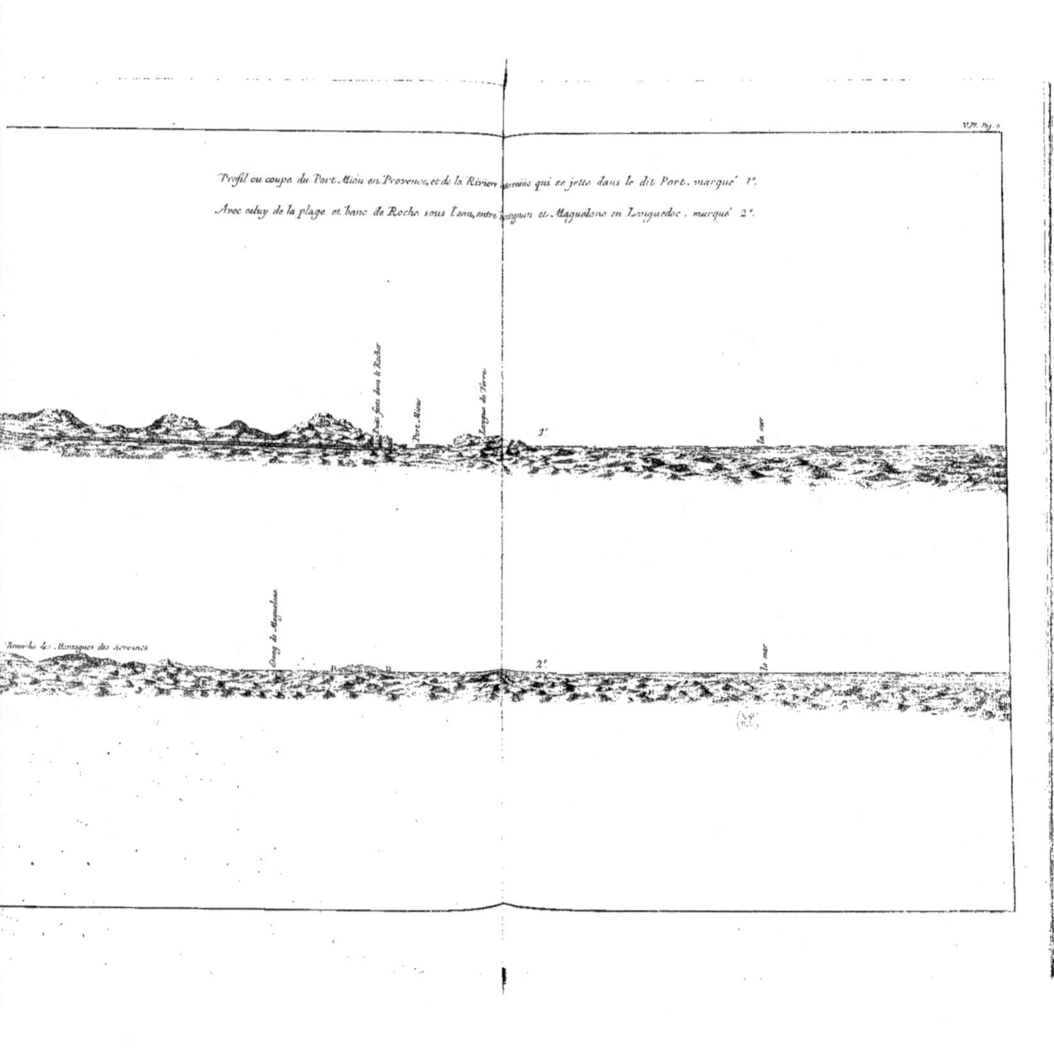

Profil ou coupe du Port Miou en Provence, et de la Rivière souterraine qui se jette dans le dit Port, marqué 1.
Avec celuy de la plage et banc de Roche sous l'eau, entre Maguio et Maguelone en Languedoc, marqué 2.
Puits faits dans le Rocher
Port Miou
Langue de Terre
Rivière souterraine
la mer
1°
Branche des Montagnes des Sevennes
Etang de Maguelone
la mer
2°

Coupes que ceux-ci préfentent à la Mer, en plufieurs endroits, & entre autres vis-à-vis de l'Ile de Riou, & auffi là où commence la Coupe, pour la démonftration du Baffin de la Mer.

Pour me rendre plus intelligible, je dirai que le lieu marqué A. A. A. eft cette partie de Terre qui produit les herbes, & qu'elle eft comme une écorce pofée fur la partie pierreufe dont les lignes B. B. B. B. font voir les diverfes couches prefque horizontales de pierre, que de petites lignes de terre, ou d'argille glutineufe lient enfemble à peu près de la même maniere, que celles de chaux tiennent jointes les pierres, que l'on a pofées artificiellement les unes fur les autres, pour former une muraille. Cette difpofition eft prefque génerale, dans toutes les montagnes que j'ai obfervées en Europe; & bien que les Couches foient en quelques endroits obliques, & en d'autres perpendiculaires à l'horizon du Monde, les paralleles font toutefois les plus fréquentes, à caufe que cette pofition répond mieux à la confiftence du Globe.

Cela n'empêche pas que je n'aye trouvé, dans la Suiffe, des irrégularitez de cercles tout-à-fait extraordinaires; mais comme ce détail conviendra beaucoup mieux à mon Traité de la ftructure de la terre, je ne m'y arrêterai pas, pour le prefent. Les interftices qui fe trouvent parmi les Couches contiennent, comme j'ai déja dit, une terre, ou argille glutineufe, autour de laquelle fe fait l'union tant des particules metalliques, que des fucs coagulez, comme font les divers fels, & particulierement les Gemmes, & les Bitumes. C'eft dans cette Claffe, qu'entre le charbon foffile, lequel fe condenfe là, comme dans un fourreau de pierre. Enfuite à mefure de leur largeur, de leur figure, & de leur aliment, ils fe groffiffent, s'étendent & prennent le nom de veines. On verra tout cela affez clairement expliqué dans le Traité des Mineraux de Hongrie, qui fait une partie de mon Ouvrage du Danube.

Cette ftructure, que je viens de décrire, des deux premieres parties des Rivages, continuë en la troifiéme autant qu'il eft poffible de pénetrer avec les yeux fous l'eau, ce qui fait juger que le refte jufques au fond doit être auffi la même chofe.

Celle des écueuils, & de l'Ile de Riou, que la Nature a fi bien conformée à l'autre du Rivage du Continent, prouve encore beaucoup mieux cette organifation, tant à l'égard de la fubftance des pierres, que de la difpofition de leurs couches les unes fur les autres à peu de diftance horizontale. On diroit que cette partie a été autrefois

B 2

trefois toute d'une piece avec le Continent , & qu'elle en a été féparée enfuite , pour former dans le milieu un Canal de Mer.　Dans le premier profil on voit ces couches marquées C. C. C. C.　Cette conformité de ſtructure entre le rivage de l'Ile , & des écueuils , & celui du Continent qui y eſt oppoſé fait recounoître qu'effectivement , à certaines profondeurs , les mêmes couches de pierres , que l'on voit former les Rivages , continuent ſous l'eau dans le même ordre.

Conféquence de cette démonftration que le rivage ou des Iles , ou des écueuils ou du Continent d'Afrique oppoſé à celui de Provence doit être de la même ftructure.

Su R cette démonftration des Rivages du Continent & des Iles , & d'une petite partie du fonds de la Mer coupée ſuivant le premier profil , on doit conclurre qu'en continuant les fondes , par la même ligne , juſques à la Côte d'Afrique , & reconnoiſſant les couches des autres Iles , & des écueuils qui pourroient ſe rencontrer , & le Rivage , & le Continent , on trouveroit une ſtructure ſemblable à celle du Continent de Provence de l'Ile de Riou , & des écueuils des environs : Et lors que par hazard , à la place d'un Rivage montueux , il y en auroit un qui ſeroit bas , ou une Plage couverte de ſable , comme dans le Languedoc , en pourſuivant plus bas dans la Terre , mais toûjours par la même ligne , juſquà une côte de montagne , il eſt infaillible que la même ſtructure qu'on auroit dêja reconnuë ſur le Rivage de la Mer , au deſſus de l'horizon , s'y trouveroit ; cela étant effectif , ſous celui de la Terre , ou du ſable dans les lieux unis.

Que la ftructure & difpofition des Lignes , & couches de pierre , eft continuée jufques dans les plaines de Terre , & de fable qui font les rivages de la Mer appellez *bas*.
Preuve de cette continuation par l'examen des Plages de Languedoc qui font entre la Mer & la ligne des Sevennes qui unit les Pirenées avec l'Apennin.

On trouvera peut-être étrange que j'avance ici la continuation , & la liaiſon des couches de pierre , par les plaines de Terre ou de Sable qui font ces Rivages de la Mer que j'ai nommez bas , avec ceux qui font élevez , & montueux ; mais cela ſe voit ſi manifeſtement dans les Plages de Languedoc qu'on ne ſauroit raiſonnablement après cela douter de cette verité.

CEux qui en connoiſſent la ſituation ſavent que ce font des Plaines de diverſes largeurs , qui font entre la Mer & la ligne des Monts des Sevennes qui unit les Pirenées avec l'Apennin , comme je le ſerai voir dans mon Traité de la Terre ; & que cette ligne en pluſieurs endroits avance des Chaines de Collines pierreuſes du côté de la Mer , s'enterrant , avant que d'y arriver , ſous l'horizon de la plaine pour aller former la Caiſſe du Baſſin de la Mer , de la même maniere que j'ai fait voir que cela ſe faiſoit dans la Côte haute ou Rivage pierreux de la Provence.

Preuve plus convainquante de ce fait dans l'examen

POur m'éclaircir de cette verité , j'ai examiné des deux lignes de Collines d'Agde , & de Frontignan , qui font des Chaines des hautes

mon-

montagnes des Sevennes. Dans la pente de la plaine, elles se cachent sous la Terre & le sable, à la profondeur de plusieurs pieds; mais elles s'étendent veritablement dans la Mer, & passent même sous l'étang de Maguelone; comme on l'a découvert, au grand préjudice de ceux qui ont entrepris de creuser, pour un nouveau Canal, qui unît les navigations du Rhône avec celui du Languedoc. ^{des deux lignes de Collines d'Agde, & de Frontignan qui se cachent sous la Terre & le sable & s'étendent dans la Mer.}

Dans la Carte du Golfe de Lyon, on distinguera ces lignes par les petits points qui les forment. Elles traversent les plaines, & les étangs, & vont dans la Mer jusqu'à cette distance où le sable, qui les couvre ordinairement, a permis de les apercevoir. ^{Ce fait observé dans la Carte du Golfe de Lyon.}

Le profil 2. dans la Carte, où l'on marque celui des fleuves soûterrains montre la forme des Rivages bas, comme le premier a fait voir celle des élevez; & de plus les lignes pierreuses, qui traversent les plaines de sable, & de terre. ^{Observé dans la Carte où l'on marque le profil des fleuves soûterrains. Planche 5.}

La Partie D. D. est la superficie sabloneuse, qui, à quelques pieds de profondeur, a au dessous d'elle la ligne de pierre EEE, laquelle s'insinue dans la Mer ainsi que plusieurs autres plus profondes, qui passent sous la même plaine pour l'extension de la masse pierreuse des Montagnes des Sevennes, lesquelles font une partie du Bassin de cette Mer, & cela doit probablement se faire de la même sorte, dans tout le reste du Globe.

Ainsi donc le fond de la Mer, non seulement est uni aux Rivages, que nous avons décrits; mais il en est même une continuation fort reglée. ^{Conséquence de cette observation du Globe terrestre.}

Ses horizons font divers, bien qu'en certains lieux on y trouve quelques étendues d'un même niveau; ce qui peut se voir, par les sondes marquées dans les Cartes, pour l'usage de la navigation & aussi par nos Coupes du Golfe de Lyon; où on ne laisse pas de remarquer de l'inégalité, quoi qu'elle y soit beaucoup moins considerable, qu'en plusieurs autres parties de la Mer. ^{Diversité des horizons.}

Les Pêcheurs donnent le nom de plaine à toute cette étenduë, qui est entre les Rivages hauts & bas, au dessus de l'horizon de la Mer, & les autres qui se trouvent sous l'eau, à 60. & 70. Brasses & qui font, comme j'ai déja dit, la côte de l'Abîme. ^{Ce que c'est que plaine.}

Apre's avoir prouvé que le fond de la Mer est veritablement une continuation des Rivages, je dois faire voir maintenant comment ces couches font semblables aux b. b. b. du premier profil, que nous faisons continuer, de la maniere exprimée dans le Dessein, & par leur union avec le Rivage du Continent, & une Ile, donner l'idée de celle qui doit être ailleurs entre un Continent & un autre, & entre

C

les

Il est faux que la Mer en de certains lieux n'ait point de fond.

les Rivages élevez, & les bas. Au reste les divers horizons, que j'ai établis, dans cette partie, demandent naturellement qu'on faffe cette réflexion, qui importe ; favoir que tout ce qu'on a dit, qu'en certains lieux la Mer n'avoit point de fond , eft une fable & une fauffeté evidente.

Dans le Trajet que nous examinons, cette fuppofition commence de la Côte fous l'Eau. Les Pêcheurs fortans, dans cette pente, où ils ont coûtume de tirer du Corail à 150. & 200. Braffes, & n'étant pas conduits au fond par cette mefure de Corde, s'imaginent qu'il n'eft pas trouvable, & difent en leur jargon par une exageration grof-fiére, *que l'Abîme n'a point de fond* , & qu'il n'y a nulle efperance de le trouver. Cette penfée que des perfonnes experimentées, pour ce qui regarde la Mer, ont euë, auffi bien que de fimples pêcheurs, me

Raifon pour laquelle on ne trouve point le fond, & de quelle maniere on le pour-roit trouver.

paroît extravagante, & fondée feulement fur ce qu'aucun n'a voulu encore fe donner la peine, & faire la dépenfe de préparer ce qu'il faut, pour cette fonde ; laquelle apparemment ne fe fera jamais, fi quelque Prince n'ordonne, pour cela, des bâtimens particuliers & des Inftrumens proportionnez. Car pour ce qui eft des Mariniers, ils ne cherchent jamais le fond, qu'à peu de profondeur, & ne fe foucient guere de prendre les foins de rechercher plus avant, d'a-bord qu'ils trouvent quelques braffes d'Eau de plus qu'ils ne s'é-toient propofez , ou qu'ils ont de la difficulté à faire defcendre leur fer.

Que dans le fond du baffin on trouve deux princi-paux hori-zons, & com-ment on pourroit en trouver d'au-tres.

Nous trouvons par les Coupes , que nous avons faites, deux principaux horizons dans le fond. Le premier eft celui de la plaine, que l'on diftingue parfaitement du Rivage du Continent, & qui s'é-tend jufques à l'autre Rivage, fous l'eau. C'eft-là où commence le fecond ; mais comme il ne m'eft connu qu'à 150. Braffes de la fuper-ficie de l'Eau, je dirai feulement qu'il arrive peut-être à 1000 Braf-fes ou plus, & lors qu'on a paffé le plus grand fond les horizons peu à peu s'élevent en forme de degrez, pour fe joindre au Continent d'Afrique ; qui eft à l'opofite de celui, que nous examinons. Il feroit néceffaire, pour la continuation des Coupes du fond de la Mer Me-diterranée, de connoître les lieux les plus profonds ; mais j'ai déja dit que cela ne fauroit s'executer, fans l'affiftance d'un Souverain.

Que les pro-fondeurs dans la Mer éga-lent les hau-teurs des montagnes. Exemple de cette propo-fition.

Mes diverfes obfervations pour les plus grandes élevations des Montagnes d'Europe, que je pris avec le Barometre, m'inciterent à rechercher les plus grands fonds de la Mer, jugeant que fous l'Eau il fe trouvoit des abîmes d'une profondeur proportionnée à l'éleva-

tion

tion des Montagnes fur l'horizon. St. Gotard, dans la Suiffe, eft le Mont le plus élevé que j'aye vû, jufqu'à préfent ; mais comme je n'ai pas ici fa mefure, je pafferai au plus voifin de notre rivage, qui eft le Mont Canigou, que Mr. *Caffini*, en établiffant le Meridien de l'Obfervatoire Royal de Paris, prolongé dans toute la longueur de la France, trouva de 1400. Toifes d'élevation fur l'horizon de la mer. J'en ai fait l'aplication en une profondeur, où commence l'Abîme, & en un lieu où commence ce Mont Canigou, pour former une coupe, en laquelle on puiffe voir, d'un coup d'œuil, la convenance qui fe trouve en ces deux parties ; qui font châcune à la même diftance de la plus grande hauteur, & du plus grand fond de l'abîme, & de la Montagne. Cette démonftration prouve affez, ce me femble, que la profondeur de la Mer qui nous eft inconnuë repond à la plus grande élevation des Montagnes fur la Terre, car nous voyons bien que tout cela fe forme également par des couches redoublées, & dans un certain ordre de degrez, pour monter, & pour defcendre.

J'ai eu la curiofité de m'informer des plus habiles Mariniers, qui naviguent fur la Mediterranée, de l'endroit, où ils croyent que cette Mer ait plus de profondeur. Ils m'ont tous affuré que c'étoit à la hauteur de Malte ; mais ils n'en ont point de pofitives obfervations. Les raifons même, qu'ils produifent, ne me femblent pas fort convaincantes. Cependant comme je n'ai pas là-deffus des obfervations plus certaines, je ne puis que m'en raporter à ce qu'ils m'en ont raconté. C'eft, difent-ils, une regle génerale, dans nos rivages particuliers, qu'où les bords font élevez, & perpendiculaires, la Mer a beaucoup de profondeur, & que là où ils font bas, comme ceux du Languedoc, elle en a très-peu, & il eft par conféquent très-difficile en ces lieux-là de gagner la Terre avec les Batteaux. Il n'en eft pas de même en ceux de Provence, car étant élevez, on en aproche fans peine.

Les lignes de Sel & de Bitume, qui donnent aux Eaux de la Mer la diverfité de leurs goûts, s'y étendent par les interftices des couches de pierre, dans le même ordre, qu'en nôtre Continent. Il y a aparence que les lignes des plus fins Métaux s'y trouvent auffi, & peut-être y caufent toutes ces couleurs, que nous voyons fur plufieurs Corps folides, exiftans dans le fond de la Mer, & particulierement fur les Plantes que nous apellons pierreufes.

C 2

Avant

AVANT que d'expliquer comment ces veines subsistent, je dois dire un mot de leur position, dans les interstices du Continent. . Entre une couche & l'autre se trouve placée la veine du suc coagulé, ou du Métal qui s'y fixe en la forme, que je le fais voir, dans mon Traité de la végetation des Métaux. . On trouve aussi dans ce Traité une démonstration tant de la structure des Montagnes, où ils croissent, que des matieres Métalliques même qui prennent la figure, & le cours que leur permettent les interstices des couches de pierre, & qui dans leurs divers contours & leurs particulieres situations sont distinguées, par tous ces noms differens que l'art de tirer les Metaux a inventez. Celles du sel apellé ordinairement *Gemme* sont tantôt continuées, & tantôt interrompues, parmi les pierres, & le plus souvent elles se découvrent dans les parties méditerranées de l'Europe. On en tire, dans la Catalogne, en des endroits peu éloignez de la Mer.

DANS la Transilvanie, la Moldavie, la Valachie, la Hongrie, & la Pologne superieure, il y a quantité de sel, dans l'ordre de longues & larges lignes continuées, que l'on coupe avec le Ciseau, ainsi que du Marbre. Elles sont interrompuës dans l'Autriche superieure, le Tirol, la Baviere, la Lorraine, & la Franche-Comté, & l'on n'en tire le sel, que par l'introduction artificielle des Eaux insipides, qui le dissolvant s'en emboivent & sortent salées. Elles sont depouillées du sel ensuite, par le moyen du feu.

LES lignes de Bitume se manifestent en plusieurs lieux de la Terre, dans la même position que les lignes de sel; & non loin de nos Côtes, tant de Provence que de Languedoc, on les voit continuées dans les lignes de charbon de Pierre, lequel est un suc coagulé bitumineux, chargé de parties terrestres, & dont l'extrait m'a servi à donner à l'Eau de Mer artificielle l'amertume, qu'on trouve dans l'eau de Mer naturelle sur la Côte de Provence, & qui est plus forte aux endroits, où les plantes pierreuses croissent en abondance. La Mine de ce Charbon, qui est à 12 Milles loin de Marseille, est colorée en son lieu dans la Carte du Golfe de Lyon, je l'ai étenduë jusques

au Rivage de la Mer dans le second * profil où l'on voit le Puits, ou l'entrée par où la ligne de charbon doit s'insinuer, & comment elle s'étend dans l'interstice des lignes pierreuses, qui forment la Caisse de la Mer, marquées C. C. C. C. & les autres 5. 5. 5. 5. qui font la continuation de ces lignes de sel, qui doivent être dans le Globe entier de la substance pierreuse, & qui y sont effectivement,

ment,

vement, ainsi que cela se voit dans les endroits que j'ai dit ci-
dessus. C'est par ce moyen qu'étant baignées continuellement, par
les eaux que le Créateur y a placées, elles leur communiquent les
goûts salez & amers, que nous trouvons.

La communication continuelle, par les vuides tantôt larges,
& tantôt étroits, entre les lignes pierreuses jusques à la superficie de
la Terre, cause dans le Bassin de la Mer d'autres Bassins pour les
Fleuves qui vont s'y rendre par l'interieur de la Terre, de la même
maniere, que nous voyons ceux de la superficie se mêler à la
sienne.

Cela est fort commun sur la Côte de Provence, & particulierement
dans le Territoire de Cassis, où un de ces Fleuves souterrains, assez
considerable, se dégorge dans la Mer au Port Miou. J'ai fait en ce lieu-là
une exacte analyse de son Eau. Plusieurs disent que ce Fleuve tire son origine de la superficie de la Montagne de la Ste. Baume, & que par les
découpures, qui, quoi qu'avec interruption, continuent jusques à
la Mer, les Eaux des sources voisines, les Pluyes, & les neiges fon-
dues, vont s'y joindre, & que toutes ces Eaux trouvent un nouveau
renfort, dans la vallée de Cujes, dont l'horizon est oposé à celui du
haut Mont de la Ste. Baume, & qui est la pente pour aller à la Mer.

Comme je n'ai pas fait moi-même, précisément dans ce lieu,
aucune observation particuliere; je n'oserois assurer que ce qu'on en
raporte soit veritable; je dirai seulement, que j'ai vû dans la Croatie superieure, autour de la Lika, ou Carabavie, quelque chose d'a-
prochant, & que le Cours de ce Fleuve-ci est continuel, ainsi qu'il
paroît par son flux, lequel ne soufre point de diminution, & aussi
par les deux Puits creusez à la distance de dix sept Toises de la Mer,
dans le Rocher; d'où l'on puise l'Eau douce du Fleuve, pour l'u-
sage des habitans. Ce beau Port fut fort estimé des Romains, &
ce fut par leur ordre aparemment qu'on y creusa ces Puits admirables. Je n'ai pas oublié de faire la comparaison de leurs Eaux
avec celles de la Mer, ainsi qu'on le verra dans les Analyses.

La figure d'une * Coupe de tout le Trajet, qui est entre les Puits
& la Mer, fera voir clairement, ayant ces proportions mesurées,
comment ce lit souterrain se termine, & comment ce fleuve coule
dans le fonds de la Mer. On pourra comprendre, par cet exemple, la situation, & la forme de tant d'autres Fleuves souterrains
qui venant de la superficie de la Terre se dégorgent dans la
Mer, à diverses profondeurs de son Bassin, diminuent le goût de

D

ses

ſes Eaux, & alterent ſa Couleur de la maniere que j'expliquerai dans la ſeconde Partie de cet Ouvrage.

La Pêche du Corail fait voir qu'aux bords de la Mer, il y a ſous l'Eau pluſieurs Cavernes, qui peuvent être accidentellement conſtituées dans la ſubſtance pierreuſe, ou faites par les amas de nouvelles conglutinations de corps héterogenes dans le Baſſin de la Mer. Quelques-uns diſent que ces Cavernes ſont en ordre, & qu'elles ſervent à la circulation des Eaux. Pour moi je crois qu'elle ſe peut faire, par le moyen des Cavernes, & ſans elles auſſi; ce qui ſera une Partie, que j'examinerai dans mon entier Traité de la Terre. On trouve, dans les Maſſes des Montagnes, une infinité de Cavernes à tourbillons, pour la continuation des Couches de pierre; d'autres ſont faites par la Chute des Rochers entiers. Ce ſontlà des accidents, qui peuvent arriver également dans le Corps pierreux, qui forme le Baſſin de la Mer, & ſur tout celui de la Chute, parce que les Eaux étant fluides, & d'une nature à pouvoir ronger, & détruire les fondemens, qui ſoûtiennent les couches de pierre, ſes variations doivent y être plus fréquentes, que dans la Terre.

On peut conclurre, ce me ſemble, aſſez raiſonnablement, après ces diffuſes démonſtrations, que le Baſſin de la Mer fut formé dans la Création de la même pierre que nous voyons, dans les couches de la Terre, avec les mêmes interſtices d'argile, qui leur ſervent de Ciment.

Il y a une démonſtration de fait, qui ſemble contraire à celleci, & c'eſt que les Mariniers trouvent fort rarement un fonds de Roche, & preſque toûjours un de fange, de ſable, d'herbe pourrie, de Tartre, de conglutinations ſablonneuſes de Terre, de Coquillages, & de tant d'autres Corps unis; leſquels probablement couvrent le veritable fonds, & font prendre pour le naturel celui qui n'eſt qu'accidentel, & que tant de divers Materiaux qui naiſſent, qui ſont entrainez, ou qui tombent dans la Mer, y ont formé. Ajoûtez à cela que la nature glutineuſe de cette Eau, & quelques-unes de ſes parties de Tartre, contribuent à former une incruſtation dans le Baſſin de la Mer qui par cette raiſon paroit ſi divers. Mais à certains endroits, que le hazard a dépouillez de cette écorce, on voit le veritable fonds qui ſe trouve d'une conſtitution pierreuſe. Enfin je dirai, pour m'expliquer en un mot, que le lit de la Mer eſt comme un Tonneau, qui gardant du vin depuis long-tems ſem

ble

Examen des Cavernes qui ſe trouvent ſous l'Eau dans les bords de la Mer.

Que ces Cavernes peuvent s'être formées, par la Chute de gros morceaux de Rochers.

Concluſion que le Baſſin de la Mer a été formé des mêmes couches de pierre, & d'argile que la Terre.

Qu'il ne faut pas juger de la nature du fond du Baſſin par les materiaux, que les Mariniers en rapportent en le fondant.

ble être, en son interieur, de lie & de Tartre bien qu'il soit veritablement de Bois.

On peut voir d'un coup d'œil, dans le troisiéme profil, * comment
ce fonds accidentel couvre le veritable.   On l'a distingué, par une
ligne de points tirée sur celle de pierre, mais elle est encore mieux
expliquée par les Caracteres F. F. F.

La diversité de ces fonds accidentels est placée aussi dans le quatriéme profil, † & on leur a donné les noms usitez parmi les Pêcheurs, & les Mariniers.   A la fin du Traité, on trouvera la description & la figure de chaque sorte.

Les deux sortes de fonds, qui ont le plus d'étendue, sont ceux qui
sont couverts d'un sable fort fin ou d'une conglutination sablonneuse.

La partie où se trouve le sable fin, est toujours celle qui est ex-
posée au flux des Rivieres comme du Rhone, & d'autres moindres,
dans le Languedoc.   Ce qui se voit dans tout le Trajet que l'on
apelle la Plaine, commençant depuis Fos jusques aux confins du Roussillon en longueur, & pour la largeur depuis la Côte, qui est au dessous de l'Horizon jusqu'à l'autre, sous l'eau.   S'il est vrai que cette
partie s'étende seulement du côté du Ponant, aux embouchures du Rhône, & point du tout vers l'Orient, je n'oserois l'assurer.   Je ne puis
même me persuader qu'au dessus de Fos, il n'y ait plus de ce sable
fin, qui permet aux Tartanes de pêcher en raclant le fonds, comme cela se fait dans le Languedoc; puis que la conglutination apel-
lée *Magiotan*, qui est une substance un peu moins dure que la Pierre, s'y trouve, & qu'elle n'est autre chose, qu'un amas de sable que
le Rhône, selon toute apparence, entraine jusques-là, & que l'eau
de la Mer y coagule, étant dans la Provence d'une nature plus bitumineuse, salée & gluante, sur tout où sont les plantes pierreuses. Il est
vrai que, dans le Languedoc, nous voyons une grande affluence de sable
dans les Ports, & sur les Rivages, qui augmentant chaque jour le
Continent cause de grandes dépenses, pour la conservation des Ports;
que même par ce moyen les deux Monts de Cette & d'Agde se sont
unis au Continent; & qu'il ne se fait rien de semblable, dans les
Ports de Provence, même les plus voisins du Rhône.   Cela me fait
croire qu'il y a, dans le fonds de la Mer, en Languedoc, une plus
grande pente, & que par cette raison le sable s'y precipite plus, que
non pas ailleurs.

Toutes les Couleurs des differentes substances, qui forment le
Bassin de la Mer, méritent bien d'être considerées, & ce seroit peut-

D 2

être

être pour la vuë l'objet le plus curieux, si cette varieté éclatante pouvoit subsister hors de l'Eau. Les Couléurs de Cinabre, de Minion, de Pourpre, Jaunes, Bleuës, Vertes, Blanches, sont venues à ma connoissance, ou separées, ou mêlées sur divers Corps, & la plus grande partie en forme de croute glutineuse, ou de Tartre; quelquefois pénetrées dans la substance pierreuse, de laquelle j'ai tiré quelques Couleurs avec la Cire fondue; ainsi que je le raconte dans la description des divers Materiaux du fond de la Mer, de quelques-uns desquels j'ai fait des Analyses Chymiques, pour les assembler avec celles des plantes pierreuses.

Quelquefois ces corps changent de Couleurs hors de l'Eau, ou fecs.

CES couleurs se trouvent souvent étendues, entre une glu sur toutes sortes de plantes, qui sortant de l'Eau sont vives & brillantes; mais si-tôt que cette glu est ôtée, ou qu'elle s'est entierement sechée, elles s'évanouissent, & les plantes n'ont plus que leur couleur naturelle, dont je parlerai dans la quatriéme Partie de cet Ouvrage.

Béauté de ces Couleurs.

CES agréables fragmens du fond de la Mer que le hazard nous présente quelquefois, & que l'on retire ordinairement des lieux où croît le Corail, font juger que, si l'on pouvoit pénétrer en certaines situations on verroit un assemblage de Couleurs beaucoup plus capables de plaire, que tout ce que l'artifice peut inventer sur la terre, pour l'usage, & pour le luxe.

Degrez de temperature de la partie du Bassin de la Mer, au détroit entre Cassis & Riou.

JE finirai cette Partie, par l'exposition des degrez de temperature que j'ai trouvez dans la partie du Bassin de la Mer du détroit, qui est entre Cassis & Riou, & particulierement où la vegetation des plantes pierreuses se fait le plus.

Je me suis servi d'un Thermometre dont la grandeur, & la division des degrez est marquée au dessein * placé dans la Table de ces observations.

* Planche 6.

Observations de cette tém perature avec le Thermometre.

JE suspendis ce Thermometre à une Corde, avec un poids proportionné, & je le plongeai en divers lieux, & à diverses profondeurs dans les mois de Decembre, de Janvier, Mars & Avril. Je trouvai que la temperature à la profondeur de 10. 20. 30. 120. Brasses étoit toûjours également de 10. degrez & demi, ou de 10¼. Cette distinction se verra dans la Table ci-jointe dans laquelle il y a la Combinaison des degrez de ces égales temperatures dans la Mer, aux mois ci-dessus nommez, avec les autres de celles qui étoient dans ce tems-là en l'air qui nous environne. Lors que le Thermometre fut au mois de Janvier à 8. *degrez* ½ dans la Mer à 120 Brasses de profondeur, il étoit à 10. *degrez* ½ en nôtre air, & lors qu'au

mois

TABLE

des Experiences faites avec le Thermometre dans la mer à differentes profondeurs et en divers temps et lieux pour éxaminer la temperature qui s'y trouve.

Lieux où on a fait les experiences.	Années.	Mois.	Jours.	Heures.	État du Thermometre sur l'eau.	Profondeur de l'eau.	État du Thermometre dans la Profondeur de la mer.
						Brasses	
A la Grande chandelle où on a pesché du Corail premiere decouverte des fleurs.	1706	Decembre	7	10^h m.	$9.^{gr.} \frac{1}{2}$	10	$10.^{gr.} \frac{3}{4}$
Sur l'abisme à 3. milles au Sud de Cassidagne	1707	Janvier	18	10. m.	$8 \frac{1}{2}$	120	$10 \frac{1}{2}$
A la pointe de l'Est de Rio.	1707	Janvier	26	12 midy	9	20	$10 \frac{1}{2}$
Au petit Rocher nommé strombi à l'Est de l'Isle de Rio	1707	Mars	28	10. m.	12	26	$10 \frac{1}{2}$
A la Calanque massane au Sud-Est de l'Isle de Rio	1707	Mars	29	8	9	30	$10 \frac{3}{4}$
A Lambre au Sud de l'Isle de Rio où on a fait la belle pesche de Corail.	1707	Avril	2	9	$11 \frac{1}{2}$	18	$10 \frac{1}{2}$
A la Coraillade dans l'abyme.	1707	Juin	30	4	15	100	13
Au mesme endroit à la Coraillade	1707	Juin	30	6	15	120	15
Encore au mesme endroit	1707	Juin	30	9	17	$1 \frac{1}{2}$	17
Le Thermometre s'étant cassé par accident, on n'a pas pû faire d'autres observations qu'on s'étoit proposées.							

mois de Mars il fut à 12 *degrez*, étant dans la Mer à 26. Braſſes de profondeur, il fut également à dix degrez ½ comme en tout autre tems. Il ne manque plus qu'à faire cette même experience en Eté, car m'étant trouvé encore ſur la Côte de Caſſis le 30. de Juin, je voulus examiner avec le Thermometre, le degré de Chaleur du fond de la Mer, & après en avoir fait trois obſervations à 4ʰ. à 6ʰ. & à 9ʰ. du matin, à diverſes profondeurs, un brigantin ennemi arrivant ſur nous nous fit retirer; dans ce deſordre, le Thermometre ſe caſſa, & il ne me fut plus poſſible de continuer ces obſervations. Cependant dans le peu, que j'ai pû obſerver, il ſemble qu'en Eté, cet ordre uniforme, que nous avions remarqué pendant l'Hiver, & le Printems, ſoit interrompu. Mais on ne doit pas conclurre par ces fragmens d'obſervations, que l'on verra marquez ſur la Table, que cette interruption ſoit effective. Il faudra donc, comme j'ai dit ci-deſſus, achever cette Experience, & ſi la même temperature de 10 *degrez* ½ s'y maintient, comme elle a fait en Hiver, & au Printems, il faudra néceſſairement établir que la temperature dans la Mer eſt égale, en toutes les Saiſons, & qu'elle n'eſt pas ſujette aux alterations, que l'on remarque en celle de nôtre Air, dans les diverſes Saiſons. Cette démonſtration, que le Thermometre rend indubitable, ne s'accorde pas du tout avec cette correſpondance, qui s'obſerve au Printems entre les plantes de la Mer, & celles de la Terre; puis qu'elles commencent les unes, & les autres à végeter au milieu de Mars, & c'eſt ce que je ferai voir en ſon lieu.

Nous devons paſſer maintenant à la * figuration, & deſcription ſuccincte, que nous avons promiſe, des diverſes ſortes de fonds, ce qui terminera toutes les remarques, qu'il nous a été poſſible de faire, pour la démonſtration du Baſſin de la Mer. On pourra comprendre, par cette petite partie, toute celle qui reſte à l'égard des Materiaux de la ſtructure, & des divers horizons, & auſſi pour ſon affinité avec l'organiſation que nous voyons au Continent, ce qui eſt nôtre but.

* Planche 4. & plus au long dans les Planches 7. 8. 9. 10. 11. 12.

HISTOIRE PHYSIQUE
DE LA MER.
SECONDE PARTIE.
DE SON EAU.

Divifion de la profondeur de l'eau en fuperficielle, moyenne & profonde.

JE divife le Corps de cette Eau, dans fa vafte profondeur, en fuperficielle, moyenne, & profonde. La fuperficielle comprend la troifiéme Partie de l'Eau, la moyenne comprend l'autre tiers, & la profonde tout ce qui refte jufques au lit. J'ai été obligé à cette divifion, par la differente nature, qu'à ces trois diverfes profondeurs l'on obferve dans l'Eau falée. La fuperficielle eft plus légere, que la profonde, mais la moyenne eft fort peu differente des autres; c'eft pourquoi pour éviter la confufion, & pour ne pas ennuyer, je n'en ferai aucune mention; je me tiendrai feulement aux deux diftinctions de fuperficielle, & de profonde, lefquelles j'obferverai, avec exactitude, dans l'examen de la nature de cette Eau.

La Couleur & le goût de l'eau, deux chofes à y remarquer.

ON doit diftinguer en elle les Couleurs & les Goûts. Les Couleurs font effentielles, conftantes, accidentelles, & apparentes par les diverfes reflexions.

Le gout en eft falé, & amer.

LE Gout eft toujours effentiellement falé, & amer, mais en differens degrez, que caufent ou les diverfes profondeurs, ou les Eaux douces qui s'y mêlent, par les Torrens, & les Fleuves; qui coulent dans la Mer par la fuperficie de la Terre, ou par l'interieur.

La Couleur naturelle de l'eau.

SA Couleur naturelle & fubftantielle eft claire d'elle-même, & plus brillante qu'aucune autre forte d'Eau de Fontaine, ou de Cîterne que j'aye comparée avec elle. Il eft vrai qu'on ne fauroit y reconnoître cette clarté, dont je parle, tant qu'elle demeure dans le Baffin de la Mer, qui lui donne toutes ces Couleurs apparentes, que j'expliquerai. Il faut, pour cela, la pofer dans un vafe de verre, qui ne reçoive point de réflexion, parce que ce font elles qui caufent toutes ces Couleurs fupofées.

LES

LES Eaux superficielles, en plusieurs endroits, ont substantiellement la couleur trouble & cendrée, cela provenant du mélange des Torrens, & des Rivieres, comme on le voit clairement à cinq milles au large du côté du Midi, en face de l'embouchure du Rhône, qui par divers Canaux se jette dans la Mer. Dans les endroits, qui sont marquez sur la Carte, on voit sa superficie de deux Couleurs, trouble & bleuë. Ce trouble essentiel lui est donné, par la nature de l'Eau du Rhône, & ce bleu apparent par la réflexion du fond, comme cela arrive universellement dans la vaste étenduë de la Mer; & les Vents resserrent, & dilatent l'étenduë de ces couleurs; car si les vents de Mistral ou de Tramontane souflent à l'embouchure du Rhône, la couleur trouble s'élargit, & si ce sont des vents opposez à ceux-là, l'espace de cette Couleur devient plus étroit.

ON trouve dans les Eaux profondes, comme sont, par exemple, celles de l'abîme tirées d'une profondeur de 150 Brasses, une couleur claire cendrée, & moins obscure, que celle de la superficie qui est troublée par le mélange des Rivieres, de la maniere que j'ai décrite.

IL m'est arrivé plusieurs fois de rencontrer, dans le même lieu, & à la même profondeur, mais en differens tems, un changement dans la Couleur cendrée; étant tantôt plus, & tantôt moins chargée. Je connus par là que, dans le fond de la Mer il doit y avoir quelque cause interieure qui augmente, & qui diminuë les Couleurs de cette Eau profonde, & que ce ne peut être, que les écoulemens soûterrains des Fleuves, qui vont s'y rendre, de la même maniere, que nous voyons qu'ils font par la superficie de la Terre. J'ai fait voir qu'il y a de ces Fleuves souterrains, par les observations que j'ai faites d'un de ceux-là, dont on peut voir la description dans la partie du Bassin de la Mer.

ON y remarque un très-grand nombre d'autres couleurs tant à la superficie, qu'en certaines profondeurs particuliéres; & ces couleurs ont des aspects tantôt agréables, tantôt affreux; mais toûjours purement apparents, n'étant formez que par les réflexions ou refractions des rayons du Soleil, causées par les Nuages, ou par le fond de la Mer, ou bien par la brisure de sa figure naturelle, & ordinaire contre les Corps solides qu'elle heurte.

LA Couleur claire, que j'ai décrite, étant dans son Bassin naturel paroît bleuë, lors qu'il y a beaucoup de fonds éclairé, & dans les endroits, où le fonds est médiocre, elle devient fort variée;

parce

parce que toutes les fortes de Materiaux, qui couvrent le fol, lui communiquent leurs réflexions. Ainfi fi c'eft du fable & du Gravier blanc, & que le Soleil donne là-deffus, l'Eau paroit d'un verd fouffré; fi c'eft de l'algue ou autres herbes obfcures, ou des Mouffes, ou de l'argile noire, elle paroit noirâtre. Il arrive fouvent qu'il fe trouve au fond un affemblage de toutes ces chofes, & alors cela fait, fur la fuperficie, un effet fort agreable. Les Nuages contribuent auffi à la diverfité de ces couleurs apparentes, particulierement dans ces mers, où ils font remplis de matieres craffes, qui les rendent épais & fort fombres. C'eft ce qu'on voit fréquemment, fur le Pont Euxin, & même pendant la plus grande partie de l'année. Cela joint à l'extrême profondeur, qu'on y trouve, à fait donner à cette Mer le nom de Noire.

Obfervation d'une couleur caufée par un nuage rouge.

LE 17. Decembre 1706. une heure avant le coucher du Soleil, étant fur le Port de Caffis, je vis un Nuage rouge comme du fang, qui continuoit à perte de vuë, du midi au feptentrion, en forme de Zone. Les fuperficies de la Mer, qui dans cette longue étendue étoient opofées au Nuage, parurent teintes de la même Couleur. Le Vulgaire étonné de ce Phenomene, quoi que naturel, ne manqua pas de raifonner là-deffus fuperftitieufement, & de faire dans les conjonctures de Guerre, où l'on étoit, des prognoftiques à fa mode.

Autre obfervation qui prouve que le Soleil feul forme diverfes Couleurs.

LE Soleil contribue non feulement par fes rayons à faire éclater les diverfes réflexions des couleurs du fond, augmentant la diafanité de l'Eau; mais même il en forme d'autres, ce que j'ai reconnu, par une pêche à l'hameçon, que j'ai faite en des lieux, où les écueuils empêchoient le Soleil de darder fes rayons fur la furface de l'Eau, & en d'autres où fes rayons donnoient à plein. Dans celles, qui étoient couvertes par des Rochers, ayant fufpendu à l'hameçon des Poiffons de couleur rouge apellez Saran, je commençois à les voir, à la feule profondeur de fept Braffes, quoi que je les euffes pris à celle de trente; & dans l'Eau le rouge de ce poiffon, & la Couleur minime de la Corde devenoient blancs. Dans les autres fituations, où la Mer étoit expofée au Soleil, je diftinguois des poiffons de même Couleur, & grandeur fufpendus auffi à l'hameçon, à un fond de onze Braffes; c'eft-à-dire, à la moitié plus de profondeur qu'aux autres endroits, où l'Eau n'étoit pas percée par les rayons du Soleil.

Obfervation de couleurs formées à l'occafion des

MAIS je crois avoir vû toute la varieté des Couleurs, que les Vents font capables de caufer, dans la Tempête, excitée par un

furieux

furieux Vent de Nord-eſt, que j'eſſuyai au Golfe de Fos, deux heu-res avant le coucher du Soleil, le 29. Novembre 1706. Les ondes ſe heurtant réciproquement les unes contre les autres, par une vio-lente agitation faiſoient élever, à une certaine diſtance, un nombre prodigieux de petits Globes. (Je dirai ici, par parentheſe, que j'ai vu la même choſe ſe faire dans l'Eau du Rhin à Schafouſe, laquelle par le choc, qu'elle donnoit contre les pierres, formoit une eſpece de pluye, laquelle montoit, par un mouvement contraire au naturel, qui eſt de deſcendre). Ces petits Globes de l'Eau de la Mer, recevant donc les rayons du Soleil, formoient de temps en temps divers Iris, de plus ou moins de durée, ſelon que les ondes en fourniſſoient plus ou moins en ſe briſant. L'horreur de cette tempête diminuoit extré-mement, à mon égard, par la vuë d'un ſi beau Phénomene, qui fai-ſoit éclater toutes ces vives & agréables Couleurs, que l'on voit or-dinairement dans l'Arc-en ciel, d'une façon tout-à-fait particuliere. Cela avoit beaucoup de raport aux pluyes d'Eté, que non ſeulement les Cataractes de Schafouſe produiſent, mais encore pluſieurs en-droits de la Suiſſe; donnant lieu aux rayons du Soleil de ſe jouër, par leurs diverſes percuſſions ſur ces Globes, en ſituation Angu-laire.

Vents & de globules d'eau elevez en l'air.

Sur les Bords de la Mer, preſque en tout tems, & dans le milieu pendant la Tempête, nous remarquons une Couleur de Lait; mais cette couleur eſt, tant en un endroit, qu'en un autre, purement ap-parente & provient d'une ſeule Cauſe, qui eſt le battement de l'Eau contre les pierres, ou le ſable, ou bien la rencontre d'une onde avec une autre onde. Cette percuſſion violente fait prendre pluſieurs figu-res aux Globes de l'Eau, qui par la confuſion, & l'irrégularité de leurs parties les font paroître d'un blanc obſcur, à peu près comme de l'écume de Lait. Si-tôt que la cauſe de ce déreglement ceſſe, ils reprennent leur figure naturelle, ce qui remet l'Eau en ſa cou-leur claire & brillante.

L'eau de la Mer blanche en tout tems à cauſe de la rencontre des rochers, des ſables ou des flots.

Le Goût de l'Eau de la Mer eſt ce qui la rend differente des autres Eaux, qui ſervent à la fertilité de la Terre. Ces dernie-res ſont, comme châcun ſait, inſipides, quoi que le Vulgaire les ap-pelle douces, & la premiere ſalée & amere. La Cauſe du Goût ſalé prédominant eſt connue de tout le monde, à cauſe des continuelles Experiences, que l'on fait d'en tirer le ſel pour l'uſage de la vie; mais il n'en eſt pas de même du Goût amer. Mon deſſein eſt d'éclaircir ici quelle quantité de ſel la Nature a mêlée, dans les Eaux de l'étendue

La cauſe du goût ſalé de la Mer connue, celle du goût amer incon-nue.

F

de

de Mer que j'examine, & d'établir par de nouvelles épreuves ce que j'ai déja écrit de la cause du Goût amer, dans ma Dissertation sur le Canal de Constantinople.

Examen des causes de l'a-mertume de cette Eau.

Il m'a falu, pour tous ces Examens, avoir recours aux démonstrations que donnent les équilibres de la Balance & de l'Areometre, & successivement aux Experiences chymiques, que j'ai tentées, autant qu'il a été permis à un voyageur comme je suis.

L'Impregnation, & la dissolution des sels, & des bitumes.

Avant que d'entrer en aucun détail de ces Experiences, il faut nécessairement que je dise que les goûts de l'Eau de la Mer sont accidentels; puis qu'il est probable que le Créateur forma l'Element de l'Eau d'une moyenne insipidité, & qu'ensuite à cause de sa nature fluide elle fut capable de recevoir, dans peu, ces differents goûts, que donnent les Sels & les Bitumes coagulez dans la substance de la pierre qui compose son lit; lesquels se dissolvants en elle, il a été absolument nécessaire qu'elle s'impregnât de leur nature, & de leur goût. Pour prouver la continuation de cet effet, j'aurois ici plusieurs exemples à raporter, que j'ai vus dans l'Allemagne, la Hongrie, & la Transsilvanie, & dont, dans mon Traité des mineraux, qui est une partie de l'Ouvrage, que j'ai composé du Danube, je fais un détail exact; en examinant les differentes sortes de sels gemmes, desquels j'ai un assortiment dans mon Cabinet, ce qui me manquant à cette heure, m'empêche de former ces experiences de Combinaison, que je pourrois faire avec le sel de Mer.

Eaux douces devenues minerales par artifice.

Dans la Hongrie, on conduit avec beaucoup d'artifice, des Eaux insipides au travers des veines de quelques mines de Cuivre, afin que passant par des lieux, où la Terre, & les pierres sont pleines de Vitriol, elles les dissolvent, & prennent, par ce moyen, un goût acide. On voit aussi dans l'Autriche superieure, au lieu appellé *Mund*, où il y a des Montagnes, qui ont des veines remplies de sel, de somptueux édifices de bois, pour conduire les Eaux insipides dans les endroits, où est ce sel, afin que le dissolvant elles en prennent le goût. Il y a apparence que c'est de cette maniere que l'Element de l'Eau fit d'abord après sa création, en se plaçant dans les Cavernes, qui forment le Lit de la Mer, où, sans doute, il y a parmi les couches de Pierres des Lignes de sel, & de substance bitumineuse, disposées de la maniere, que j'ai fait voir, dans la Section, où je parle du fond de la Mer. De ces Eaux ainsi impregnées du sel, qu'elles ont fondu, on en retire, par le moyen du feu, ce même sel fixe, & c'est ce qu'on voit faire aussi sur les rivages, par les rayons du Soleil.

En

TABLE 1

De divers Poids, et de différentes Couleurs de l'Eau de la Mer entre le Cap Sicie et celuy de Cette en Languedoc, éxaminez en physi[que] par le m[oyen] de la Balance et de l'Areometre dans le tems de la Navigation et des experiences à Cassis, par lesquelles on a connu la quantité des Sels [dans] tant les Eaux superficielles que les profondes, ce que l'on voit dans cette Table qui a à l'oposite celle des diverses Eaux douces, afin que l'on puisse facileme[nt] [com]parois[on] de leurs [poids].

Ans	Endroits	Mois	Jours	Couleur de l'Eau apparente en la surface de la Mer	Couleur de l'Eau essencielle superficielle dans un verre	Couleur essencielle de l'Eau du fonds dans un verre	Poids de l'Eau superficielle			Poids de l'Eau du fonds			Poids du ...		
							Onces	Dragm.	Grains	Onces	Dragm.	Grains	Onces	Dragm.	Grains
1706	Aux Isles de Marseille	Juin	18	Bleuâtre à l'Ordinaire	Claire brillante		1	3	49½						
	Au Port de Bouc	Juillet	13	Bleu à l'ordinaire	Claire brillante		1	3	48						
	Vis à vis de l'Embouchure du grand Rosne à cinq milles au large	Juillet	14	Trouble à 6 milles au environ	Trouble		1	3	44½						
	A my Chemin du Rosne à Crote en droite ligne	Juillet	14	Bleu à l'ordinaire			1	3	47						
	Dans le Port de Cette	Juillet	15	Bleu à l'ordinaire			1	3	49½						
	A l'Embouchure du petit Rosne dans la Mer	Octobre	26	Trouble	Trouble		1	3	36½						
	A l'Embouchure du Port de Cassis	Decembre	4	Bleu à l'ordinaire	Brillante		1	3	49						
	A la grande Chandelle	Decembre	7	Bleu à l'ordinaire	Claire brillante		1	3	50						
	A l'Embouchure du Port de Cassis lors de Tempête	Decembre		Bleuâtre trouble avec de l'écume	Claire brillante		1	3	49½						
1707	A Castel Vieux	Janvier	14	Bleu à l'ordinaire	Claire brillante	Couleur Cendrée	2	3	49	1	3	51	0	6	6
	A Cassidagne	Janvier	18	Bleu Obscur	Claire	Couleur de Cendre Clair gris	1	3	52	1	3	52½	0	6	6
	A Port Mion où l'Eau de Rivière se jette dans la Mer	Janvier	18	Bleu un peu Obscur	Claire	Cendrée	1	3	41	1	3	50	0	6	0
	A l'Isle de la Canat														
	A Cap Sicie														

TABLE 2

Des Poids et Couleurs des Eaux douces, de Puits, de Fontaine et de Rivieres, prises vers le bord de la Mer, avec l'Areometre.

Ans	Endroits	Mois	Jours	Couleurs	Poids		
					Onces	Dragm.	Grains
1706	à Montpelier au puits de Mr. Aled	Novembre	6	Claire	1	3	30
	Montpelier, Fontaine de S. Giles	Novembre	6	Clair	1	3	28
	Silon Royal au bord du petit Rosne	Novembre	22	Trouble qui se perd étant reposé dans une voile	1	3	29½
	aux Cabanes d'Orgons au bord du petit Rosne à 500 pas de la Mer	Novembre	23	Trouble qui se perd étant reposé dans un Verre	1	3	30½
	Puits profond de 3 pieds à profondeur fait par moi aux Cabanes d'Orgons à 500 pas de la mer et à 12 pas du Rosne	Novembre	24	Trouble qui se perd étant reposé dans un vase	1	3	29½
	aux Stes. Maries au puits du Crosal	Novembre	26	Blanchâtre	1	3	33
	aux Stes. Maries au puits de Lombard	Novembre	26	Blanchâtre	1	3	30
	aux Stes. Maries au puits de Rachoti	Novembre	26	Clair obscur	1	3	29½
	au petit Rosne près d'Orgon	Novembre	26	Trouble qui se perd étant reposé par le Papier gris	1	3	29½
1707	à Cassis Eau de la Citerne de mon Laboratoire	Janvier	20	Claire	2	3	30
	à Cassis Eau de la Fontaine	Janvier	20	Claire et trouble en tems de Pluye, alors pesé un Grain de plus	1	3	30
	à Port Mion, puits creusé à 7 Brasses de profondeur et 36 distant du Bord de la Mer	Janvier	26	Claire	1	3	36

AREOMETRE

Qui a servi à toutes les obser[vations] pour le poids de diverse[s] Eaux, qui est icy dessigné dan[s] sa forme et grandeur naturelle pesant une Once, trois Dragme[s] et dix Grains. Au bas est une for[me] de petite Boule remplie de [mer]. Les Anneaux de Plomb icy des[signés], et qui sont du poids mar[qué] à chacun, ont servi pour l'Equilibre en ajoûtant la quantité nécessaire.

TAB. 4.

Des poids des Eaux naturelles de la mer superficielles & profondes prises en divers lieux pour experiences, par le moyen de la Balance et de l'Areomettre comparez avec ceux des mêmes Eaux depouillées de leur Sel par la distilation et avec des autres de Citerne et de la Fontaine et du Puits [de] Cassis à seize brasses de la mer, tombant dans le fleuve sousterrain qui se decharge à P[...]iou.

Poids de l'Eau superficielle Naturelle & de l'Eau Naturelle du fond

Lieux où les Eaux ont été prises	Eau superficielle Naturelle — avec la Balance : Onces	dragm.	Grains	avec l'Areomettre : Onces	dragm.	Grains	Eau Naturelle du fond — avec la Balance : Onces	dragm.	Grains	avec l'Areomettre : Onces	dragm.	Grains
à Château vieux à la profondeur de 30. brasses.	24	0	0	1	3	49	24	1	20	1	3	51
à Cassidagne à la profondeur de 120. brasses.	24	1	0	1	3	51	24	3	0	1	3	52
Riviere souterraine tombant dans la mer à la profondeur de 7. brasses ½.	23	5	30	1	3	41	24	3	0	1	3	50

Poids de l'Eau superficielle distillée & de l'Eau du fond distillée

Lieux où les Eaux ont été prises	Eau superficielle distillée — avec la Balance : Onces	dragm.	Grains	avec l'Areomettre : Onces	dragm.	Grains	Eau du fond distillée — avec la Balance : Onces	dragm.	Grains	avec l'Areomettre : Onces	dragm.	Grains
à Château vieux à la profondeur de 30. brasses.	23	3	1	1	3	30	23	3	36	1	3	30
à Cassidagne à la profondeur de 120. brasses.	23	3	1	1	3	30	23	3	42	1	3	31
Riviere souterraine tombant dans la mer à la profondeur de 7. brasses ½.	23	0	[illegible]	1	3	30	23	2	0	1	3	31

Poids de l'Eau de Citerne

Lieux où les Eaux ont été prises	Eau de Citerne — avec la Balance : Onces	dragm.	Grains	avec l'Areomettre : Onces	dragm.	Grains
Citerne du Laboratoire de Cassis	23	3	0	1	3	30
Fontaine dans la Place de Cassis	23	2	0	1	3	31
au Puits fait par les Romains à 16. brasses de distance de la mer.	23	4	10	1	3	36

En ma Navigation, sur les Côtes de Provence & de Langue-doc, j'ai examiné avec le seul Areometre le poids des Eaux su-perficielles ; mais dans le lieu de Cassis, où j'ai séjourné quel-que tems, pour pouvoir faire exactement mes épreuves, j'ai pesé avec le même instrument non seulement les Eaux superficielles, mais encore les profondes, & toutes les deux ensuite, avec une balance ordinaire très-exacte. Les lieux où j'ai puisé ces Eaux, sont distinguez dans la Carte, par une petite urne. Leurs differens poids sont marquez *, en la premiere Table par la-quelle on pourra voir d'un coup d'œil toutes les circonstances nécessaires à l'égard du poids, & le comparer, avec celui des autres Eaux de Riviere, de Fontaine & de Cîternes, dont j'ai rassem-blé les poids, † en une autre Table qui est en face de celle-là.

Les differents poids, que j'ai trouvez entre les Eaux de la superfi-cie & celles du fond, ont été toûjours rélatifs aux degrez de salure, qui les rend plus ou moins pesantes ; suivant qu'elles ont attiré plus ou moins de sel des veines de la terre, de la façon que j'ai déja dite. Les sels différent aussi entr'eux, en quelque chose ; c'est pourquoi ils donnent aux eaux, suivant leurs qualitez, divers degrez de goûts. Les Fleuves qui s'y mêlent par l'interieur, ou par la superficie de la Terre, peuvent contribuer aussi à diminuer le goût salé des Eaux de la Mer ; en leur dérobant, pour ainsi dire, une partie de ce sel, qui ne devoit servir que pour elles.

Les observations, que j'ai faites de la superficie de la Mer vers l'embouchure du Rhône, me font voir clairement, que les Ri-vieres, tant soûterraines qu'autres, diminuent, par le mélange de leurs eaux, le poids, & le goût de celles de la Mer, jusqu'à une certaine distance. Je les ai trouvées en ces endroits une 303. partie plus legeres, & par conséquent moins salées, qu'à la superficie des environs. La même chose m'est arrivée à Port Miou, où, comme on le voit marqué dans la Carte, un Fleuve souterrain va se dé-gorger. L'Eau s'y trouve moins pesante, & moins salée à la distan-ce de plusieurs pas d'une 201. partie. Les torrens même, dans le tems de Pluye, font le même effet, à quelque éloignement du Ri-vage, & j'ai éprouvé cela plusieurs fois.

Il paroît, par toutes ces observations rangées dans la premiere Table, avec les autres des poids & circonstances des Eaux qui cou-lent sur la Terre, que celles de la superficie de la Mer, qui en est voisine, sont d'un poids inégal, d'un goût divers, & moins pesan-

tes

tes & falées, que celles qui font en haute mer ; où elles ne craignent point le mélange des Eaux douces, à la réserve dès foûterraines, qui coulant à une extrême profondeur ne peuvent jamais caufer une alteration fenfible à la fuperficie.

IL y a auffi de la difference pour le goût falé entre les Eaux fuperficielles & les profondes, ce qui m'a obligé de fuivre toûjours cette divifion, que j'ai établie dès le commencement. Les Eaux qui font fort profondes, comme celles de l'Abîme, pefent plus que les autres. Celles que j'en tirai avec un vafe fait exprès d'un fonds de 150. Braffes fe trouverent, une 406. partie, plus pefantes que celles de la fuperficie, comme on le peut voir, à la Table ; & ayant réiteré

ces experiences, & en divers tems, l'Aréometre m'a montré quelque petite difference pour le poids, & j'ai vu la Couleur changée. Cette alteration m'a affûré, de plus en plus, qu'il s'y écouloit des Eaux, par l'intérieur de la Terre, lefquelles faifoient le mê-

me effet dans le fond, que nous avons dit, que produifent celles de la fuperficie de la Terre, dans la furface de l'Eau de la Mer.

A toutes ces Experiences, que je viens de raporter & que j'ai faites, par le moyen de la Balance, & de l'Aréometre, j'ajoûterai

celles des diftillations très-exactes ; qui ont dépouillé diverfes Eaux de la Mer de tout le fel, qu'elles contenoient, les rendant égales en poids & en nature à celles des Cîternes ; & cela a été fait, avec la régularité néceffaire, pour favoir la jufte quantité de fel, qu'il pouvoit y avoir dans deux livres d'Eau de la Mer, tant fuperficielle, que profonde.

POUR mieux m'affurer de cette proportion, j'ai voulu reftituer à ces mêmes Eaux diftillées le fel, que je leur avois ôté, & en faire une artificielle avec de l'Eau de Cîterne & du fel commun. On n'a pas oublié auffi plufieurs mêlanges de diverfes Teintures, & d'Alcalis, avec l'Eau naturelle de la Mer dépouillée de fon fel, & à laquelle enfuite on l'a reftitué, & avec d'autres Eaux de Mer artificielles ; & on a auffi obfervé l'effet, qu'elles pouvoient faire dans la cuiffon des viandes, & des Légumes, enfin toutes les experiences qui pouvoient faire connoître la nature de cette forte de fel ; les comparant avec les fixes, tirez des plantes marines, pour voir quel aliment ces Eaux donnent à tant de diverfes plantes, qui croiffent en elles, & particulierement à celles de fubftance pierreufe. Comme ces dernieres croiffent en grand nombre, entre Caffis, Caffidagne &

Riou,

Riou, j'ai pris de l'Eau, dans ce même Trajet, pour faire ces Experiences, qui m'ont tant donné de peine.

Les distilations ont été faites le plus soigneusement, qu'il s'est pû, au bain de sable, sur deux livres d'Eau superficielle de Chateauvieux, de Cassidagne, & de l'endroit à Port Miou, où le Fleuve soûterrain se dégorge. On a pris également de la profonde, le plus bas qu'on a pu dans ces endroits.

La quantité de sel, qu'on a tirée de l'une & l'autre de ces Eaux, est marquée dans la seconde Table jointe à celle des divers poids trouvez avec la Balance, & l'Aréometre aux Eaux naturelles de la Mer, à celles qui ont été depouillées de leur sel, & aux autres de fontaine, & de cîterne; afin de voir, d'un coup d'œuil, la proportion des poids qui est entre elles, la quantité de sel qu'elles ont, & de quelle sorte ce sel repond à leur poids.

Quantité de sel tirée de l'eau de la Mer par la distillation.

Sur le fondement de ces Experiences, j'établis donc que l'eau de la Mer, en ces situations, où son Goût naturel salé n'est point alteré par le mêlange des Rivieres, ni des Torrens, & qui nourrit si bien le Corail, contient de sel en sa superficie la 32. partie de son propre poids, & dans le fonds une 29. partie. C'est la proportion, que me montre la Balance, mais l'Aréometre, dont je produirai les experiences en son lieu, fait voir qu'il devroit y en avoir une partie de plus; ce qui est, à mon avis, plus exact que la Balance, & plus assuré contre toutes les diminutions, que cause la Chymie, malgré toute l'exactitude, dont on puisse s'aviser.

Quantité du sel de l'eau de la mer pure à differentes hauteurs.

Les mêlanges de diverses liqueurs dans l'Eau naturelle de la Mer font plusieurs effets particuliers, sur elle; ce que j'ai vu par un nombre d'experiences, que je n'insere pas ici, à cause qu'elles ne sont pas nécessaires, & que je suis bien aise d'éviter l'ennui, que cela pourroit donner au Lecteur. Ces trois mêlanges savoir d'Eau de Fleurs de Mauve, d'Esprit de sel Armoniac, & d'huile de Tartre, sont ceux qui font mieux paroître la diversité des Eaux de la Mer, promptement & sensiblement. L'eau de fleurs de Mauve, qui est, comme l'on sait, de Couleur violete, étant mêlée dans l'eau de la Mer devient d'un verd jaunâtre à peu près semblable à la Couleur de la Chrysolithe. L'Esprit de sel armoniac trouble sur le champ l'eau, & il s'y coagule une matiere crasse & blanche, qui morceau à morceau se précipite dans le fond du Vase. L'huile de Tartre fait la même chose, & encore avec plus de force.

Experiences du mêlange de l'eau avec diverses choses.

G

Ces

L'Eau de mer exactement diftillée ne reçoit point d'alteration par le mélange des Corps nommez.

CES Experiences, qui ont fait voir plus ou moins d'effet dans l'Eau, felon la quantité de fel qu'elle avoit, découvrent, d'une maniere très-fure, fi l'eau diftillée a perdu tout-à-fait le fel, qu'elle con-tenoit; parce que cela étant, les trois mélanges ne doivent pas faire le moindre changement en elle. J'ai trouvé qu'elles n'y en font point du tout, de même qu'en l'eau de Cîterne, où celle de Mauve conferve la pu-reté de fa Couleur, & où l'Efprit de fel armoniac, & l'huile de Tartre n'excitent aucun mouvement; & fi dans l'Eau de Cîterne, ou de Mer bien diftilée, on met un peu de fel, & qu'enfuite on faffe les mélanges dont j'ai parlé, on s'aperçoit d'abord de mouvemens pro-portionnés à la quantité de fel. C'eft pourquoi les eaux profondes, comme impregnées d'un fel plus épais, & d'une quantité fuperieure à celle des eaux de la fuperficie, montrent un effet beaucoup plus fenfible. Nous n'avons pas le même éclairciffement, tou-chant la caufe du Goût amer, qu'il eft fi difficile de lui ôter; car après beaucoup d'exactes & réiterées diftillations, l'eau dé-pouillée du fel conferve encore un je ne fai quoi de vifqueux, & de gluant, que l'on reconnoît aux côtez d'une bouteille, s'y attachant lors qu'on agite l'eau, & ne fe précipitant au fond qu'avec peine, lors qu'on la laiffe repofer; ce qui ne fe trouve pas, dans l'Eau de Cîterne.

L'eau de la mer a une vifcofité qui n'en augmen-te point le poids.

Il femble que cette Glu, qu'on trouve dans l'Eau de la Mer, la devroit rendre plus pefante que les autres; cependant l'Aréometre les fait voir égales. J'ai reconnu auffi que la matiere employée pour donner le Goût amer à l'Eau artificielle n'en altere point du tout le poids, & tout cela me fait croire que cette amertume doit avoir fon origine de principes volatils, qu'il faudra developer par quelques ex-periences chimiques.

Reftitution du fel à l'eau qui en avoit été depouillée très-utile pour la connoif-fance de fa nature. Dans la diftil-lation il fe perd une quantité con-fiderable de fel. * Table 3.

LA reftitution que je fais à cette Eau du fel que j'en avois tiré, & l'eau même que je compofe ne fervent pas peu pour la connoiffance de fa nature.

LA reftitution donc de ce fel feparé par le moyen de la diftillation fait voir que, par l'operation du feu, il s'en eft perdu une portion, parce que quand on le remet dans fon Eau par les differentes manie-res qu'on a marquées en la troifieme * Table, on y trouve avec l'A-réometre une legereté à laquelle on ne peut remedier qu'en y infu-fant une augmentation de fel.

L'Aréometre préférable à la Balance.

CETTE difference de diminution que l'on trouve avec la Balan-ce, & avec l'Aréometre fait voir combien il eft plus fûr de fe fervir

de

Remarques
Pour l'Usage de cette Table

Sel commun 360 Grains qui est la quantité qu'on a tiré de deux Livres d'Eau superficielle de la Mer à Château-vieux, où l'Areometre, pour être en équilibre, devoit être réduit au poids de 610 Grains.

On a Experimenté, comme on voit dans la Table, qu'en mettant dedans 23 Onces 2 Dragmes d'Eau de Citerne, 6 Dragmes ou 360 Grains de Sel commun, qu'on mettoit la même Eau de Citerne au poids de deux Livres, qui a été celle qu'une semblable Eau superficielle avoit, devant qu'on la dépouillée de son Sel.

Avec l'Areometre, on a cherché de voir si telle justesse y correspondoit, mais on a trouvé que l'Equilibre ne se pouvoit faire, qu'en y ajoûtant 57 Grains de Sel, de la manière marquée dans la Table, de sorte qu'on peut connoître la différence de justesse, entre la Balance et l'Areometre, depuis que la première montre, qu'en deux Livres d'Eau de la Mer superficielle de Château-vieux, il n'y ait que 360 Grains de Sel, ou 6 Dragmes, et l'autre qu'il y en ait 417 Grains, c'est à dire 6 Dragmes 57 Grains, qu'on pourroit dire 7 Dragmes, qu'on devroit établir se trouver en deux Livres de cette Eau.

On doit avertir, que le Sel commun a environ, la treizième partie de son poids, d'une matière Terrestre qu'on ne peut dissoudre dans l'Eau, comme luy même: mais après quelque tems, il se précipite au fond du vaisseau, et par conséquent la même Eau avec l'Areometre a diminué par l'Experience d'un Grain à peu près, bien différent du Sel qu'on a tiré des Eaux de la Mer par la distilation, comme on verra dans l'autre Table.

L'Esprit de Charbon de pierre est de nature connuë bitumineuse, lequel nous servi à donner l'Amertume naturelle à l'Eau de la Mer faite avec le Sel commun, sur ces deux Livres d'Eau on a mis 48 Grains d'Esprit de Charbon de pierre, en diverses positions marquées dans la Table, en sorte qu'à la reserve de la couleur, elle est tout à fait semblable au goût de l'Eau de la Mer.

Il est bon d'avertir que ce poids de 48 Grains ajoûté à ces deux Livres ne fait point changer l'Areometre d'Equilibre, et pour cela il ne faut point s'étonner si l'Eau de la Mer distilée, et dépouillée de son Sel, en conservant une grande partie de son amertume, se réduit au poids de l'Eau pure de Citerne qui n'a aucun goût: car la même amertume et substance glutineuse que nous voyons dans cette Eau, devroit faire croire que l'Areometre auroit besoin d'être rendu plus pesant pour en faire l'Equilibre, et cependant il se tient de même que dans l'Eau de Citerne à cause que la substance spiritueuse du bitume ne donne point d'augmentation à la substance de l'Eau, comme l'Experience le fait voir.

La même chose arrive dans l'Eau distilée lors qu'on y remet son Sel, et la veulent faire du goût de la profondeur qui est plus amère que la superficielle, on y a ajoûté 5 Grains de plus de 48 qui ont suffi, pour le goût d'Amertume de l'Eau de la Mer superficielle, comme il est marqué dans l'autre Table.

TABLE 3e.
des Experiences faites pour chercher la proportion de Sel et Esprit de Charbon nécessaire pour donner le poids, le goût salé... Citerne de la même maniere que cela se trouve à l'Eau naturelle de...

Nombre de position du Sel commun dans l'Eau de Citerne	Poids du Sel commun employé à chaque position			Augmentation de poids que fait l'Eau de Citerne par chaque position de Sel commun reconnuë par l'Areometre		
Position	Onces	Dragmes	Grains	Onces	Dragmes	Grains
1	0	0	17	0	0	1
2	0	0	26	0	0	1
3	0	0	26	0	0	1
4	0	0	26	0	0	1
5	0	0	20	0	0	1
6	0	0	23	0	0	1
7	0	0	23	0	0	1
8	0	0	23	0	0	1
9	0	0	17	0	0	1
10	0	0	17	0	0	1
11	0	0	23	0	0	1
12	0	0	20	0	0	1
13	0	0	20	0	0	1
14	0	0	32	0	0	1
15	0	0	27	0	0	1
16	0	0	20	0	0	1
17	0	0	20	0	0	1
18	0	0	20	0	0	1
19	0	0	20	0	0	1
20	0	0	20	0	0	1
sommaire						
20	0	0	417	0	0	20

Remarques
Pour l'Usage de cette Table

Sel tiré de l'Eau profonde de la Mer par distilation 367 Grains ½, qui est la quantité qu'on a tiré de deux Livres et une Dragme d'Eau profonde de 12 Brasses (à Cassidagne) où l'Areometre, pour être en Equilibre, devoit être réduit au poids de 713 Grains ½.

On a Experimenté, comme on voit dans la Table, qu'en mettant dedans 23 Onces 1 Dragme 52 Grains ½ d'Eau du fond de la Mer de Cassidagne distilée, et le même poids de 367 Grains ½, qu'elle retournoit au poids de deux Livres et une Dragme.

Avec l'Areometre on ne trouve point la même justesse que dans la Balance: car il y manquoit la matiere pour pouvoir monter à 5 Grains ½, en sorte qu'en y ajoûtant 122 Grains de Sel distilé de l'eau de la Mer, il est monté à l'Equilibre de 713 Grains ½, qui est le même Equilibre dans l'Eau naturelle profonde de Cassidagne.

Ce Sel tiré de l'Eau de la Mer par distilation ne contient aucune partie terrestre sensible qui se puisse precipiter comme on a dit faire le Sel commun, de manière que nous ne voyons aucun changement dans l'Areometre, lequel demeure toûjours au premier Equilibre où on l'a mis, cela fait voir la différence qu'il y a entre le Sel commun et celuy qui est tiré par distilation, pour cela faisant de l'Eau marine artificielle avec ces deux Sels pour les rendre égales au goût, il faut mettre dans celle qui sera faite avec le Sel commun une treizième partie plus qu'on n'en met avec le Sel distilé, ce mélange de Terre dans le Sel commun est la cause que la proportion de 417 Grains augmente de 20 Grains, et celle du sel distilé au poids de 490 Grains augmente de 22 Grains ½, en sorte que s'ils étoient d'une Nature égale la proportion devroit être de 23 Grains ½.

TABLE
des Experiences faites pour chercher la proportion de Sel tiré par le fond... l'Eau profonde de Cassidagne... pour la remettre de nouveau avec son... au poids et goût salé naturel, et à son amertume avec l'Esprit de Charbon.

Nombre des positions du Sel tiré de l'Eau profonde de la Mer à Cassidagne dans la même Eau distilée	Poids du Sel tiré de l'Eau profonde de la Mer à Cassidagne			Augmentation de poids que fait l'Eau profonde de la Mer à Cassidagne distilée par chaque position du Sel de la même Eau			Poids de l'Esprit de Charbon de pierre	
Positions	Onces	Dragmes	Grains	Onces	Dragmes	Grains	Onces	Dragmes
1	0	0	17	0	0	3		
2	0	0	20	0	0	1		
3	0	0	20	0	0	3		
4	0	0	23	0	0	1		
5	0	0	23	0	0	1	0	0
6	0	0	20	0	0	1		
7	0	0	23	0	0	1		
8	0	0	23	0	0	1		
9	0	0	20	0	0	1		
10	0	0	26	0	0	1	0	
11	0	0	23	0	0	1		
12	0	0	24	0	0	1		
13	0	0	21	0	0	2		
14	0	0	24	0	0	1	0	0
15	0	0	21	0	0	4		
16	0	0	21	0	0	2	0	0
17	0	0	20	0	0	1		
18	0	0	21	0	0	1		
19	0	0	21	0	0	1		
20	0	0	21	0	0	1	0	0
21	0	0	21	0	0	1		
22	0	0	21	0	0	3		
23	0	0	15	0	0	4	0	0
sommaire 23	0	0	490	0	0	22½	0	0

Des observations faites au Port de Cassis en Provence l'an 1707. à cinq des heures du jour pendant trois Lunaisons des mois de Janvier, Fevrier etz
pour connoistre s'il y auroit du

JANVIER

Jours	Vents			État du Ciel			Thermomètre			au lever du Soleil		à Midy		au coucher du Soleil		Vers les 9 heures du Soir		à Minuit		Courans
	Le Matin	à Midy	Le Soir	Le Matin	à Midy	Le Soir	Le Matin	à Midy	Le Soir	Le plus haut de la Vague	Le plus bas de la Vague	Le plus haut de la Vague	Le plus bas de la Vague	Le plus haut de la Vague	Le plus bas de la Vague	Le plus haut de la Vague	Le plus bas de la Vague	Le plus haut de la Vague	Le plus bas de la Vague	
1																				
2																				
3																				
4	le Matin à l'Est foible			Nébuleux	Pluye		10							32	30	30				
5	le Matin N.E. foible, à Midy N.O. petit, le Soir Calme	petit Pluyes	Couvert	petit Pluye	6	11	9	24	28	32	34	36	38	38	32	33	40	30	De l'Ouest à l'Est [illegible]
6	le Matin E. foible, le Soir Calme	Serein		Serein	8	12	9	28	32	35	38	36	40	38	40	40	37	39	Festo
7	le Matin Calme, à Midy E. petit frais, le Soir du calme	Serein		Couvert	8		10	39	39	37	38	33	36	36	39	38	40	De l'Ouest à l'Est
8	le Matin N.E. foible, à Midy plus fort, le Soir tempête	Nébuleux	Serein	Nébuleux	9		35	13	38	35	29	31	30	37	34	34	De l'Est à l'Ouest
9	le Matin varia fort, le Soir quartoit de N.E. à 8 S.O.	petite Pluyes	Couvert	Couvert	9		8	24	30	24	32	22	28	28	40	14	18	le samois trou vople Pescheurs de Sorte
10	N.E. fort frais	Pluye tous jours	N.O. Soleil	Pluye	8	9	8¼	23	30	24	33	23	30	25	33	33	30	le mauvais tems pet
11	N.E. tout le Jour qui renforça au commencem le Soir	Pluye	Clair par le Vent, pluye	Pluye	8	9	9	22	28	36	34	32	40	24	30	40	33	Continuation de mauvai
12	le Matin N.E. petit frais qui s'afoiblit le Soir	Pluye	Clair par le Vent	Pluye	9	9¼		26	30	26	32	28	34	23	30	37	27	le mauvais tems toujours
13	le Matin N.E. petit frais, à Midy petit frais, le Soir S.E. du calme	petits Nuages	Serein	Serein	8½	10	10	34	38	32	37	35	38	37	39	34	40	De l'Est à l'Ouest
14	le Matin E. petit qui dura tout le Jour	Serein	Serein	Serein	8	10½	9½	36	40	40	42	36	34	38	40	37	42	De l'Est à l'Ouest
15	N.O. petit frais qui Calma le Soir	Serein	Serein	Serein	8	9	0	38	37	37	40	38	40	30	38	37	39	De l'Est à l'Ouest
16	le Matin Calme, à Midy N.O. qui renforça le Soir	Serein	Serein	Serein	7	10	9	38	42	40	41	40	42	38	40	38	39	Festo
17	le Matin E. petit le Soir Calme	Nébuleux	pluye	Nébuleux	9	12	12	34	43	43	40	40	40	40	40	40	De l'Ouest à l'Est
18	le Matin N. qui tourna N.E. à Midy N.E. petit	Nébuleux	Pluye	Couvert	8½		9	40	41	42	40	40	39	40	40	41	De l'Ouest à l'Est, le Matin qui Calma à l'Est à l'Ouest à midy à l'Est
19	le Matin S.O. qui dura tout le Jour	Nébuleux	Soleil	Couvert	9	9½	8	34	30	41	30	43	38	37	40	De l'Est à l'Ouest
20	le Matin N.O. petit Calma à à quelques heures après tempête	Nébuleux	Soleil		8½	0	8	30	30	38	38	33	36	De l'Ouest à l'Est
21	tout le Jour E. tempête	Nébuleux	petit	petit	7	7½	7	34	37	33	36	32	34	34	32	le mauvais tems vopho d'aler ala Mer
22	tout le Jour même Vent E. un peu modere	Nébuleux	Serein		9	10	7	32	36	33	30	37	34	30	38	le vennois tous vetré
23	tout le Jour S.E. Soleil	Serein	Serein	Nébuleux	9	9¼	10½	33	30	38	34	32	37	30	38	Festo
24	N.O. foible	Serein	Serein		9	10	8	40	43	39	42	44	40	42	43	De l'Est à l'Ouest
25	N.O. foible	Serein	Serein		8	10	43	44	33	36	40	38	40	40	43	De l'Est à l'Ouest
26	N. petit	Serein	Serein		8	10	8	43	44	30	42	42	30	41	30	43	De l'Ouest à l'Est
27	le Matin Calme, à Midy E.N. petit	petit Pluye	Nébuleux	Pluye	7	9	40	34	30	33	37	30	40	De l'Ouest à l'Est
28	E. mediocre	Nébuleux	Nuages		7	8	7	34	36	33	37	34	30	37	39	De l'Ouest à l'Est
29	N'étoit le Jour, le Soir Calme	Serein	Serein	Nébuleux	6	9	8	34	37	35	30	36	33	30	34	37	De l'Ouest à l'Est
30	le Matin Calme, le Soir O. petit	Serein	Serein		6	10	8	31	36	36	26	30	34	36	37	Festo
31	N.O. petit frais	Serein	Serein		8	11	7½	38	30	34	37	33	38	32	37	De l'Est à l'Ouest

FEVRIER

Jours	Vents			État du Ciel			Thermomètre			au lever du Soleil		à Midy		au coucher du Soleil		Vers les 9 heures du Soir		à Minuit		Courans
	Le Matin	à Midy	Le Soir	Le Matin	à Midy	Le Soir	Le Matin	à Midy	Le Soir	Le plus haut de la Vague	Le plus bas de la Vague	Le plus haut de la Vague	Le plus bas de la Vague	Le plus haut de la Vague	Le plus bas de la Vague	Le plus haut de la Vague	Le plus bas de la Vague	Le plus haut de la Vague	Le plus bas de la Vague	
1	le Matin E. foible à Midy couvert qui s'ensuivit	Pluye	Serein	Nébuleux	11	11	10½	33	37	35	36	33	34	39	34	31	De l'Est à l'Ouest
2	E. mediocre	Serein	Serein	Serein	10½	11	0	34	34	32	37	34	36	31	38	30	Festo
3	N.O. foible	Serein	Serein	Serein	9	11	0	18	32	31	34	29	33	31	33	30	De l'Ouest à l'Est
4	N.O. très foible, le Soir calme	Serein	Serein	very peu de Pluye	6	10	33	36	23	36	34	37	34	37	39	37	De l'Ouest à l'Est
5	O. foible	Pluye, Nuages, Serein	Serein	Pluye	9½	10	31	36	33	33	35	33	37	34	De l'Ouest à l'Est
6	le Matin N.E. vivo le Soir N.E.	Pluye	grand Pluye	Pluye	8	30	9	28	38	26	30	24	33	28	15	30	le Mauvais tous vopleche d'aler à la Mer
7	N.O. petit	Pluye	Serein	Couvert	8	9	7½	30	34	30	34	39	28	33	31	30	De l'Ouest à l'Est
8	S.E. petit	Serein	Serein	Serein	7	8	10	40	46	33	40	29	36	34	39	30	De l'Ouest à l'Est
9	N.O. foible	Serein	Serein	Serein	8	13	0	18	37	36	30	32	36	30	30	44	De l'Est à l'Ouest
10	O. petit	Serein	Serein	Serein	8	17	8	40	46	43	43	41	43	39	42	45	De l'Ouest à l'Est
11	S.E. petit	Serein	Serein	Serein	9	17	8	30	43	37	40	28	36	30	30	30	De l'Ouest à l'Est
12	E. petit	Serein	Serein	Serein	9	8	30	37	40	38	47	30	36	30	34	36	De l'Ouest à l'Est
13	N.E. petit	Serein	Serein	Serein	10	16	11	18	30	33	26	38	34	30	30	De l'Ouest à l'Est
14	S.E. frais	Couvert	Couvert	petite Pluye	10	11	9	33	40	38	26	27	34	30	30	De l'Est à l'Ouest
15	N.E. petit	Pluye	Couvert	Serein	10	11	10	34	31	46	30	44	33	30	30	De l'Ouest à l'Est
16	O. petit	Serein	Serein	Serein	8	18	10	30	37	38	40	40	40	41	46	43	47	De l'Ouest à l'Est
17	N.O. petit frais	Serein	Serein	Serein	12	8	30	43	36	40	46	43	46	46	44	De l'Ouest à l'Est
18	N.O. petit	Serein	Serein	Serein	10	9	41	44	42	43	46	43	45	40	41	43	De l'Ouest à l'Est
19	E. petit	Serein	Serein	Serein	8	10	40	44	42	46	40	4			De l'Ouest à l'Est
20	O. petit	Serein	Serein	Serein	9	10	38	40	39	41	40	43	45	41	44	Festo
21	N.O. petit	Serein	Serein	Serein	10	11	41	42	30	41	42	42	41	41	De l'Ouest à l'Est
22	N.E. petit	Pluye	Couvert	Nébuleux	10	11	40	30	42	40	41	41	71	41	De l'Ouest à l'Est
23	O. petit	Serein	Serein	Serein	10	10	9	28	42	40	41	40	41	41	41	De l'Ouest à l'Est
24	O. petit	Serein	Serein	Serein	11	9	38	40	30	41	40	34	37	31	41	De l'Ouest à l'Est
25	E. petit frais	Pluye	Pluye	Pluye	9	11	33	40	34	38	36	31	28	34	De l'Est à l'Ouest
26	Calme	Calme		Calme	10	10	39	42	43	44	41	43	42	De l'Ouest à l'Est
27	E. foible	Pluye, Nébuleux	Nébuleux		11	10	40	40	41	40	41	43	42	De l'Ouest à l'Est
28	O. petit	Serein	Serein		10	11	9	37	39	40	39	42	40	43	42	De l'Ouest à l'Est

Mars, et premier quartier d'après l'Équinoxe, tant des differentes elevations, divers courants, avec les observations des Vents et du Thermometre, flux et reflux avec quelque regle.

MARS

Phases de la Lune	Jours	Vents	État du Ciel			Thermometre			au lever du Soleil			à Midy			au coucher du Soleil			Vers les 9 heures du Soir			à Minuit			Courant
			Le Matin	à Midy	Le Soir	Le Matin	à Midy	Le Soir																
	1	Ouest foible	Serein	Serein	Serein	30	31	10	37	40	40	44	39	43	40	42	41	43	De l'Ouest à l'Est
	2	O. petit	Serein	Serein	Serein	9	17	10	37	40	40	43	39	42	40	42			De l'Ouest à l'Est
	3	le Matin O. le Soir N.O.	Serein		Serein	10	9	10	37	40	38	41	36	30	39	42	37	38	De l'Ouest à l'Est
●	4	Ouest	Serein		Serein	10	9	10	33	34	34	37	35	38	32	34	33	34	De l'Ouest à l'Est
	5	N.O. frais tout le Jour, la nuit a gelé	Serein		Nebu leux	7	9	10	35	37	40	42	39	41	40	43	42	44	De l'Est à l'Ouest
	6	O. frais				8½	11	9	38	40	36	39	40	42	43	45	43	45	Forte
	7	E. frais				9	10	11	37	39	43	40	46	41	45	35	38	De l'Ouest à l'Est
	8	Est. moyen				11	12	11	32	36	24	30	23	30	32	27	34	De l'Ouest à l'Est
	9	N.O. petit				9	12	9	28	38	20	33	31	37	33	38	38	40	De l'Ouest à l'Est
	10	N.O. le Matin petit, à Midy le même, le Soir Calme				9½	9½	9	34	38	32	36	36	40	37	40	38	42	De l'Ouest à l'Est
☽	11	le Matin O.S. petit, le Soir le même	Serein			8	11	9	33	37	34	30	32	35	31	31	32	33	De l'Ouest à l'Est
	12	le Matin Calme, à Midy N.O. foible, le Soir de même	Serein		Serein	10	13	10	36	30	37	30	39	41	41	42	41	43	De l'Est à l'Ouest
	13	le Matin O. foible, le Soir N.O. petit	Serein		Serein	9	11	11	38	40	39	41	40	43	42	45	38	43	Forte
	14	le Matin N.O. frais, la reste du Jour plus foible	Serein		Serein	11	13	10½	34	37	36	39	35	37	33	36	32	36	De l'Est à l'Ouest
	15	le Matin O.N.O. foible, à Midy le même, le Soir à O. foible	Nebu leux	Nebu leux	Nebu leux	10½	11	11	38	32	30	33	31	35	30	33	22	36	De l'Ouest à l'Est
	16	le Matin O. petit, à Midy le même, le Soir Calme	Nebu leux	Nebu leux	Nebu leux	11	13	11½	30	32	29	32	30	33	31	34	33	35	De l'Est à l'Ouest
	17	le Matin O. foible, à Midy O. petit, le Soir Calme				11	13	11	30	33	33	35	36	38	36	39	40	42	De l'Ouest à l'Est
☉	18	tout ce Jour S.E. frais	Ouest			11½	11½	11	16	32	21	30	24	30	24	30	19	34	De l'Est à l'Ouest
	19	Matin Calme, à Midy S.E. foible, le Soir Calme				10½	13	11	27	38	28	37	30	35	31	34	32	36	De l'Est à l'Ouest
	20	Matin Calme, à Midy N.O. le Soil O. petit				11	13	11	32	38	34	36	38	36	33	37	34	Forte
	21	tout ce Jour O. fort frais				11	13	11	32	39	30	37	31	36	33	17	35	38	De l'Est à l'Ouest
	22	le Matin O. foible, à Midy N.O. frais, le Soir de même				12	13	12	36	39	37	40	34	38	31	37	30	36	De l'Ouest à l'Est
	23	le Matin N.O. frais, à Midy le même, le Soir plus frais		Serein		10½	13	11	32	36	33	35	36	39	38	40	40	42	De l'Ouest à l'Est
	24	Calme tout le Jour				10	11	10	34	36	35	37	36	38	37	39	40	42	De l'Ouest à l'Est
	25	le Matin N.O. foible, à Midy Calme, le Soir N.O. foible				9	12	9	38	40	36	39	42	40	43	41	44	Forte
☾	26	tout ce Jour N.O. frais				10	13	9	40	42	41	43	42	41½	42	45	43	46	De l'Ouest à l'Est
	27	le Matin N.O. foible, à Midy en partie O. le Soir Calme		Serein		9½	10½	10	39	40	40	43	41	44	41	44	42	45	Forte
	28	tout le Jour N.O. petit frais	Serein		Serein	10	12	10½	38	40	37	39	38	40	39	42	40	43	De l'Est à l'Ouest
	29	tout le Jour N.O. frais	Serein		Serein	9	12	10½	38	40	36	39	39	41	40	43	41	43	De l'Est à l'Ouest
	30	tout le Jour N.O. longue	Serein		Serein	9	11	10	36	39	31	40	38	40	37	40	39	41	De l'Ouest à l'Est
	31	tout le Jour N.O. roughe	Serein		Serein	9	10	9	38	41	40	43	42	44	43	46	41	44	De l'Est à l'Ouest

AVRIL

Jours	Vents	État du Ciel			Thermometre			au lever du Soleil			à Midy			au coucher du Soleil			Vers les 9 heures du Soir			à Minuit			Courants
		Le Matin	à Midy	Le Soir	Le Matin	à Midy	Le Soir																	
1	Matin N.O. foible, le reste du jour Calme	Serein	Serein	Serein	9	10½	9½	39	41	42	44	41	43	42	44	43	45	De l'Est à l'Ouest
2	le Matin Calme, à Midy de même, le Soir d. l. petit	Serein	Serein	Serein	7½	13	9	37	39	40	43	37	39	39	41	40	43	De l'Est à l'Ouest
3	le Matin à S. frais	Serein	Serein	Serein	9½	11	10	33	36	42	44	37	40	38	41	37	40	De l'Est à l'Ouest
4	le Matin N.O. foible, le Soir plus frais		Serein		10	12	11	32	36	37	40	40	44	41	45	40	43	De l'Est à l'Ouest
5	à ce jour		Serein		11	11	11	32	36	33	37	32	36	31	34	30	33	De l'Est à l'Ouest
6	à ce petit		Serein		11	12	11	30	36	29	33	30	35	31	35	32	36	De l'Est à l'Ouest
7	Ouest moyen	Serein	Serein		11	11	11	34	38	30	34	33	38	32	36	31	35	De l'Ouest à l'Est
8	Est frais				12	12	10	36	30	33	38	38	42	39	41	40	43	De l'Est à l'Ouest
9	Est plus frais	Serein			10	11	11	38	40	39	42	40	42	41	43	42	De l'Est à l'Ouest

Diverses hauteurs de la Mer.

	Mois	Jours	Jours	Mois	Jours	Jours	Mois	Jours	Jours	Mois	Jours	Jours
		plus petites	plus grandes		plus petites	plus grandes		plus petites	plus grandes		plus petite	plus grande
	Janvier	20	30	Février	8		Mars	23		Avril	2	
	Janvier		6	Février		10—17	Mars		26	Avril		1

de ce dernier, pour de femblables experiences, elle fait voir
que quelque foin, dont on ufe aux operations chymiques, le feu en
confume toûjours une partie confiderable; favoir, fur deux livres une
dragme 45. grains; puis que pour réduire l'eau en l'équilibre de l'A-
réometre il eft néceffaire d'y en remettre une femblable partie.

On trouve donc, par la démonftration de cet inftrument, qu'il
y a fur deux livres d'Eau de Mer, huit dragmes, dix grains de
fel & fur cent livres, 402. dragmes 30. grains, quoique, par les
précedentes experiences de diftillations, on n'en trouve, fur deux
Livres, que 6. dragmes, 30. grains, & fur cent Livres 325. dragmes. *Quantité de fel dans une certaine quantité d'eau.*

L'Eau de Mer artificielle, rendue par le moyen du fel commun égale à celle de la fuperficie de Châteauvieux, fait voir
la même chofe que l'Experience précedente; puis qu'elle demande encore une plus grande quantité de fel Commun, que celle
du fel qui a été diftillé, pour faire que l'Aréometre foit en même équilibre, qu'il étoit avec l'eau naturelle de Châteauvieux. Il a falu y
ajoûter 67. grains de plus, c'eft-à-dire, une dragme davantage, ce
qui répond à peu près à la reftitution du fel diftilé faite à l'eau de la
Mer, d'où on l'avoit tiré auparavant. Il faut remarquer que dans le
fel commun, qui n'a pas été premierement tiré & enfuite filtré avec
foin, on trouve toûjours de la matiere terreftre, laquelle fe précipitant au fond de l'eau caufe quelque difference à l'Aréometre; car j'ai vu par les épreuves, que j'ai faites, que là où une
dragme de fel exactement diftillé fuffit, il faut toujours davantage
de fel commun, & cette quantité doit être équivalente à celle
de la fubftance terreftre, qui fe précipite bien-tôt dans le fond
du vaiffeau. *L'Eau de mer artificielle fait voir la même chofe.*

On voit dans, la quatrieme Table, le progrès des quantitez de fels
qui ont été employez tant pour rendre aux eaux diftillées celui qu'elles avoient auparavant, que pour faire une eau de mer artificielle;
lefquels, degré par degré, augmentent de poids, jufqu'à ce que
l'Aréometre foit parvenu au même équilibre, qu'il a avec les eaux
naturelles, qu'on a voulu imiter par l'Art, ou que l'on a voulu remettre en leur premier état, après les en avoir tirées. Il y a auffi
dans la même Table plufieurs remarques néceffaires, par le moyen
defquelles le Lecteur pourra voir, d'un coup d'œuil, tout ce que
de femblables experiences doivent montrer, pour faire parvenir à une connoiffance plus parfaite de la nature de l'Eau de
la Mer. *Ufage de la 4. Table pour le fait prece- dent.*

Il a fallu après cela rechercher comment au Goût salé, que nous avons décrit, se joint cet autre Goût amer, que j'ai dit, dans ma Dissertation du Canal de Constantinople, provenir des Bitumes qui nagent, comme plusieurs Voyageurs l'ont remarqué aussi bien que moi, en plusieurs endroits de la Mer. Dans les Montagnes de Provence & de Languedoc je trouve une quantité de charbon de Pierre & de Jais, qui est un composé de Bitume, & je sai très-certainement que leurs veines s'étendent, & continuent dans le Bassin de la Mer; de la maniere que je l'explique, en parlant de sa structure.

Cela m'ayant fait juger que sa substance huileuse, & mêlée d'Esprits volatils communiquoit son amertume à l'Eau de la Mer; j'en ai tenté l'Analyse, & en ai tiré un esprit pour rendre amere l'eau, que j'avois déja impregnée de sel; cherchant, par les Experiences, la proportion qui lui étoit nécessaire, pour la rendre égale à l'Eau superficielle naturelle de Châteauvieux, & pour ajoûter ce qu'il faloit de plus à la profonde de Cassidagne, qui est d'un amer plus âpre. Dans la premiere j'ai vû que 40. Grains de cet Esprit suffisoient sur deux livres d'eau, & dans la seconde 50. j'ai eu le même succès, pour les Eaux artificielles composées d'Eau de Cîterne & de sel commun, en remarquant toûjours que la quantité de l'Esprit ajoûtée à la masse de l'eau que l'on veut rendre amere laisse l'Aréometre dans le même Equilibre.

On ne sauroit mieux prouver, ce me semble, la volatilité de cet Esprit & la cause, pour laquelle l'Eau de Mer distillée conserve encore son amertume, avec cette substance onctueuse, qui ne la rend en aucune façon plus pesante que l'eau insipide de Cîterne.

Les Eaux distillées & auxquelles on a rendu leur propre sel, & les artificielles ont été examinées, comme j'ai dit qu'on avoit fait les Naturelles, par les mêlanges de differentes Teintures, huiles & Esprits. Toutes ces Eaux composées font le même effet que les naturelles, excepté que l'Esprit de charbon ne laisse pas briller le verd jaunâtre, que cause la Teinture des fleurs de Mauve; mais tous les autres effets répondent toûjours, ou à peu près, à ceux, qui se font voir, dans les eaux naturelles de la Mer.

Au reste le sel, qui est la partie la plus essentielle de l'eau de la Mer, demande le détail qui suit.

J'ai crû premiérement qu'il étoit nécessaire de m'éclaircir, si les eaux, sur tout dans les lieux où croissent le Corail & les autres plantes pierreuses, ont toute la quantité de sel qu'elles sont capables de

con-

contenir, & de plus en quelle proportion cela doit être. Pour cet effet, j'ai pris deux livres d'eau superficielle de Châteauvieux, dans laquelle l'Aréometre marquoit une once, trois dragmes, quarante-neuf grains, & j'ai vû, par le moyen du feu, que ces deux livres contenoient six dragmes de sel, comme je l'ai déja dit ailleurs, j'y ai ajoûté six autres dragmes de celui, que j'avois extrait, par un feu très-exact; afin de voir si le tout se dissolvoit, ou seulement en partie, & s'il étoit nécessaire d'y en ajoûter de nouveau. Cette experience, que j'ai tentée trois fois consécutivement, m'a toujours fait voir que, de six dragmes, il s'en dissolvoit quatre & demie, & que l'autre dragme & demie restoit indissoluble dans le fond du vase.

Je puis donc assurer, sur le fondement de cette experience, qu'une partie de deux livres d'Eau de Mer fraîchement tirée du Bassin, dans l'endroit que j'ai dit, ne peut contenir en soi une plus grande quantité de sel, que celle qui en a été extraite, par un feu lent; savoir, une once, deux dragmes & trente grains. Il est vrai que si l'on se sert de l'Aréometre, au lieu de la Balance commune, il s'y trouvera sur les deux livres, une dragme de plus, ainsi que les experiences precedentes l'ont fait voir. Cependant afin de garder l'uniformité je m'arrêterai au Calcul de la Balance, qui ne compte que cette quantité effective, que nous sentons avec la Main.

L'Augmentation de quatre dragmes & trente grains de sel, sur le poids des deux livres d'eau, cause ce changement dans l'Aréometre, lequel, pour son équilibre ordinaire, demande huit grains de plus; comme on voit, dans la Table des divers poids des Eaux de la Mer pesées avec l'Aréometre à Châteauvieux, qui est d'une once, trois dragmes, quarante-neuf grains, à quoi ajoûtant cette augmentation de sel, on doit compter qu'il est d'une once, trois dragmes & cinquante sept grains.

J'ai voulu tenter la même experience, avec l'eau de Cîterne, prenant une livre, deux onces, deux grains de celle-ci, ce qui est le poids de deux livres d'Eau de la Mer dépouillée de ses six dragmes du sel. A ce poids d'eau insipide de Cîterne j'ai ajoûté six dragmes de ce même sel, que pour cette même experience j'avois joint aux premieres six dragmes rendues liquides. En ayant bien impregné l'eau, j'y ajoûtai six autres dragmes, comme j'y avois fait dans l'eau de la Mer naturelle. Elle en tira à soi cinq, ce qui veut dire

H

une

une demi-dragme de plus, que l'eau de Mer. Cela vient peut-être de ce que l'eau infipide a les pores plus ouverts, que l'autre, qui fe trouve embarraffée par cette onctuofité, que lui donne le Bitume, & qui l'empêche d'attirer une auffi grande quantité de fel.

Les fluides ne s'impregnent que d'une certaine quantité de la fubftance qu'ils diffolvent. C'est une proprieté de tous les fluides & principalement de l'eau de s'impregner de la fubftance, qu'ils diffolvent, & dans la quantité, qu'ils peuvent contenir ; fur tout lors qu'ils ont la liberté de laver continuellement cette fubftance, ce que j'ai dit être vraifemblable en ce que fait l'Eau de la Mer, dans fon Baffin, fur les lignes de fel, difpofées de la maniere que j'ai montrée en parlant de fa ftructure.

L'eau de la mer peut diffoudre plus de fel, qu'elle n'en contient. L'Experience nous a fait pourtant toucher au doigt que l'Eau de Mer pourroit contenir trois quarts de fel de plus, que nous ne lui en trouvons, par le moyen du feu. Ce défaut évident doit s'attribuer, felon moi, à une autre caufe que le peut être celle-ci, favoir, que l'eau n'ait pas diffous cette entiere quantité de fel, qu'elle eft capable de contenir en elle-même ; puis qu'elle ne peut agir contre fa proprieté naturelle, qui eft de diffoudre & d'abforber, & contre celle du fel qui eft de fe laiffer diffoudre & abforber, lors qu'il trouve une maffe d'Eau, qui a cette qualité. Je crois que véritablement l'eau en a pris ces trois quarts, que nous voyons en quelque forte lui manquer, puis qu'elle le peut contenir ; mais que cela s'eft diffipé en d'autres ufages, que la Nature exige d'elle, pour l'entiere économie du Monde.

La Mer communique une partie de fon fel aux eaux des Fleuves qu'elle reçoit ; Outre ces efpaces, qui fe trouvant vuides peuvent recevoir une portion du fel, que l'Eau de la Mer a attirée à foi, les eaux infipides des Fleuves, que nous voyons, par un écoulement continuel tant par la fuperficie, que par l'interieur de la Terre, fe rendre dans la Mer, lui en prennent une partie, qu'elles obligent de leur communiquer par leur mêlange ; & comme ce mêlange ne ceffe point, les eaux de la mer ne ceffent point non plus de leur diftribuer une partie convenable de ce fel qu'elles fondent.

Les animaux & les plantes en abforbent auffi une partie. Les animaux & les plantes, qui font dans la Mer, abforbent auffi une portion de ce fel qui fert aux uns pour leur vie, & aux autres pour leur végétation.

L'air en confomme une partie. On peut dire de plus que l'air en confomme une partie proportionnée au befoin, qu'il a du Nitre, qui doit fervir fur la Terre à l'aliment des animaux, & des plantes ; filtrant cette partie en lui-même, pour en féparer les parties fubtiles & fpiritueufes des craffes,

dont

dont il n'a que faire.   Cette idée a, fans doute befoin d'un nombre
d'Experiences, que j'ai projetées en moi-même, & que je ferai lors
qu'avec la commodité de mon Cabinet, où il y a un affortiment
complet de tous les fels, je pourrai faire la comparaifon de leur
nature.   Il m'eft pourtant arrivé une chofe, en l'examen de celui de
la Mer, qui peut donner beaucoup à penfer fur ce que j'avance
que le Nitre exiftant dans l'air, tire fon origine de celui de l'eau.

J'ai déja dit que je diftinguois les Eaux, en fuperficielles & profondes.   Je fuis cette même divifion pour le fel.   Ayant donc mis
ces differents fels en du papier bleu, j'ai vû, que ceux qui avoient
été tirez de la fuperficie de l'eau avoient changé le bleu du papier
en rouge, ce changement étant un peu moins fenfible, que celui,
que caufe le Nitre ; & au contraire le fel des Eaux profondes n'a donné aucune marque de cette rougeur.   J'ai trouvé le même effet dans
les trois Eaux de Caffidagne, Châteauvieux, & Port Miou, defquelles j'avois tiré les fels en la maniere ordinaire.

Experience qui prouve que le Nitre de l'air contient du fel marin.

Le papier bleu ne peut changer de cette couleur, que par l'operation & la force d'un fuc acide, qui doit aprocher, dans le fel commun, de celui du Nitre ; & cet acide, fuivant les experiences reite-
rées, fe trouve feulement dans le fel de l'eau fuperficielle, en n'en-
fonçant le vafe dans la Mer, qu'autant qu'il eft néceffaire pour le
faire remplir d'Eau, laquelle de cette forte n'eft que fuperficielle,
le vafe ne pouvant pas même s'enfoncer plus d'un demi pied.

L'acide rou-git le papier bleu en rou-ge.

La caufe de cet acide, dans le fel de l'eau de la fuperficie, qui
ne fe trouve pas dans celui du fond, peut provenir de l'air.   On
peut douter s'il mêle parmi le fel de l'eau une partie du Nitre qu'il
contient ; ou fi, par les rayons du Soleil & l'agitation des ondes, le
Nitre, qui naturellement doit fe trouver dans le fel de Mer, fe dévelo-
pe des parties craffes, & qu'alors étant fubtilifé il entre par une in-
fenfible exhalaifon dans la Maffe de l'air, qui pour fournir un aliment continuel aux Animaux & aux Plantes de la Terre en retire une
quantité proportionnée à celle, qu'il laiffe fortir principalement en
certains lieux, comme dans les Plaines de Hongrie, où la Terre
boit avidement cette vapeur nitrée à peu près comme les éponges font l'eau.

La caufe de cet acide.

Voila l'ébauche d'une penfée, que quelques obfervations accidentelles m'ont fait naître.   Elle devroit être fuivie de plufieurs autres, & peut-être que je ne me dédirois pas de les entreprendre, fi
je me trouvois en un autre état, que celui d'un fimple voyageur.   Je

H 2

crois

crois que l'on pourroit prouver par-là, que le sel fixe, qui se trouve par toute la Terre, n'est que d'une seule espece, & que ces alterations d'acides, & d'alcalis ne lui viennent que des differentes situations, où il se trouve à l'égard de l'air, qui aussi bien que l'eau en fait une continuelle consommation.

JE n'ai pas négligé la filtration de l'Eau de la Mer, par la terre de jardin, & par le sable, afin de connoître combien elle pouvoit perdre, par ce moyen, de son goût salé, & ce que l'on pouvoit conclurre de la circulation de l'eau, au travers de la terre.

LA terre de Jardin & le sable destiné à cette experience furent lavez cinq fois ; de sorte que je fus bien assûré qu'il n'y restoit plus aucune partie de ce sel, qui peut être dans la terre & dans le sable, que l'on a pris dans un endroit proche de la Mer.

POUR faire cette opération je préparai quinze vases de terre cuite de la figure exprimée dans le dessein *, châcun desquels avoit cinq pouces de largeur, & de hauteur. Ils étoient disposez de maniere, que la quantité d'eau que l'on jettoit dans le premier vase, pour se filtrer, passoit successivement par tous les autres, & s'alloit rendre dans le recipient, qui étoit mis au bout ; ce que l'on peut voir nettement, & d'un seul coup d'œil dans la Planche 13.

SI ces vases avoient été tous unis ensemble ils auroient formé un Cylindre de soixante & quinze pouces de long, & cinq de large, dans laquelle étendue, tantôt pleine de terre, tantôt de sable, a dû passer la quantité de quatorze livres d'eau superficielle de Château-vieux, qui, selon l'Aréometre, faisoient une once, trois dragmes, quarante-neuf grains. La couleur en étoit très-claire, comme est ordinairement celle de l'Eau de la Mer. La premiere experience fut faite dans de la terre de Jardin, de laquelle les vases étoient remplis. On verra dans cette premiere experience, la quantité de quatorze livres d'eau, qui se diminua de neuf livres dix onces ; puis que dans le recipient il ne s'en trouva que cinq livres deux onces, le reste étant demeuré dans la terre. Sa couleur naturelle se changea en celle de paille.

SON goût salé diminua, avec le poids, comme le firent voir la Balance commune, & l'Aréometre ; & la quantité d'Eau de Mer naturelle, qui étoit d'abord, de vingt-quatre onces, s'est trouvée après la filtration diminuée d'une dragme ; ne restant que de vingt-trois onces, sept dragmes, & l'Aréometre qui avoit son équilibre, avec une once, trois dragmes, quarante-neuf grains, eut besoin alors de trois grains de moins.

On

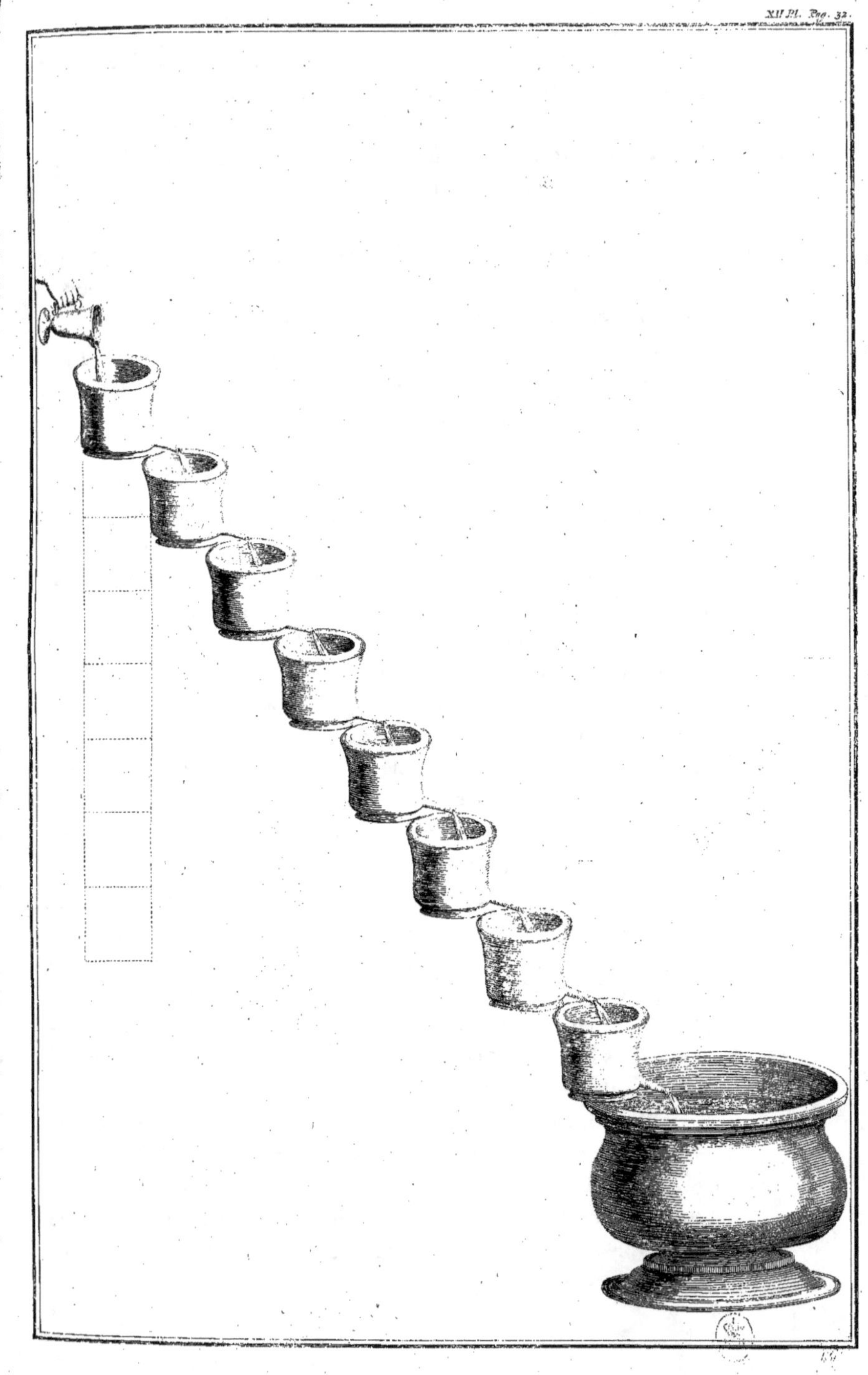

ON ſuivit le même ordre dans la filtration par le ſable; où la quantité d'eau de quatorze livres ſe réduiſit également au poids de cinq livres deux onces. Sa couleur ſe changea en celle de vin blanc un peu chargé. Le poids de vingt-quatre onces diminua à vingt-trois, & cinq dragmes ſelon la balance, & ſelon l'Aréometre à une once trois dragmes, & quarante-un grains, ce qui veut dire huit grains de moins. Cette diminution du goût ſalé & du poids, qui ſe trouve plus grande dans la filtration par le ſable, qu'en celle qui ſe fait par la terre, montre qu'il eſt le plus propre à purifier l'eau; & comme ordinairement, ſur le Rivage de la Mer, il y a quantité de ſable, on ne doit pas s'étonner ſi l'eau, qui lui paſſe au travers, quoi qu'en une petite diſtance, devient ſur le champ preſque inſipide.

Experience de la filtration de l'eau de la mer par le ſable

LORS que je fus obligé par la tempête, de m'arrêter pluſieurs jours du côté du petit Rhône, j'eus la curioſité de peſer, avec l'Aréometre, les eaux de divers Puits du Bourg de Ste. Marie, je trouvai parmi elles quelque difference, eu égard à l'eau ſuperficielle de la Mer, qui eſt en face de ce petit lieu. La meilleure Eau ſe trouve plus legere, que celle-là, d'environ ſept grains; la diſtance de ce Puits juſqu'au lieu le plus voiſin, où la Mer arrivoit, étoit de dix toiſes; ce qui veut dire ſept cens vingt pouces, qui font la longueur de ce Cylindre de ſable, par lequel l'Eau de la Mer ſe filtre naturellement. Je voulus faire la même choſe artificiellement, en la forme que j'ai déja décrite. Je choiſis une diſtance de ſoixante & quinze pouces, ce qui fait à peu près la dixiéme partie de celle, qui ſe trouve entre les Puits de Ste. Marie, & le Rivage de la Mer.

Experience de la peſanteur des eaux des puits voiſins de la mer

L'EAU dont je me ſervis, pour cette filtration artificielle, eſt celle de Chateauvieux, qui eſt plus peſante, que cette autre, qui eſt en face de Ste. Marie, de treize grains, & de vingt grains plus que celle du meilleur puits; de ſorte que ſi avec un Cylindre de ſable long de ſoixante & quinze pouces, nous avons diminué de huit grains, ſelon l'Aréometre, le goût ſalé de l'Eau de Mer, il eſt croyable qu'avec un Cylindre deux fois plus long on pourroit le lui ôter entierement & la réduire à l'inſipidité de celle qui ſert à la vie des animaux, & qui nourrit les plantes de la terre. Cette experience, unie à quantité d'autres que je pourrois faire, ſerviroit de baſe à cette démonſtration de la ſtructure de la Terre, par raport à la poſſible, ou à l'impoſſible circulation des eaux, dans ſon interieur. Mais il n'eſt pas queſtion maintenant de cela, il ſuffit que ce que je

Effet de cette filtration de l'eau à proportion de la longueur du Cylindre de terre, ou de ſable.

I

viens

viens de raporter prouve que la filtration de l'Eau de Mer, par la terre, ou par le sable est capable de lui ôter son goût salé.

Couleur des Eaux filtrées par le sable.

Les Eaux filtrées furent examinées à l'ordinaire, par le mêlange de la teinture des fleurs de Mauve, qui fit voir celle, qui avoit passé par le sable d'un vert jaunâtre de Chrysolithe, & l'autre qui avoit passé par la terre d'un vert obscur d'Emeraude.

Examen des parties du sel marin.

Comme le sel est la partie prédominante de l'Eau de la Mer, je crois qu'il n'est pas mal à propos de faire un exact Examen de ses parties, qui sont la figure, la couleur & le goût, n'oubliant pas le mêlange de diverses teintures & d'Esprits acides, & alcalis.

Plusieurs raisons, que j'exposerai dans la suite du discours, m'ont obligé d'observer dans les sels cette distinction ordinaire de superficiels & profonds.

La figure du sel est laminaire.

La figure naturelle du sel est proprement laminaire; car dans les évaporations les plus reglées de l'eau, on voit que leurs premiers principes, & leur plus grande consistence sont par lames.

Ses lames coagulées font quelquefois une figure conique.

Il m'est arrivé plusieurs fois de trouver dans le fond de l'Alambic, dans la partie élevée, plusieurs cones de sel d'une figure accidentelle, causée par les surfaces de la même figure du verre; & bien que le tout fût conique, pourtant à le bien examiner, ce n'étoient que des lames coagulées en cette forme par accident.

La fixation du sel Marin.

L'Ordre de la fixation de ce sel est tout particulier, & different de celui des autres, ainsi que *Robert Boyle* l'a remarqué. Il se fixe, dans le milieu de la lessive, au contraire des autres, qui commencent tous à se fixer sur les côtez des vases où est la lessive pour s'évaporer.

La couleur du sel des eaux superficielles & de celle du fond. Comparaison des couleurs des sels fixes.

La Couleur du sel se montre diverse, dans les eaux superficielles & profondes. Celui que l'on tire des superficielles est blanc, & l'autre cendré obscur. J'ai fait la comparaison de ces couleurs avec celles du sel fixe de quelques plantes molles, de coquillages, & de poissons à croûte. Pour ce qui est de celui des plantes pierreuses je n'y ai pas voulu toucher, laissant cet Examen à Messieurs de l'Academie des Sciences, auxquels j'ai envoyé pour cela tout ce que j'en ai tiré. On trouvera peut-être que je passe trop légerement sur ce qui regarde ces couleurs & ces goûts; mais j'en réserve le détail uni à toutes les autres circonstances, pour la partie de cet Ouvrage, où je dois parler expressément de la nature des Plantes & des Animaux de la Mer, dont on verra en ordre une suite d'analyses.

Les

Les Couleurs des fels fixes des plantes molles, en comparaifon de celles des Eaux fuperficielles, & profondes, font obfcures. Elles font même fort differentes entre elles, y en ayant de cendrées très-obfcures, d'autres terreftres, & d'autres tirant fur le rouge.

Les Couleurs des fels, tirées des écailles des coquillages, & des poiffons à croute, font plus uniformes que dans les plantes, étant prefque toutes cendrées. Cependant je ferai un peu plus éclairci là-deffus, lors que j'aurai achevé les Analyfes d'une fuite d'Animaux auxquelles je travaille.

Le goût eft la troifiéme, & la plus effentielle partie des fels, puis que c'eft par lui que l'on connoît leur nature. Celui-ci fe peut diftinguer, par la faveur diverfe, que la langue lui trouve, & par les differents effets que font les fels, lors qu'on leur mêle des Efprits acides, des alcalis & des teintures.

J'ai donc fait la comparaifon des differents goûts des fels des eaux fuperficielles & profondes, avec ceux des fels fixes de plufieurs plantes molles, & de quelques Animaux de Mer.

Le fel commun, qui eft celui dont on fe fert pour l'affaifonnement des viandes, pourroit être divifé en fuperficiel & profond, ayant vu en certain lieu, qu'on le faifoit avec l'Eau de la fuperficie de la Mer, qui étoit conduite par des Canaux très-peu profonds en des champs voifins, & ailleurs avec la profonde que l'on tiroit des puits; comme dans les falines Royales de Peccais en Languedoc, que l'on voit en leur lieu, dans la Carte du rivage du Golfe de Lyon; cependant comme on ne peut pas toûjours favoir, avec quelles Eaux ils ont été faits; nous les confidererons d'une feule forte, fans nous arrêter à cette divifion.

Le goût du fel, que l'on fabrique à Peccais eft falé, amer, & fi desagréable, qu'il n'eft pas poffible de s'en fervir, la premiere année. On a peine de s'y accoûtumer la feconde; mais on dit qu'à la troifiéme il fe rend fuportable, & qu'à la quatriéme fon amertume eft fort peu fenfible, & va toûjours ainfi en diminuant, à proportion du progrès des années. On a coûtume, dans ces falines, d'y difpofer la Recolte de l'année en maffes, auxquelles on donne le nom de l'an, qu'elles ont été faites. Elles reftent de la forte abandonnées à l'injure du tems, qui purge le fel de cette amertume pendant trois ans tout au moins, avant que l'on commence à le diftribuer.

Jusques à la derniere inondation du Rhône, qui fit fondre dans

ce

ce lieu-là une si grande quantité de sel, il y en avoit toûjours eu de dix années.

Que son amertume vient des parties volatiles bitumineuses.

CETTE Experience montre clairement que le sel fait par art dans les salines, & cuit par le Soleil est d'un goût amer, qui provenant des parties volatiles bitumineuses a besoin du tems & de l'air pour se dissiper.

Difference du gout du sel de la superficie, & de celui du fond.

LE goût des sels des eaux superficielles faits, comme j'ai dit, par la distillation, est d'une salure mordante, & d'une amertume presque insensible, & le goût de celui des profondes est d'une salure plus grande, & d'une amertume dégoutante.

LA salure de ceux-ci est d'un tiers plus forte que celle du sel commun.

Degrez de salure des sels fixes des plantes, & animaux à l'égard des sels marins, & diverses Experiences de ce fait.

CELLE des sels fixes de plusieurs sortes de Plantes molles est diverse, & en comparaison de celle du sel des Eaux superficielles. Celle de l'Algue rouge est semblable à celle du sel commun, & en l'autre Algue ordinaire, elle est moins sensible. C'est ainsi qu'en divers degrez de plus, ou de moins, la salure se fait sentir dans tous les sels tirez des diverses plantes de la Mer.

LES sels fixes des animaux, y compris les coquillages, les poissons à croûte, & leurs écorces, ont un goût très-peu salé & assez égal.

AYANT fait par hazard l'Analyse de l'Epée du poisson, qui porte ce nom, j'ai trouvé son sel fixe la moitié moins salé, que celui de l'eau superficielle.

Difference de la détonation des sels.

SI l'on jette sur des charbons allumez toutes sortes de sels de la Mer, des Plantes & des Animaux, le sel commun seulement petille considerablement. Pour les autres tant des eaux superficielles que des profondes étant séparez par le feu, ils ne font entendre qu'un simple murmure.

Diverses Experiences du mélange des sels avec l'eau de fleurs de Mauve.

LES mélanges des sels des eaux superficielles & profondes dans la teinture des fleurs de Mauve montrent divers effets; car nous trouvons que l'ordinaire couleur verte & assez claire, que prend cette teinture, lors qu'on lui mêle les sels, tirez par le feu, devient plus brillante avec ceux des eaux superficielles, & un peu moins avec ceux des profondes.

LE sel fixe de l'Epée du poisson, qui porte ce nom, mêlé dans cette teinture en change le violet naturel en un très-beau vert, & tout au contraire celui des coquillages, & des poissons à croûte lui donnent une couleur de cendre, & quelquefois même de terre.

L'HUILE

L'Huile de Tartre fait son effet ordinaire, qui est d'unir les sub-stances crasses, & de les précipiter en moins de tems, & en plus grande quantité en cette eau, d'où le sel profond a été tiré; que non pas en celle, d'où le superficiel a été pris, ce qui est semblable à ce que l'on voit arriver, dans l'eau naturelle de la Mer.

Mélange avec l'huile de Tartre.

Les esprits acides jettez sur l'un & l'autre de ces deux sels causent en eux une fermentation sans fumée à la reserve de celui du vinaigre qui ne leur cause aucun mouvement. Il faut remarquer que sur les sels profonds l'agitation se fait, avec plus de violence, que sur les su-perficiels.

Du mélange des esprits acides avec ces sels.

Les sels fixes des coquillages & des poissons à croûte mêlez avec les esprits acides donnent d'abord une ébullition sans fumée, mais avec des Globes, ou des vessies d'une grandeur demesurée, ce qui montre qu'ils sont d'une qualité alcaline, & qu'ils seroient capables d'effets salutaires pour le corps humain, lors que suivant la nécessité on en auroit moderé l'acide.

Sels fixes des coquillages, & des poissons à croûte, contiennent des parties alcalines.

Il faudroit maintenant experimenter la nature de la substance bi-tumineuse, que j'ai dit être dans l'eau de la Mer; mais n'étant pas possible, du moins pour moi, de la séparer comme j'ai fait le sel, je me contenterai de l'examiner seulement, par quelques conjectures.

Examen de la substance bi-tumineuse.

J'ai montré dans la construction de l'eau de Mer artificielle, qu'on pouvoit lui donner son amertume naturelle, avec une certaine quantité d'esprit de charbon de pierre, qui est une espece de Carab-be & de Bitume.

Les observations, que j'ai faites en navigeant du côté de la Thrace, m'ont fait voir en plusieurs endroits de la Mer du Bitume flotant, qui paroît sur l'eau lors qu'elle est calme. C'est la même chose, que ce qu'on trouve si abondamment dans les mers des Indes Orientales, sur tout aux endroits où il y a quantité d'ambre gris.

Que nageant sur l'eau elle est frequente dans la mer de Thrace, & des Indes Orientales.

L'Onctuosité, qui, comme j'ai dit, reste encore dans l'eau, soigneusement distillée, confirme assez ce que j'ai avancé ci-dessus. Ajoûtez à cela cette multiplicité de Glus qui s'unissent sur les pier-res, les poissons & les plantes qui sont dans la Mer, & l'union de tant de corps héterogenes, qui s'assemblent par la force de ce Mastic. En-fin rien ne le peut mieux persuader, que la substance des *Lithophytons*, & autres plantes pierreuses, & l'abondance des esprits volatils, que nous trouvons dans celles-ci, & même en quelques-unes des plantes molles. On m'a même aporté, du Rivage de Barbarie, plusieurs mor-ceaux de pierres qui tenoient à du Corail; sur lesquels il y avoit une

Diverses preuves de cette matiere bitumineuse.

K

peau,

peau, ou une croûte bitumineuſe, qui répond aſſez à la Glu noire, qui ſe trouve dans les creux de quelques Veſſies de Perles. On la voit quelquefois auſſi dans les coquilles, & les nacres, s'étendant en cercles autour de leurs extrémitez. Une grande quantité de ces pieces, que je garde dans mon Cabinet, me perſuade là-deſſus ſuffiſamment.

Si l'on preſente à la flame d'une chandelle cette ſubſtance noire, qui ſe trouve dans les veſſies des perles, elle rend la même odeur que les Lithophyton.

Je vois bien qu'il faudroit faire là-deſſus une nouvelle ſuite d'experiences ; mais mon état préſent ne me permet pas d'y employer le loiſir néceſſaire, ayant conſommé le peu, que j'en ai eu, aux autres Parties de cet Ouvrage.

L'eau de la mer a un Tartre & une glu capables de cauſer des changemens dans le baſſin.

On peut conclurre cependant de toutes ces démonſtrations, que l'Eau de la Mer a naturellement un Tartre, & une glu qui la rendent capable de cauſer des alterations dans le Baſſin. Quoi que j'aye vu dans la Mer un grand nombre de productions pierreuſes, qui ſont des effets du ſel & du bitume ; j'ai pourtant toûjours penſé que cet amas de nouvelle matiere ſe forme très-lentement, & que même le temps le conſume en partie ; car autrement la diminution, qui ſe feroit faite du baſſin, depuis tant de milliers d'années auroit ſans doute cauſé des inondations, ou de nouvelles ouvertures dans le Continent. Mais ayant aſſez parlé de cela, dans la premiere Partie de cet Ouvrage, je reviens à dire que ces amas de Tartre & de pierres ne ſont faits par l'eau de la Mer, que peu à peu & fort lentement. Une experience, que j'ai faite, en peut ſervir de preuve. J'en ferai la comparaiſon avec ces dépoſitions de Tartre & de pierres que j'ai obſervées dans les Eaux de Riviere. La premiere eſt dans la Croatie inferieure, & dans le Bain de Carloſtadt en Boheme.

Experiences qui le prouvent.

Autre experience.

Je pris une corde de trente braſſes de longueur, & ſuffiſante à la profondeur de l'endroit de la Mer, que j'avois choiſi. Je lui attachai dans la diſtance de châque braſſe de petites cordes au bout deſquelles je mis des morceaux de toille, de drap, de cuir, d'os, de corne de divers animaux, de differens bois ſecs, & verts les uns ayant leur écorce & les autres non, des feuilles ſeches & des branches vertes avec leurs feuilles. Ces rameaux étoient de Myrte, de Romarin, & de Laurier. Au bout de la grande corde l'on ſuſpendit une groſſe pierre afin de la tenir tendue à cette profondeur de trente braſſes que j'avois choiſie, & afin que tous les materiaux

ſuſpen-

suspendus aux petites attaches restassent dans la disposition, qu'on leur avoit donnée. Cette corde étoit attachée hors de l'eau à un écueuil, toutefois au bout de cinq semaines l'impetuosité des ondes la fit détacher & tomber dans le fond, interrompant l'ordre de ces diverses profondeurs, que je desirois d'observer en ces differens corps, qui trempoient dans l'eau. Nonobstant cela je voulus laisser la corde ainsi precipitée dans le fond de la Mer l'espace de trois mois, qui étoit le terme que je m'étois prescrit, pour connoître quelle quantité de Tartre pouvoit s'unir sur les materiaux que j'ai spécifiez, & pour voir sur lequel de ceux-là cette union se trouveroit faite plus considerablement.

Au bout de ce tems-là, je fis pêcher la corde avec des crampons de fer, & étant tirée dans le Bateau, & conduite au Rivage, je l'examinai, & je trouvai uniquement sur les feuilles de Myrte une legere écorce de tartre, de couleur de chair mêlée de blanc. Sur quelques autres morceaux de bois, je vis dans les entaillures qui étoient dans l'écorce de petits Globes d'une substance glutineuse cendrée, & couverte d'une membrane blanche coriace. On ne découvroit pas la moindre déposition, sur toutes les autres sortes de materiaux.

J'examinai l'écorce très-deliée de tartre, qui s'étoit formée sur les feuilles de Myrte, dans l'espace de trois mois, & supputant à proportion quelle auroit pu être son augmentation, dans l'accomplissement d'un an entier; je trouvai que sa grosseur auroit été aprochante de celle d'une feuille de papier ordinaire; laquelle grosseur, multipliée par cinq mille, qui est le nombre des années du Monde, n'auroit pu augmenter & élever le Bassin de la Mer de plus d'un pied, puis que dans cinq cens ans, suivant ce que j'ai compté, cette substance de tartre existante dans l'eau de la Mer de Provence & dans les lieux, où tant de plantes pierreuses végetent, ne peut qu'à peine s'amasser à l'épaisseur d'un pouce.

Calcul & examen de l'épaisseur dont ce Tartre peut être accru, depuis le commencement du Monde.

Cette déduction fait voir bien clairement que les eaux insipides & minerales qui coulent dans la superficie de la terre sont, quoi que très-légeres, au poids, beaucoup plus remplies de particules de tartre, que n'est l'Eau de la Mer; puis que les Minerales de Carlostadt, dans la Boheme, couvrent dans peu de jours des feuilles, & des fruits d'une croûte grosse comme la moitié du dos d'un coûteau, & que dans trois, ou quatre ans, elles bouchent entierement les Canaux de bois, par lesquels elles coulent dans des recipiens pour l'usage des malades.

Les eaux insipides, & minerales, qui coulent dans la superficie de la terre, sont plus remplies de tartre.

K 2

J'AI

J'ai vu la même chose se faire, dans la belle & salutaire eau du Fleuve Una, les troncs d'arbres & les racines seches, qu'on y trempe, se couvrant dans l'instant d'une croûte de tartre, qui s'augmente dans la suite du tems d'une maniere monstrueuse. Le sol de son bassin, dans lequel il a fait plusieurs cataractes, s'éleve par consequent tous les jours.

Si la Nature avoit, à un pareil degré, rempli les Eaux de la Mer de cette substance de tartre, il y a apparence que son bassin, exposé à d'étranges changemens pendant le cours de tant de siecles, auroit causé de furieuses inondations; ce que l'on croira d'autant plus aisément, si l'on considere cette masse de corps solides héterogenes, que j'ai spécifiez, en parlant de la structure du Bassin de la Mer, qui certainement contribueroit aussi à ce desordre.

Les tartres que j'ai trouvez dans la Mer, sur divers corps, n'ont jamais eu plus de six pouces d'épaisseur. Il y a parmi eux quantité de morceaux terrestres, &, leur manquant ce secours d'une substance differente de celle, qui leur est propre, ils n'ont pas plus de deux lignes.

Autour des Lithophytons secs, qui alors se déchargent de leurs écorces, la Mer forme assez volontiers ce tartre, dont nous parlons; ce qui les a fait apeller par les Anciens des plantes à écorce pierreuse, ou du corail qui n'est pas mûr, n'ayant pas connu que ces écorces de tartre, qui couvroient en partie ou entierement ces plantes n'étoient pas les leurs naturelles.

On peut conclurre de cette démonstration, que dans l'eau de la Mer, quoi que si riche de sel, & si pesante de bitume, & nourrissant un si grand nombre de plantes pierreuses; il y a pourtant beaucoup moins, à proportion, de particules de tartre, que nous n'en voyons dans les eaux insipides de la terre.

Il est probable aussi que cette partie de tartre provient du sel qui est en elle, à un certain degré; car dans les lieux, où l'eau, par le mêlange des Rivieres, se trouve moins salée, on ne voit point ces sortes d'appositions. C'est ce qui paroît fort sensiblement à l'embouchure du Port Miou, où commence à manquer cette belle ligne de tartre considerable par sa grosseur, sa structure, & la variété de sa couleur, qui suit toute la Côte de Provence, à niveau de l'eau de la Mer, lors que le vent n'est pas orageux. Si-tôt qu'elle entre dans ce Port & qu'elle s'est aprochée du Fleuve soûterrain, qui s'y dégorgeant a diminué la salure de l'eau, elle paroît entierement éteinte, dans tout cet espace, où la mer se trouve dessalée.

Il

Il seroit à propos de finir cet examen de l'Eau de la Mer, par quelque experience, qui regardât l'usage de la vie & de la Médecine.

Cette derniere n'est pas compatible avec mon état présent & mon Génie naturel; c'est pourquoi je n'en produirai aucune experience, étant bien sûr que n'ayant pas le charme de la nouveauté cette production ne serviroit qu'à ennuyer le Lecteur. *Examen des usages de l'eau de la mer pour la vie humaine.*

Pour l'autre, servant tous les jours à la nourriture des hommes elle a exigé plusieurs experiences Physiques, pour corriger, ou ôter à cette eau les qualitez mauvaises & contraires au soûtien des animaux terrestres. La cause de cette impossibilité de s'en servir, provient des deux goûts, salé & amer; l'un desquels est causé par le sel, comme nous l'avons fait voir, & l'autre par le Bitume.

La substance salée, qui est en elle, & qui a été fixée par les rayons du Soleil, ou par le feu, sert, comme châcun sait, à donner la Saveur aux alimens insipides, & à conserver les viandes; leur étant comme un baume incorruptible. *Utilité de la substance salée de l'eau de la mer.*

La partie amere est la plus ingrate, n'étant d'aucun usage, ou, pour mieux dire, étant contraire à la vie humaine, & de plus si opiniâtrement attachée à l'Eau de la Mer, qu'il n'a pas été possible jusqu'à aujourd'hui à l'art de l'en séparer. Il est vrai que j'ai lû plusieurs rélations qui assurent qu'en Angleterre on a trouvé le secret de remedier à cette incommodité. Une invention d'un si grand usage feroit mériter sans doute à son Auteur la reconnoissance de tout le Public; puis qu'elle aporteroit un soulagement infiniment considerable à tous ceux qui vont sur la Mer; lesquels sont très-souvent obligez de rompre leurs plus belles Navigations, par le défaut de l'Eau de la Mer, qui ne peut pas leur servir pour la boisson, & pour la cuisson des viandes; mais comme depuis le tems que l'on parle de cette découverte, on ne s'aperçoit pas même que les Anglois en ayent aucunement profité, il est croyable que l'imperfection de cette découverte est la seule cause qu'ils ne l'ont pas communiquée aux autres Nations, comme tant d'autres curieuses, dont ils leur ont fait part. *Difficulté d'en separer l'amertume.*

J'ai reconnu dans les operations que j'ai faites, par le feu, pour chercher la quantité de sel qui est dans l'Eau de la Mer, que bien qu'elle soit entierement depouillée du sel, l'amertume qui lui reste la rend si dégoutante, qu'il n'est pas possible de la boire. J'ai essayé de corriger ce mauvais goût, par l'infusion de la graine de fe- *L'Eau de la mer dessalée impossible à boire.*

L

nouil,

nouil, que j'avois par hazard dans mes mains. Cela feroit peut-être affez faifable, en employant quelques autres drogues communes, & de peu de valeur, & qui euffent la proprieté d'empêcher le mauvais effet que le long ufage de cette boiffon pourroit produire dans le corps. La pratique de la diftilation fur les vaiffeaux, dans une grande neceffité, feroit facile avec des vafes de cuivre, particulierement à ces Nations, qui ont abondance de charbon de pierre, avec lequel on pourroit faire le left, & s'en fervir dans l'occafion.

Difference de l'eau de la mer, & de l'eau infipide pour la cuiffon des legumes.

J'AI fait cuire dans l'Eau naturelle de Mer des légumes & de la chair, & j'ai effayé de réduire avec elle la farine à l'ufage du pain. Les légumes furent des lentilles & des fazeoles. Je mis une once de lentilles, dans une livre & demie d'Eau de la Mer, & autant dans la même quantité d'eau de Cîterne. Au bout d'un certain tems je vis que celles qui avoient bouilli dans l'Eau de la Mer étoient moins cuites que les autres. Les fazeoles au contraire devinrent plus tendres dans cette eau, que dans celle de Cîterne. Je laiffai bouillir ces deux légumes dans les deux differentes eaux jufques à ce qu'ils fuffent à fec. Ceux, qui étoient dans l'Eau de Mer, fe trouverent alors plus durs que lors qu'ils étoient cruds, & les autres fe réduifirent dans l'eau de Cîterne en une pâte très-molle. Tout cela prouve la difference, qui eft entre la nature de ces deux diverfes eaux, l'une infipide & l'autre falée, à l'égard des légumes.

Difference de ces deux fortes d'eau pour la cuiffon de la chair.

LA chair de mouton mife dans divers vafes remplis d'une égale quantité d'eau de Mer & de Cîterne, prit fans diftinction, dans l'une & dans l'autre, une couleur égale, & qui eft propre à la chair bien cuite. Le goût en étoit different, car celle que l'on tira de l'eau de la Mer étoit plus falée, & amere que l'autre.

AYANT fait continuer la cuiffon jufqu'à la confommation des deux eaux, j'obfervai que celle, qui avoit bouilli dans l'eau de la Mer, étoit devenue plus tendre & plus blanche que l'autre.

CETTE blancheur m'a furpris, ayant vu auparavant, dans mon féjour en Hongrie, que les eaux de puits, comme ceux de Javarin, de Strigonie, & de Bude, rendoient rougeâtre par leur nature nitreufe la chair qu'elles cuifoient, & trouvant un effet tout different, dans celles de la Mer pleines d'un fel, qui, felon l'experience des eaux fuperficielles, participe du nitre. Il eft vrai que le fel des eaux fuperficielles, qui a montré dans le papier bleu la couleur rougeâtre, étoit feparé de cette partie bitumineufe qui l'accompagne, lors qu'il

eft

est encore mêlé dans l'eau, & cela est peut-être cause que sa nature acide ne paroît point de la même sorte, que lors qu'elle en
est separée.

Au reste pour ce qui est de se servir de l'eau de la Mer à faire
le pain, elle est d'un assez bon usage tant pour lui conserver
une belle couleur que pour faire bien lever la pâte, & la laisser
bien cuire; & son effet seroit entierement semblable à celui des
autres eaux de puits, & de Cîterne, sans le goût salé qu'elle
donne au pain, qui se peut manger étant frais, mais non pas
lors qu'il est d'un jour, car alors l'amertume, qui se fait sentir,
le rend insuportable.

Je laisse plusieurs autres experiences, qui auroient pu se faire,
touchant la cuisson des viandes; parce qu'elles ne donneroient
pas essentiellement une plus grande connoissance là-dessus, & que
d'ailleurs je suis bien aise de conserver la complaisance du Lecteur,
pour les autres parties qui doivent faire la conclusion de nôtre
Essai.

HISTOIRE PHYSIQUE
DE LA MER.
TROISIEME PARTIE,

Des Mouvemens de l'Eau.

Caufes des
mouvemens
de la Mer.

'EAU étant naturellement fluide, eft par conféquent fujette à des mouvemens, & ces mouvemens font divers, felon la diverfité de leurs caufes. La premiere eft peut-être la pante de quelques endroits du fond du Baffin. L'air, qui preffé par les vents agite l'eau à proportion de fa force, & forme des ondes de diverfes grandeurs, peut fe compter pour une feconde. Et la troifiéme enfin, à qui l'on attribue le flux & reflux de cet Element eft l'impreffion de la Lune. Voilà les caufes des trois mouvemens, que nous remarquons dans l'Eau de la Mer. Je diftingue ces trois mouvemens par les noms de courans, d'ondulation, & de flux & reflux, ou de Marées.

Trois fortes
de mouve-
mens des
eaux de la
mer.

J'AI examiné dans le trajet de Mer où s'eft fait nôtre Effai Phyfique, à quels degrez ces mouvemens s'y trouvent. L'endroit particulier du Détroit de Caffis m'a paru propre pour cet examen.

Obfervations
au Détroit de
Caffis, en
Provence.

JE me fuis porté moi-même pour reconnoître ces courans plufieurs milles au large, & pendant trois mois entiers les Pêcheurs ont fait par mon ordre des obfervations là-deffus tous les jours.

Ondulations
obfervées
à vuë d'œil,
& celles du
flux & reflux
avec une per-
che divifée
en plufieurs
lignes.

J'AI diftingué de la fenêtre de mon apartement, & dans mes diverfes Navigations les ondulations dont la force étoit toûjours proportionnée à celle des vents, qui les caufoient.

Pour favoir s'il y avoit un mouvement méthodique de flux & reflux, & à quel degré il pouvoit s'étendre, je fis mettre à l'entrée du Port une perche divifée en un certain nombre de pouces, ainfi que je le ferai voir en fon lieu. Au refte j'ai jugé à propos de joindre à

ces

ces observations, pour une plus grande exactitude toutes celles du Thermometre, & du changement de tems, cela pouvant contribuer en quelque chose à la varieté des mouvemens. Elles sont toutes par ordre dans une Table ci-jointe, contenant trois Lunes & un quart, savoir, Janvier, Fevrier, Mars, & le premier quartier d'Avril. On a pris soin d'y marquer toutes les circonstances nécessaires ainsi qu'on peut le voir ; cela étant le fondement de toutes nos demonstrations, pour les mouvemens de cette partie de Mer, que nous avons choisie. *Explication de la Table contenant les observations.*

Les Courans y sont de deux sortes, continuels, & interrompus ; nous en voyons aussi dans la superficie de l'eau, & dans le fond. Les continuels dans la superficie, se distinguent aux embouchures des Rivieres & particulierement à celle du Rhône, où en tems de calme ils se rendent sensibles, & s'étendent jusqu'à 15. & 20 milles. Lors que le vent leur est contraire ils ne s'avancent pas si loin, & leur cours est beaucoup plus lent ; & quand il leur est favorable ils s'étendent à une plus grande distance, mais avec moins de régularité que pendant le Calme. *Division des Courans, & leur étendue en divers tems.*

J'ai fait voir, dans la premiere Partie de cet Ouvrage, qu'il y a, dans le fond de la Mer, plusieurs Courans, & j'ai donné pour exemple celui de Port Miou. Il y a aparence que les alterations, dans la rapidité, y doivent être aussi, puis que tant de causes, qui y contribuent, s'y rencontrent. Mais je n'ai pas pu distinguer cela particulierement, & je me suis contenté de reconnoitre la continuation des Courans. *Courans dans le fond de la mer.*

Les Mariniers les plus experimentez, sur la Mediterranée, veulent qu'il y en ait deux reglez & oposez l'un à l'autre. Le premier va du Couchant au Levant, commençant au Détroit de Gibraltar & allant le long de la côte d'Afrique, jusques en vüe du Royaume de Candie. Le second va au contraire du Levant au Couchant, commençant du lieu, où l'autre finit, & allant le long de la côte d'Europe au même Détroit de Gibraltar ; lequel, par conséquent, doit avoir sa superficie divisée en deux Courans. Il est certain que le premier, qui va le long d'Afrique, doit, à la hauteur de Candie, prendre un mouvement qui retrograde, car je me suis aperçu de la continuation de celui du Bosphore de Thrace qui force l'autre à prendre un cours oposé, & de s'en retourner le long de la côte d'Europe. *Courans reglez & oposez.*

Cette disposition de Courans, qui m'a été assurée par les plus habiles Pilotes, ne s'accorde point du tout avec celle que j'ai *Disposition des Courans du Golfe de Caffis differente.*

M

j'ai obfervée au Golfe de Caffis, qui eft une partie de la côte d'Europe, le long de laquelle, dit-on. le Courant va toûjours au Couchant.

La Lifte des obfervations faites en ce lieu-là, pour ce qui regarde les Courans, & que l'on trouvera dans la Table, fait voir le contraire; foit que la proximité de la terre contribue à cette varieté, & interrompe la continuation de ces Courans reglez, foit que la ftructure du Baffin de la Mer, ou la repercuffion des vents entre les Montagnes, qui compofent cette côte, en foient la caufe.

Obfervation
contraire à
celle des Ma-
riniers. On voit donc, dans cette Table, que les Courans vont tantôt de l'Eft à l'Oueft, & tantôt de l'Oueft à l'Eft: ce qui ne devroit pas aller de la forte, felon ce que les Mariniers nous raportent. La caufe de ce mouvement alternatif, & opofé ne me femble pas facile à comprendre; vû même la difpofition de la côte de Provence, en laquelle je ne trouve aucun fondement, fur qui l'on pût avancer quelque chofe de folide. Il arrive plufieurs fois que ces Courans, & principalement dans l'été, font tout-à-fait infenfibles, & d'autres fois, depuis la furface de l'eau jufqu'à une certaine profondeur ils vont d'un côté, & plus bas il s'en trouve un autre, qui tient une route Courans tien-
nent la même
route que le
cours du So-
leil. opofée, & c'eft ce que les Pêcheurs apellent les *Courans doubles*. Ce qu'il y a de plus furprenant, c'eft qu'à la côte de l'abîme pendant l'été, & dans le tems, que l'on pêche le corail, on aperçoit un Courant d'un mouvement égal à celui du Soleil, car lorfqu'il fe leve, celui-ci s'en va du côté de l'Oueft; à midi il court vers le Nord, & le foir il prend fon chemin vers l'Eft. Je n'aurois jamais crû cette bizarrerie des Courans, que me raportoient les Pêcheurs tant de Caffis, que des lieux voifins; fi je ne l'euffe moi-même reconnuë, dans une pêche de corail faite en cet endroit le premier du mois de Juillet 1707. Ce fut alors véritablement que je defefperai de pouvoir y entendre quelque chofe.

Difference de
la force des
Courans en
divers tems. J'ai tâché de connoître fi les vens contribuoient à cette varieté, mais je n'ai rien avancé, par ce moyen; car dans un tems calme, les Courans fe changeoient; & devenoient fouvent très-vîtes, tellement que les pêcheurs ne pouvoient prefque foûtenir leurs rets, & d'autres fois les vents étant très-forts, les Courans n'étoient prefque pas fenfibles. Plufieurs fois auffi j'ai vû les Courans courir d'une viteffe proportionnée à la force du vent, & fouvent même aller au rebours du vent.

On ne peut
fonder des Ce que j'ai trouvé de plus uniforme, c'eft que quand en cer-

tain

tain lieu les Courans continuoient deux ou trois jours à venir forte-
ment du Couchant, il ne manquoit guére de venir de ce même côté
un vent de miftral, & que quand ils couroient du Levant, les vents
enfuite foufloient de ce côté-là.   Néanmoins j'ai trouvé en cela en-
core des irrégularitez , qui m'empêchent de produire les ré-
flexions que j'avois faites , fur cette uniformité , que j'avois cruë
univerfelle.

JE conclus de toutes ces obfervations differentes, qu'on n'établira
jamais rien de folide, touchant les Courans, tant qu'une feule perfon-
ne travaillera à les obferver, & dans un feul endroit comme j'ai fait
à Caffis.   Il faudroit qu'en même tems, il y eût des Obfervateurs
aux principaux Caps de la Côte & des Ifles; lefquels, fuivant une
méthode, dont on feroit convenu, feroient tous des Journaux
exacts, tant à l'égard de la velocité des Courans, que des endroits
où leurs cours fe tourneroient, fans oublier les courans interieurs
opofez à ceux de la fuperficie, en joignant à cela l'obfervation des
vents, dont ils compareroient la force avec celle des Courans.   Mais
comme c'eft une depenfe réfervée à quelque Prince amateur, & pro-
tecteur des Sciences, je ne dirai autre chofe là-deffus, & en atten-
dant, que l'on puiffe retirer quelque utilité de nos obfervations, par
ce moyen, je pafferai à celles des autres mouvemens.

NOUS avons apellé le mouvement des Eaux de la Mer caufé par
les vents ondulation, puis qu'il ne fe fait que par la révolution cy-
lindrique, & fucceffive des eaux preffées par les vents, auxquelles
on donne le nom d'*ondes*.   Ce mouvement dépend de la force des
vents, & auffi de la diverfe fituation des montagnes, où leur impetuofi-
té s'augmente par la repercuffion, laquelle refferrant davantage l'air,
qui émeut les eaux, fait que celles-ci s'élevent en plufieurs Cylindres de
grandeur diverfe, & proportionnée à la force mouvante du vent.

CE mouvement eft accidentel, car tandis que l'air eft dans fon
calme ordinaire, la fuperficie de la Mer l'eft auffi, & fi-tôt qu'il s'y
éleve un petit foufle de vent, l'eau commence à fe rider legere-
ment; & à proportion que le vent s'augmente, cette efpece de
ride fe rend plus fenfible, s'élevant & s'abaiffant en divers de-
grez d'ondes de la maniere qu'on peut voir dans le premier
profil.

J'AI voulu favoir quelle étoit la plus grande élevation d'une onde
dans la tempête.   L'experience m'a montré qu'il faloit divifer l'état
des ondes, en deux; l'un naturel & l'autre accidentel.   Le na-

M 2

turel

turel eſt celui qui eſt uniquement proportionné à la force du vent.
L'accidentel eſt quand les ondes viennent à ſe choquer ou de front
ou en flanc, ou qu'elles ſe ſuivent avec trop de violence & ſans interruption, ou qu'elles ſe roulent en des plages ſablonneuſes, ou
contre des rochers ; car ce ſont là autant de cauſes qui les font
monter beaucoup plus, que le vent ne ſauroit faire naturellement.

L'élevation des ondes au deſſus de l'horizon de la mer.

ROBERT BOYLE raporte pluſieurs obſervations, pour montrer
que le vent le plus fort ne pénetre jamais plus de ſix pieds, au deſſous
de l'horizon ordinaire de la Mer. Il s'enſuit de-là, que le Cylindre
de l'eau ne doit pas s'élever plus de ſix pieds ſur le même horizon.
J'ai verifié cette experience dans les plages du Languedoc, entre
Maguelonne & Peyrol, où je meſurai l'élevation des ondes, dans
un tems de tempête au deſſus de la ligne perpendiculaire de la Mer
lors qu'elle eſt tranquille, & cette élevation ſe trouva de ſept pieds ;
il ne faut pas s'étonner que l'eau en cette ſituation s'éleve un pied de
plus par raport à ce long trajet de bas fonds de ſable, où les ondes
viennent heurter. Il eſt aſſez naturel, que par cette violence elles
montent une ſixiéme partie de plus qu'aux autres endroits.

Elevation des ondes par un vent de La-bêche ſur les côtes de Pro-vence.

AUX rivages montueux de la Provence, où il y a beaucoup plus de
fonds, que dans le Languedoc, un vent de Labêche, également
furieux, n'y fera élever l'eau naturellement que de cinq pieds, mais
la percuſſion accidentelle qu'elle fait contre les rochers la pouſſe
quelquefois juſqu'à la hauteur de huit pieds.

Hauteur des ondes en plei-ne mer.

EN haute mer, où les vents trouvent un champ libre, les ondes,
qui dans leur état ordinaire de tempête ne ſont au plus que de ſix
pieds, deviennent quelquefois horribles, par l'union de pluſieurs
autres ondes qui les ſuivent de trop près, & ſans ceſſe entrent
les unes dans les autres, ſe roulent, & forment des tourbillons
qui font les tempêtes extraordinaires ; mais communément l'eau ne
s'éleve que 5. ou 6. pieds au deſſus de l'horizon du calme, comme
on voit par la figure où l'on diſtingue de quelle maniere la force du

Uſage de la Table pour cette obſer-vation.

vent pénetre dans l'eau, & l'éleve à proportion. Le Cylindre
A. A. A. eſt celui du vent ; l'eſpace B. B. B. eſt la partie de
l'eau preſſée par le vent qui s'éleve comme C. C. C. C. au deſſus
de l'horizon, & qui enſuite, par la percuſſion contre les rochers,
contre les bancs de ſable, ou contre les autres ondes monte à cette
élevation accidentelle, dont je viens de parler.

LES vents qui, en cette côte, cauſent la plus grande agitation
font

font le Nord-Ouest, & le Sud-Ouest, qui regnent indiferemment les uns avec les autres, & de la maniere irréguliere, que l'on verra dans la Table. Je ne m'étendrai pas au reste sur cette partie des vents, quoi qu'elle en dût faire une considerable dans l'Histoire de la Mer ; l'Experience m'ayant apris qu'il n'est pas possible non plus de produire rien d'assuré, sur cet article, tant qu'il n'y aura pas plusieurs Observateurs à la fois placez en des lieux diferens ; car toute serrée qu'est nôtre Mer Méditerranée, on y remarque très-souvent, à fort peu de distance, deux sortes de vents, cela venant de la situation diverse des Rivages, & de la disposition des plages. Ce que je viens d'avancer, est une chose que les Galeres éprouvent, presque toutes les fois qu'elles veulent passer de Marseille à Sette en Languedoc. Bien qu'elles aient le vent en poupe, lors qu'elles partent, à mesure qu'elles avancent dans le Golfe de Lyon, elles trouvent le vent d'abord au Sud-est, puis au Sud, enfin au Sud-Ouest, ce qui les oblige de revenir. Cela est cause que les Galeres, dont nous parlons, aiment mieux, pour passer le Golfe, attendre un petit vent de Terre Septentrional, ou le Calme.

Difficulté pour un seul Observateur de rien établir de solide sur les vents.

Varieté des Vents dans un passage des Galeres de Marseille pour Sette.

On verra un petit essai de la maniere dont les vents contribuent à la varieté du tems, dans la Table ci-jointe. Je voudrois bien que pour cette partie, & pour les Courans & les Marées, nous en eussions dix autres, faites, comme j'ai dit, dans le même tems, en divers lieux ; car je le repete encore, il est impossible d'établir quelque chose de solide là-dessus, tant qu'une seule personne travaillera à ces observations.

Usage de la Table des Vents.

QUANT au flux & reflux, il m'a falu, pour connoître quel il est, & comment il se fait en cette Mer, y faire mettre une regle perpendiculaire, & qui fût d'une longueur capable de toucher au fond, & de s'elever sur l'Eau aussi haut que la tempête pouvoit la faire monter. Dans le lieu que je choisis elle a dû être de 68. pouces, on en voit la division dans le profil qui est à côté de la Table.

POUR compter les diverses hauteurs de la Mer, j'ai trouvé à propos de commencer, par la partie superieure de la ligne de bois, descendant, selon l'ordre qui est marqué par les nombres ; de sorte que si la mesure de la hauteur de l'Eau est, par exemple, de 40. pouces, on doit compter de suite en descendant au fond.

Observation du reflux, sur la Côte de Provence.

J'AI distingué, pour une plus grande exactitude, touchant l'élevation, & le décroissement de l'Eau, les deux differens états,

N

dans

dans les heures que je faifois les obfervations, & cette difference eft diftinguée dans la Table.

Des 24. heures du jour j'en ai choifi cinq diverfes, à favoir : au lever du Soleil, à midi, au coucher du Soleil, à neuf heures du foir, & à minuit, pour remarquer à quelle hauteur de la perche divifée en mefures, l'Eau fe trouvoit.

Il n'y a aucun flux & reflux aux Côtes de Provence, mais une fimple alteration.

Toutes ces obfervations mifes par ordre en la Table, font voir qu'il n'y a aucun flux & reflux reglé, & fenfible à la Côte de Provence, du moins dans l'endroit où pendant trois Lunes, & le premier quartier d'une quatriéme, j'ai fi exactement obfervé; ayant de plus fait la comparaifon du veritable état des vents & des courans, pour tâcher de reconnoître, fi leurs mouvemens pouvoient être la caufe du manquement de flux & reflux, & de toutes les autres irrégularitez exprimées dans la Table. Je n'ai trouvé, par tout, qu'une extrême obfcurité. Peut-être qu'elle fera diminuée, par les réflexions, que d'autres perfonnes éclairées pourront faire, fur cette même Table; laquelle m'a couté beaucoup de peine, & ne m'a pas médiocrement ennuyé; puis que je n'en ai retiré aucune connoiffance, qui pût en quelque forte me fatisfaire, & qu'après toute cette fatigue, je me trouve réduit à dire, qu'il n'y a point de flux & reflux; mais feulement quelques alterations dans le plus ou moins d'élevation des Eaux caufées par les vents, & plufieurs autres irrégularitez provenant de celle des Courans.

HISTOIRE PHYSIQUE DE LA MER.

QUATRIEME PARTIE,

De la vegetation des Plantes.

L'AUTEUR de la Nature voulut, à la Création, que la Terre eût le dépôt des femences, des herbes, & des arbres; qu'il jugea néceffaires, pour l'ufage de tout ce qui devoit y vivre. *Germinet terra herbam virentem, & facientem femen juxta genus fuum, cujus femen in femetipfo fit, fuper Terram.* Cette Terre, fans l'interruption d'un corps pofé entre fa fuperficie, & nos yeux, nous laiffe voir toutes les Plantes, qu'elle contient. Il n'en eft pas de même du Baffin de la Mer, qui étant couvert de la vafte & profonde maffe de l'Eau, tient cachées les belles végétations de toutes les fortes de fes Plantes, qui ne nous viennent entre les mains que par le hazard des frequentes Pêches. Il eft vrai cependant qu'il en eft affez enrichi, pour ne devoir pas envier celles que tout le monde voit au Continent; dont il n'eft qu'une continuation, ainfi que nous l'avons montré, dans la premiere Partie de cet Ouvrage. Le Baffin fut donc, auffi bien que l'autre partie de la Terre qui eft relevée fur l'Horifon de la Mer, pourvu par le Créateur, de Plantes foumifes à ce commandement, que nous avons raporté ci-deffus, en propres termes, comme il eft dans l'Ecriture, & qui nous enfeigne que le cours reglé de la végetation fe fait par les femences.

DANS le Siecle paffé, où l'Etude de la Phyfique commença à faire un progrès confiderable, on ne négligea pas, fur tout avec l'aide du Microfcope, de montrer comment la Nature, avec tant d'ordre, fuivoit l'admirable difpofition du Créateur. Mais les Obfervateurs fe contenterent de faire cette démonftration dans les Plantes,

N 2

tes, qui font dans le Continent; fans fe foucier des autres, qui font dans l'Eau; foit qu'ils crûffent que l'organization, & la méthode de végeter de celles-ci dût être la même chofe qu'aux Terreftres, ou que la difficulté d'en avoir une variété affortie, les découra-geât, & leur ôtât l'envie d'entreprendre la Combinaifon des ter-reftres, & des aquatiques, pour l'ordre de leurs végetations.

LES Savans Malpighi & Grew, ont porté à la perfection ce qui regarde les Plantes de la Terre, lefquelles croiffent & font nourries, par l'humidité qui fe conferve dans la Terre, & par l'air qui agit fur elles, avec tant de liberté.

DANS mes Navigations, ayant vû plufieurs fois tirer des Plan-tes de la Mer, & prefque toûjours les ayant trouvées fans Ra-cines, tant les molles, que celles qui font prefque dures com-me le Bois, & les autres que l'on apelle pierreufes, car ce font là les trois claffes des Plantes de la Mer; je commençai à dou-ter fi la Nature n'avoit point établi en elles une organization toute particuliere, & differente de celle des terreftres. Quelques Obfervations, que je fis moi-même dans la végetation des Cham-pignons, augmenterent ce doute, & me perfuaderent qu'il devoit y avoir quelque notable difference. D'ailleurs les deux claffes de Plantes, que nous n'avons pas au Continent, n'ont pas peu contri-bué à exciter ma curiofité. Ces claffes font celle des Lithophytons, Plantes, équivalentes, en quelques parties, à celles de Bois, & l'au-tre des Pierreufes qui ont effectivement la dureté de la Pierre. C'eft en cette derniere que les menfonges des Poëtes ont été admis par des Philofophes, qui en cela n'ont guere confervé le veritable Caractere de Phyficiens.

BIEN que les paroles de l'Ecriture nous difent, d'une maniere à ne pouvoir en douter, que la multiplication des Plantes fe fait par les Semences; toutefois fi on les a crües jufques à cette heure, à l'égard de ces deux Claffes, ç'a été feulement par obéiffance. Il eft vrai que toutes les raifons Phyfiques fembloient nous en affurer; Mais elles n'étoient encore que fpéculatives, & on n'avoit jamais vû ni reconnu palpablement ce que c'étoit.

LA dureté des Plantes pierreufes, qui montre une nature toute differente de celle des autres Plantes de la Mer, ou de la Terre, a fait douter jufqu'à préfent, fi ce n'étoit point un fimple amas de fucs de Tartre, qui fe pétrifioit, dans le fond de la Mer, & y prenoit des figures diverfes felon le hazard. Je fus moi-même dans ce dou-

te,

te, me fondant sur quelques observations que j'avois faites, & qui m'engagerent dans un Systême faux, que je produirai pourtant en son lieu, de la maniere que j'en fis la démonstration à l'Academie Royale de Montpellier.   Je m'en suis retracté ensuite, ayant fait de nouvelles observations, beaucoup plus exactes, & qui ne souffroient point de contradiction.

J'ai dit que le dépôt des semences étoit dans la Terre, j'ajoûte que l'aliment des Plantes s'y trouve aussi.   Là Terre par elle-même, c'est-à-dire, n'étant point impregnée d'Eau, est totalement stérile; car si on la desseche, en maniere qu'il n'y reste rien d'humide, & qu'on y jette de la semence, il est certain qu'il ne s'y fera point de Végetation.   Au contraire si on met dans l'Eau, privée de toute partie Terrestre, de la semence on la verra végeter.   Les Eaux même des Etangs, soit douces, ou salées, produisent des herbes, comme par exemple la Lentille de Marais, qui sans Racine en aucune partie solide, y va flotant au gré du vent ou d'autre chose qui la fait mouvoir.

La Terre donc, selon toutes les experiences les plus assurées, & les plus communes, est la dépositaire des semences, & de l'aliment fluïde, qui sert à leur végetation, leur agrandissement, & leur perfection.

La Mer, qui ne contient que la vaste masse de l'Eau, ne peut qu'être fort abondante en toute sorte de Plantes, & beaucoup plus même que la Superficie de la Terre; puis qu'elle les conserve dans leur propre aliment; qu'elle les leur fournit, sans interruption, ni diminution; & qu'enfin elles n'y sont sujettes à aucun des accidens, auxquels sur la Terre elles sont exposées.

Les Plantes Terrestres, qui doivent tirer à quelque profondeur l'humidité qui s'est insinuée dans les Pores de la Terre, par les pluyes, les rosées, & les inondations, ont des Racines d'une figure propre à y pénetrer; & ayant l'aptitude de recevoir l'aliment fluide, qui successivement se communique, par les organes particuliers que la Nature leur a distribuez, à toute la Plante, dont les plus grandes sont ordinairement élevées au-dessus de la Terre, & qui par conséquent étant éloignées de l'aliment, ont eu besoin d'avoir une structure propre à le faire monter jusques au sommet par une continuelle circulation.   C'est ce que *Malpighi* a demontré, avec tant d'exactitude & de netteté.

Pour les Plantes, qui croissent dans la Mer, comme elles na-

O

gent

gent proprement dans leur aliment, la Nature n'a pas du leur donner de Racine; puis qu'il n'étoit pas néceſſaire qu'elle s'inſinuât à
certaine profondeur des lieux où elles paſſent, pour leur prendre leur nourriture; mais ſeulement une organization particuliere, qui rendît toutes les parties de la Plante capables de recevoir,
par elles-mêmes, l'aliment qu'il leur falloit. C'eſt auſſi ce que
nous y remarquons; de ſorte que la Racine eſt la Plante, & la
Plante eſt la Racine. On verra la verité de ce que je dis ici, par
pluſieurs experiences, que je raporterai, lors qu'il en ſera tems;
quoi que j'eſpere que la ſeule expoſition de leur ſtructure convaincra
tous ceux, qui pourroient en douter.

L'Algue eſt l'unique Plante marine, que je connoiſſe avoir des
Racines, & dont l'organization ſoit à peu près ſemblable à celle
des terreſtres, principalement des Roſeaux des Marais. Ce qui fait
auſſi que comme à la façon des Plantes de la Terre, elle tire
ſa nourriture par la Racine, elle ſubſiſte dans la fange ou terre
argilleuſe. Toutes les autres Plantes de la Mer ſont ſans racines;
ne leur étant pas néceſſaire de recevoir verticalement du lieu où
elles s'arrêtent, leur nourriture. J'en ai dans mon Cabinet, ſur du
Bois, des os, & des Pierres, des coquilles, du fer, de la terre cuite, & même ſur d'autres Plantes, comme des Lithophytons, &
des Mouſſes ſur du Corail, ou autres Plantes pierreuſes; démonſtrations, qui font toutes connoître que l'aliment s'y inſinue par toutes
les parties laterales, de la même maniere que cela ſe fait aux terreſtres par les racines perpendiculaires.

Jusques à préſent on ne ſavoit pas que les Plantes de la Mer
fleuriſſent, & cela faute d'obſervateurs; puis que nous avons trouvé
en quelques Plantes molles des fleurs d'une forme, couleur, & ſubſtance ſemblable à celles des Plantes de la terre, & dans les autres
eſpeces, quoi qu'avec quelques particularitez differentes. Les pierreuſes, comme, par exemple, le corail, fleuriſſent auſſi.

Nous avons trouvé même, dans des fruits, qui étoient hors de
la Plante, & en d'autres qui y étoient encore attachez, les graines
de ſemence, unies avec les fleurs, ainſi qu'on en trouvera la démonſtration en ſon lieu.

Pour connoître les diverſes ſtructures des Plantes des 3. Claſſes,
je me ſuis ſervi du microſcope, & je les ai examinées de trois ma-
nieres differentes, par la ſurface, par la coupure, en longueur, &
par le travers.

A la

A la connoiſſance de leur organization j'ai voulu joindre celle de leur nature, par le moyen des Analyſes Chimiques, lesquelles m'ont montré que les pierreuſes ſont capables de donner tout ce qui s'extrait des Plantes molles ; avec cette ſeule diſtinction, que les pierreuſes donnent une plus grande quantité de ſel volatil. *L'Analyſe Chimique.*

Au reſte, pour toutes mes obſervations, je n'ai pas choiſi ni rangé les Plantes, dans un ordre de Botanique. Je me ſuis reglé ſeulement aux 3. diverſes Claſſes, ayant trouvé que la Nature, en châcune d'elles, avoit mis quelque particularité, outre le Syſteme géneral que j'ai propoſé. *L'Auteur a ſuivi l'ordre des trois differentes claſſes, & non celui de la Botanique.*

Il ſeroit à ſouhaitter pourtant qu'on travaillât à une Botanique de mer ; puis que, juſques à l'heure qu'il eſt, on n'a rien fait là-deſſus. Il me ſemble que ſur la quantité de celles, qui ſervent ici à ma démonſtration Phyſique, on en pourroit projetter une ébauche. Il m'en reſte encore un aſſez bon nombre de ſechées, dans un livre, ſans compter tout ce que j'ai jetté, ou negligé pour ne pas m'embarquer en un ſujet trop vaſte, & qui eſt au delà de ma portée ; ſur tout dans la ſituation préſente, où je ſuis, ſans livres ſur cette matiere. C'eſt ce défaut de livres qui m'oblige à laiſſer ſans noms la plûpart des plantes qui ſervent à mon Eſſai, & d'avoir recours à M^rs. de l'Academie Royale des Sciences, pour cette denomination. *Botanique marine ſeroit utile.*

Il eſt juſte maintenant que j'expoſe aux yeux de mon Lecteur d'une maniere palpable tout ce que je viens d'avancer en géneral, touchant la ſtructure particuliere des plantes de la Mer ; qui ſe trouve ſi differente de celle des terreſtres ; & que je faſſe voir comment les Plantes pierreuſes ne ſont pas moins fournies d'une organization reglée, que celles des deux autres claſſes : Et c'eſt ce que je ferai par l'Anatomie exacte d'un nombre conſiderable de Plantes de châque claſſe. *Claſſes, que l'Auteur preſente à ſon Lecteur.*

A cette viſible démonſtration du méchaniſme, que la Nature a établi en toutes ces Plantes, & que nous aurons faite en les anatomiſant, nous joindrons un Extrait des Analyſes Chimiques, & des Experiences diverſes de leurs ſucs. Par ce moyen les comparant avec celles de l'Eau de la Mer, il ſera plus facile d'en tirer les conſéquences néceſſaires ; tant pour l'organization particuliere, que pour l'aliment, & ſes divers effets ; ſur tout pour la nature des deux claſſes des Lithophytons, & des pierreuſes que nous n'avons point ſur la ſuperficie de la terre. *L'Auteur emploie l'Anatomie des plantes, l'Analyſe Chimique & les experiences faites par leurs ſucs.*

Je regle donc cet examen, selon les trois classes, que nous avons dites. Bien que la premiere, qui est celle des Plantes molles, dût être sous-divisée au moins en deux autres ; ayant déja prévenu mon Lecteur, que je ne m'engageois pas à traiter ceci dans un ordre rigoureux de Botanique ; il trouvera bon que je me sois arrêté seulement à une, & que j'en fasse plûtôt une quatriéme, où j'enfermerai toutes celles, qui ont des fleurs, des fruits, & de la graine de sémences, quoi qu'elles soient de differentes classes, & que je pourrai intituler des fleurs, & des sémences des plantes de la mer.

J'ajoûte ici ce qu'on peut conclurre de tant de sortes d'experiences ; savoir, qu'il y a dans les plantes de la Mer une amertume, & une salure presque semblable ; que les Analyses montrent en elles une grande uniformité ; qu'à la reserve de quelques-unes, qui font prendre au papier bleu, une petite teinture rougeâtre, elles ont generalement peu d'Acide, ce qui est une marque évidente de la continuation d'une substance Alkaline.

J'ai déja dit qu'il se trouve du sel volatil, dans les plantes pierreuses, & j'ai fait connoître, qu'on en trouvoit des parties dans quelques plantes molles ; j'ajoûte que l'éponge en a une fort grande quantité ; & que les Litophytons en ont une cinquieme partie plus que la Corne de cerf.

Je finis par la réflexion, qu'on peut faire naturellement, sur cette uniformité, que l'aliment de la Mer est homogene, & que les Plantes qui donnent quelques marques d'Acide, sont cruës aparemment à peu de profondeur ; puis que nous avons découvert que la seule Eau superficielle a de l'Acide, & qu'on n'en trouve point du tout dans la profonde.

DES PLANTES
MOLLES DE LA MER.

 ETTE claſſe de Plantes eſt l'unique, qui en contienne un grand nombre de ſemblables aux terreſtres. On leur donne le nom de *Molles*, parce qu'effectivement elles ſont molles, par elles-mêmes, & le paroiſſent encore davantage, par raport aux deux autres claſſes.

La Molleſſe de ces plantes eſt de divers degrez. Il y en a d'une Molleſſe de mouſſe, ſemblable à celle qui ſe trouve dans les veritables herbes. Il y en a une autre glutineuſe aux *fuci*, une 3. ſpongieuſe aux éponges, & enfin une aride en quelques mouſſes.

La Couleur de ces plantes eſt accidentelle & propre. La premiere procede de cette glu de la Mer, qui s'y attache, comme il arrive ſur les autres Corps, & parce qu'elle eſt ſur la ſuperficie elle ſe diſſipe & diſparoit bien-tôt. La ſeconde eſt la couleur naturelle de la plante; en quelques-unes, elle eſt d'un verd chargé, en d'autres tirant un peu ſur la couleur de paille, comme en diverſes laituës, Algues, & Mouſſes; parmi leſquelles on en trouve de couleur pure de chair, & quelquefois mêlée de blanc cendré, ce qui eſt fort ordinaire aux *fuci*, & aux éponges, qui ſont encore jaunâtres, rougeâtres, & de couleur de Tabac. Le rouge de Laque obſcure, & de Cinabre vif, ſont des couleurs qu'on trouve en ces deux plantes, que je nomme ſpongieuſes & rameuſes, & en écorce. C'eſt une choſe particuliere & fréquente parmi les plantes de la Mer, d'en trouver un grand nombre de ſubſtance très-pure, diaphane, rougeâtre, blanchâtre & jaunâtre, & qui ſont de nature glutineuſe.

Elles ſont toutes ſans racine, excepté l'Algue, celle-ci croît dans la bouë, & les autres ſur toute ſorte de Corps ſolides, & même ſur d'autres plantes.

Leur ſtructure, géneralement parlant, conſiſte en un amas de glandules qui forment leur Corps, & qui filtrent l'aliment fluide, que l'eau de la Mer leur fournit. Elles ont les unes, ou les autres des trous effectifs comme les plantes pierreuſes; ce qu'on connoîtra mieux par les demonſtrations Anatomiques de pluſieurs plantes.

P

On

Experiences par le moyen des extraits.

ON a fait diverſes Analyſes de quelques-unes, & avec tous ces Extraits, j'ai tenté pluſieurs experiences que je raporte, en parlant de châque plante en particulier.

Planche 4. n. 17 & 18.

Eponge Rameuſe, de ſubſtance de Cotton.

La profondeur où elle croît.

ELLE croît ſur la Roche, à la profondeur de 60. braſſes, en forme de Ramification.

Sa Couleur, & incruſtation.

SA couleur eſt cendrée, & fort ſouvent couverte, en quelques endroits, d'une incruſtation de Tartre.

Sa nature molle. Le Microſcope a decouvert pourquoi elle ne s'imbiboit pas d'eau.

SA nature eſt très-molle & bien liée, néanmoins légere, &, ce qui eſt plus particulier, ne tirant pas facilement l'Eau. Le Microſcope avec lequel j'examinai ſa ſtructure, m'a fait voir d'où cela provenoit.

Organization.

Son organization. Pl. 4. n. 18.

JE n'ai pu y diſtinguer aucun filament de Mouſſe particulier, comme dans les autres; mais ſeulement un amas d'une ſubſtance de laine de Cotton, ou d'animaux bien ſerrée, comme A A A. laquelle n'eſt guéres propre à tirer l'Eau.

L'ordre de ſa ſtructure, dans ſa formation. Pl. 4. n. 8.

J'AI voulu voir auſſi la ſtructure du Tartre blanc, qui couvre la plante, & j'ai reconnu, avec le Microſcope, qu'elle étoit par couches, à peu près dans l'ordre des écailles de Poiſſon, comme B B B.

Pl. 4. n. 19.

Eponge faite en mie de Pain.

L'endroit où elle croît.

CELLE-CI, auſſi bien que la precédente, croît ſur la Roche, & contre le Corail.

La varieté de ſes couleurs.

SA couleur eſt tantôt de *Minium*, tantôt de Pourpre, quelque-fois violette & d'autres fois blanche, comme celle-ci, elle reſſemble à la mie de Pain.

Que ſa nature très-molle eſt plus propre que les autres à s'emboire d'eaux.

Elle eſt d'une nature très-molle, légere & plus propre que toutes les autres, à s'emboire d'Eau. Elle eſt eſtimée, comme très-fine.

Organization.

Le Microſcope fait voir d'où procede ſa fineſſe.

ON la voit avec le Microſcope toute pleine d'enfoncemens, & de Boſſettes faites de la Tiſſure de filamens de mouſſe preſque imperceptibles A A A A, avec une très-ſubtile ligature de Toile glutineuſe. C'eſt cette ſorte de ſtructure qui cauſe ſa fineſſe.

Eponge

Eponge Rameuse, dure.

Pl. 5. n. 10.

JE tirai cette espece d'Eponge sur un morceau de Roche à la profondeur de 30. brasses. Elle étoit en sortant de l'eau de Couleur jaune, & quelque peu rougeâtre. — D'où l'Auteur l'a tirée & de quelle couleur elle étoit au sortir de l'eau.

SA nature étoit âpre, cruë, & dure, peu propre à boire l'eau. — Sa nature peu propre à s'imbiber.

Organization.

DANS la superficie d'un bout de Rameau, on voit avec le Microscope, les filamens de Mousse, gros & fort separez les uns des autres, comme A A A. Les interstices sont pleins d'une Toile glutineuse, transparente, semblable à celle des ailes d'une Chauve-souris. BBB. — Son organization, d'un bout de Rameau.

DE ces deux causes provient son âpreté, & son inaptitude à bien absorber les fluides. — Peu propre à absorber les fluides.

Eponge.

CETTE Plante, à diverses profondeurs, croît sans racine indifferemment, sur des Pierres, sur des morceaux de bois, ou sur des Coquilles. Elle n'est pas rare dans la Mediterranée, & sur tout aux endroits où il y a abondance de Corail. — Où elle croît & son indifference aux solides.

AU reste quoique j'aye, en mon Cabinet, plus de 30. diverses sortes d'Eponges, à l'égard des Couleurs, des figures, & dispositions de certains trous, qui sont en quelques-unes, & en d'autres non, je ne m'arrêterai qu'à deux sortes de ces Plantes; qui, à mon avis, suffiront, pour montrer la structure de toutes les autres, bien qu'elles ne soient pas toutes de même figure. J'ai un fonds suffisant de ces Plantes, pour en faire une Botanique entiere, & plusieurs réflexions curieuses sur la Systole & la Diastole, que j'ai observées, dans certains petits trous ronds de ces plantes, lors qu'elles sortoient de la mer, mouvement qui dure jusqu'à ce que l'eau soit entierement consumée. — Deux sortes d'éponges découvrent la structure des autres. — Systole & Diastole observées dans les pores de ces plantes.

LA plus grande hauteur de mes éponges, est de 8. pouces. Celle-ci n'en a que 3. depuis le pied, jusqu'au sommet, sa couleur est cendrée. — La plus grande hauteur des éponges.

SA substance est molle, ainsi que tout le monde sait, & plus cette sorte de plante est molle, plus elle est propre à recevoir les fluides, dont on veut qu'elle s'emboive. On en verra la raison, par la demonstration de sa structure. — Plus sa substance est molle, plus elle s'imbibe d'eaux.

Or-

Pl. 5. n. 21.

Organization.

CETTE éponge, vuë avec le Microfcope, ne paroît autre chofe qu'un entortillement de Rameaux de Mouffe A A A A, entrelaffez d'u- ne toile glutineufe, très-deliée ; fuivant la fubtilité de ces Ra- meaux, l'union en eft plus ou moins intime, & la fubftance gluti- neufe y domine, d'autant moins que la Mouffe s'y trouve en plus grande quantité.

Sa ftructure faite d'un af- femblage de rameaux de mouffe entre- laffées d'une toile de glu.

Analyfe.

LA quantité de l'éponge fut de cinq onces. Celle-ci froiffée fur le papier bleu ne caufa aucune alteration à fa couleur, manquant en- tierement de fuc.

Ses parties integrantes detachées.

ELLE fut mife dans l'ordre ordinaire, dans la Retorte ; elle donna au commencement un flegme de couleur jaunâtre, aqueux, & avec quelque mêlange gras, le poids en fut de - - - - - - 4. dragmes.

Son flegme.

LA partie fpiritueufe fut de deux degrez differens, le premier étoit de couleur de miel, d'une fubftance fort craffe, & d'un gout affez piquant, pefant - - - - - - - - - - 1. once 2. dragmes.

Sa partie fpi- ritueufe de deux degrez. Prémier de- gré.

LE fecond degré étoit de couleur noire, d'une fubftance plus huileufe ; & d'un gout très-piquant, pefant - - - - - 7. dragmes.

Second de- gré.

La tête morte pefa - - - - - - - 2. onces.
Total - - - - - - - - - - 4. onces. 7. dragmes.
Il s'eft perdu une dragme dans l'operation.

Sel fixe.

Il y en eut - - - - - - - - - - - 37. grains.

Sel volatil.

On en tira - - - - - - - 2. dragm. - - 10. grains.

Dans le flegme.

Le papier bleu ne changea pas du tout de couleur.
La décoction des fleurs de mauve verdit comme à l'ordinaire.
La décoction de Noix de Gale y caufa une couleur rougeâtre mê- lée de bleu.
La décoction de Grenade lui communiqua fa Couleur.

L'Efprit

L'Efprit de Nitre caufa de la fumée, fans aucune ébullition vi-
fible.

L'Efprit de Sel fit le même effet.

L'Efprit de Sel Armoniac n'en fit aucun.

L'huile de Tartre ne fit rien non plus.

Dans le premier degré de Subftance Spiritueufe moins huileufe.

LE papier bleu devient un peu rougeâtre.

La décoction de fleurs de Mauve change fa couleur en un très-
beau verd.

La décoction de Galle, lui donne la couleur rougeâtre.

La décoction d'Ecorce de Grenade lui communique fa Couleur.

La folution de Couperofe lui fait prendre un verd livide blanc,
& la condenfe comme de la Colle.

La folution de Tournefol, la change en un bleu blanchâtre.

L'Efprit de Nitre lui donne un Rouge ferrugineux, caufe beaucoup
de fumée, & nulle ébullition aparente.

L'Efprit de Vinaigre lui ôte la denfité huileufe, la rendant fluide
& claire comme de l'eau; Il la fait fermenter, avec une ébullition
tout-à-fait particuliere, & fort peu de fumée.

L'Efprit de Sel la change en une couleur prefque rouge, & fait
fermenter avec beaucoup de fumée, mais fans ébullition apparente.

L'Efprit de Sel Armoniac n'y fait rien.

L'huile de Tartre non plus.

Dans le fecond degré de Subftance Huileufe, Spiritueufe & Noire.

LE papier bleu prend un rouge plus fort, que non pas en l'autre.

La décoction de Mauve la change en un verd terreftre noirâtre;
& le mélange d'Efprit de Nitre, le fait devenir d'un rouge trouble,
comme du fang corrompu.

La décoction de Galle lui donne une couleur rougeâtre.

Celle de Grenade lui communique fa couleur.

La folution de Couperofe la change en une couleur cendrée, &
la condenfe comme de la Colle.

Q

Celle

Celle de Tournefol, la change en Cendré.

L'Efprit de Nitre lui fait prendre une couleur toute rouge, avec une forte Emiffion de fumée.

La Teinture de Tournefol n'augmente pas la fufditte couleur rouge.

L'Efprit de Vinaigre lui donne un rouge moins fort, & fait fermenter avec une legere fumée.

L'Efprit de Sel lui caufe du rouge, une fermentation & de la fumée, mais tout cela moins que ne fait l'Efprit de Nitre.

L'Efprit de Sel Armoniac, l'huile de Tartre, ni l'Eau de Chaux n'y font rien.

La folution du corrofif lui fait prendre une couleur, comme celle du lait & fans aucune motion.

Celle d'Alun la rend fluïde, & claire comme de l'Eau.

Dans le Sel fixe.

Dans le Sel
fixe.

La Couleur du Sel eft terreftre.

L'odeur en eft urineufe.

Le goût falé, & un tiers moins que le Sel marin.

L'Efprit de Nitre excite une médiocre fumée fans ébullition.

L'Efprit de Vinaigre le diffout lentement & fans aucun autre effet.

L'Efprit de Sel le diffout de même lentement, & fans motion.

La décoction de Mauve perd fa couleur bleüe, & devient blanche.

La diffolution du corrofif unit quelques particules blanches & vifqueufes, qui fe précipitent.

L'huile de Tartre, l'Efprit de Sel Armoniac, l'Eau de chaux, ni celle d'Alun ne font rien du tout.

Dans le Sel volatil.

Du Sel vo-
latil.

La couleur au commencement fut blanche, & puis devint rougeâtre.

L'odeur étoit urineufe, plus pénetrante qu'aucune autre.

Le goût étoit gras au commencement, & enfuite piquant & urineux.

L'Efprit de Nitre y excite une grande fumée, fans ébullition, & lui donne une couleur de fang.

L'Efprit de Sel excite une fumée médiocre fans ébullition, & prend la couleur du vin blanc.

L'Efprit

L'Efprit de Vinaigre caufe une très-grande ébullition, fans fumée.

L'Efprit de Sel Armoniac ne fait rien, & ne le diffout que très-lentement.

L'huile de Tartre ne fait rien non plus, & demeure beaucoup à le diffoudre.

L'Eau de chaux ne fait autre chofe, que le mieux diffoudre, & en moins de tems que ni l'Huile de Tartre, ni l'Efprit de Sel Armoniac.

L'Eau d'Alun le diffout, en une matiere vifqueufe & blanche, qui enfuite fe fépare en plufieurs parties.

Le Corrofif le réduit comme en du lait très-beau.

La décoction des Fleurs de Mauve change fa couleur en celle d'une très-belle Chryfolithe, & en y mêlant l'Efprit de Nitre, on voit beaucoup de fumée, & la couleur devient d'un rouge vif, & tel que celui d'un Rubis.

Plante Anonyme.

A la pêche du Corail, j'ai trouvé plufieurs fois fur la Roche, cette Plante de la forme d'un Eperon de Coq, qui portoit fur la partie pointuë. Sa grandeur étoit comme la Plante deffinée. Elle étoit creufe au-dedans. *Plante anonyme. Voyez la Pl. V. n. 22.*

Sa couleur eft blanchâtre.

Sa fubftance eft une Tiffure femblable au Cocon d'un ver à Soye.

Organization.

Sa fuperficie paroit avec le Microfcope, toute pleine de petits trous marquez A A A.

Plante nommée *Porus Cervinus Minor.*

J'AI trouvé en pêchant le Corail, cette Plante à diverfes profondeurs fur la Roche, où elle croît fans racine. *Voyez Pl. 6. n. 23. & 24.*

Sa figure eft exprimée dans le deffein. Sa hauteur eft pour le plus d'un pouce & demi. *Sa figure.*

Sortant de la mer, fa couleur eft blanche; & enfuite venant à fe fécher, elle prend un jaune obfcur. *Sa couleur.*

La fubftance de fa feuille eft très-fubtile, toute tranfparente, & pleine de membranes. *Sa feuille.*

Orga-

Organization.

<table>
<tr><td>Sa ſtructure découverte par le Microſcope.</td><td>ON découvre avec le Microſcope une admirable ſtructure en cette Plante, elle conſiſte comme à l'ordinaire, en de petits trous A A A. mais rangez en des lignes fort regulieres.</td></tr>
</table>

Plante qu'*Imperato* appelle *Porus Cervinus*.

<table>
<tr><td>Voyez Pl. 6. n. 25. & 26. Profondeur où cette plante a été trouvée & ſa ſituation.</td><td>J'AI trouvé de ces Plantes à la profondeur de 50. & de 140. braſſes, attachées à la Roche; quoi-que ſans Racine. J'en ai une en mon Cabinet, qui tient à l'écorce d'un petit Cancre.</td></tr>
<tr><td>Sa figure.
Sa couleur.</td><td>Sa figure eſt exprimée dans le deſſein. Sa hauteur qui eſt de deux pouces, eſt la plus conſiderable que j'ai vuë. Elle eſt de couleur de paille, & luſtrée comme ſi on lui avoit paſſé du vernis.</td></tr>
<tr><td>Ses feuilles.</td><td>Ses feuilles ſont plus déliées que celles du Papier le plus fin. Elles ſont toutes travaillées en mailles tranſparentes, & de ſubſtance de Membrane.</td></tr>
</table>

Organization.

<table>
<tr><td>Symmetrie de ſa ſubſtance découverte par le Microſcope.</td><td>JAMAIS le Microſcope ne m'avoit fait voir une ſtructure d'une plante plus ſymmetrique, que celle-ci. Elle eſt faite en mailles quarrées qui ont toutes ſur le haut un petit trou marqué A A A. La ſubtilité des feuilles ne m'a pas permis de les couper en long & par le travers.</td></tr>
</table>

Mauve Marine, ou *Lactuca laciniata*, ou *Fucus membranaceus*.

<table>
<tr><td>Voyez Pl. 6. n. 27. & 28. Profondeurs où elle croît ſans racine.
Sa hauteur.
Ses feuilles.</td><td>ELLE croît ſans Racines, ſur les pierres, à diverſes profondeurs. Elle abonde dans les endroits, où il y a du Corail.
Sa hauteur ne paſſe jamais 2. pouces, j'y comprends le pied & les feuilles.</td></tr>
<tr><td>Sa figure.</td><td>La figure de ces feuilles, eſt fort aprochante de celle de la mauve.</td></tr>
<tr><td>Sa couleur.</td><td>Sa couleur eſt mêlée d'un verd obſcur, & quelquefois d'un peu de jaune.</td></tr>
<tr><td>La ſubſtance de ſes feuilles.</td><td>La ſubſtance des feuilles eſt très-deliée. Celle des branches eſt dure, & comme d'herbe.</td></tr>
</table>

Orga-

Organization.

On découvre sur la superficie des feuilles, les Glandules ordi- Glandules.
naires, marquées A A A.

Le pied de la plante est tout glanduleux, & la superficie de son
écorce est semblable au chagrin, elle est marquée B B.

Le pied de la plante coupé par le travers montre la structure de La section
sa substance, toute de petits Canaux, comme C C C. qui répondent
aux autres de la coupure marquez D D D.

Plante Marine qui a les feuilles de Phyllitis émoussées au bout.

Voyez Pl. 6.
n. 29. & 30.

Elle croît sur les pierres. Je l'ai trouvée à Riou en pêchant le Profondeurs
Corail, à 20. & 30. brasses de profondeur.
& lieux où
elle croît.

Ses feuilles sont oblongues, & souvent cette plante n'en a qu'une, Forme de ses
quelquefois deux, & jamais plus de trois. On en voit la figure & feuilles.
la grandeur dans le dessein.
Leur figure.

Leur substance est fort deliée, cartilagineuse, transparente, & Leur substan-
chaque feuille qui est piquée de petits points, a dans le milieu une ce.
espece d'arête nerveuse qui lui sert de soûtien.

Sa couleur est d'un verd fort livide, & qui tire sur le jaune. Sa couleur.

Organization.

La superficie de la feuille, vûe avec le Microscope, paroît toute Par où s'insi-
pleine de trous A A A, par lesquels entre l'aliment fluide, & nuë l'ali-
necessaire à ces petites Plantes.
ment.

Plante nommée Opuntia Marina, ou Sertolare, par Imperato.

Voyez Pl. 7.
n. 31. & Pl.
8. n. 32.

Elle naît sans racine sur les Pierres, à la profondeur de 10. 20. Lieu où elle
& 50. brasses, & sur tout où croît le Corail; Elle n'a jamais plus de naît & sa
3. pouces de hauteur.
forme.

Ses feuilles sont rondes, & se joignent ensemble, par un point, Ses feuilles.
comme celles du figuier d'Inde.

La partie superieure de la feuille, est d'un brun fort beau, le bas Couleur de
est plus pâle, & comme cendré.
ses feuilles.

R   Sa

Sa subſtance. — Sa ſubſtance eſt craſſe, & un peu coriace.

Organization.

Ses parties vuës avec le Microſcope. — ON voit mieux, avec le Microſcope, la connexion A A A. des feuilles; & l'on diſtingue la ſuperficie pleine de Glandules à l'ordinaire BBB.

Par la Coupure au travers on voit le dedans de la feuille qui eſt un amas de petits Globes CCC. d'un verd obſcur, mêlé d'une Glû blanche, luſtrée comme du Sel.

Endive Marine à la feuille étroite.

Voyez Pl. 8, n. 33. 34.

Son nom. — Je donne l'Epithete de *feuille étroite*, à cette Endive, ou Chicorée, pour la diſtinguer de l'autre, qui a les feuilles de la forme de celles de vigne, & plus grandes d'une moitié.

Lieu de ſa naiſſance. — Elle naît ſur les Pierres, ſur les Coquillages & ſur les morceaux de bois qui ſont dans le fond de la Mer, à la profondeur de quelques pieds, & ſur tout en des endroits où l'Eau n'eſt pas beaucoup agitée.

Sa couleur. — Sa couleur eſt un verd obſcur, mêlé en quelques endroits de Jaunâtre.

Sa ſubſtance. — Sa ſubſtance eſt molle, & ſi déliée, que je ne penſe pas qu'aucune autre de toutes les plantes de la terre, & de la mer le ſoit autant.

Organization.

Sa ſuperficie vuë avec le Microſcope. — La ſuperficie vuë, avec le Microſcope, paroît toute couverte de Glandules, élevées en façon de chagrin. Elles ſont mêlées de petits trous comme A A A A.

Par la ſection en travers. — Dans la coupure de la feuille, par le travers, on diſtingue les mêmes Glandules.

Fucus Marin.

Pl. 8. n. 35. 36. 37.

Ses branches; lieu de ſa naiſſance. — Cette Plante eſt une des plus branchues, & des plus abondantes en Rameaux de toutes celles de la mer.

Elle n'a point de Racine, & ſubſiſte ſur toute ſorte de corps durs, comme des Coquilles, des Pierres &c. ainſi qu'on peut voir dans la figure.

Sa

Sa couleur eſt d'un verd bas & cendré, ſa hauteur eſt de huit pouces au plus, & la groſſeur de ſon pied eſt d'un quart de pouce en diametre, lors que la Plante eſt encore fraiche ; car ſi-tôt qu'elle a
perdu l'Eau, qu'elle contient, dans les Glandules que nous montrerons, il devient mince comme un fil.

Sa couleur.
Sa grandeur
& épaiſſeur.

Organization.

La plante vuë ſans Microſcope paroît couverte de petites Glandules, & ſemble effectivement du chagrin.

Vuë ſans Mi-
croſcope &
avec le Mi-
croſcope.

Le Microſcope fait voir, ſur la ſuperficie de cette Plante, un
amas de Glandules beaucoup plus groſſes, que nous avons marquées
A A A.

En coupant un Rameau par le travers, les Glandules de ſa Superficie y paroiſſent coupées, comme B B B. Et la Coupure du Rameau
en longueur montre clairement la figure & la diſpoſition des Glandules.

Les differen-
tes figures,
ſelon les acci-
dents de ſes
Glandules.

La partie des Glandules qui répond à la Superficie de la Plante eſt
ronde comme C C C. & dans la partie interieure elle prend la figure
oblongue, comme ſi elle devoit être un pedicule de la partie ronde,
ainſi que D D D. faiſant un amas confus qui forme la ſubſtance de la
Plante.

Fucus plus conſiſtant que le précedent.

V. Pl. 9. n.
38. 39. 40.

Celui-ci, bien que ſortant de l'Eau, il ſe ſoûtienne ſur ſes branches, en figure d'arbre, & qu'en ſe ſechant il garde auſſi cette figure, en difference de l'autre, n'a aucune racine, & croît ſur les
pierres.

Maniere de
croître de
celui-ci.

Sortant de la mer, il eſt d'un jaune pâle, & il devient lorſqu'il ſe
ſeche d'un blanc cendré, & prend la nature du Liege. Les plus
hauts, que j'aye vus, avoient 5. pouces & une ſixiéme partie
de Diametre.

Sa couleur
au ſortir de
l'eau.
Sa grandeur.

Organization.

Cette plante, vuë ſans Microſcope, ne paroît point couverte des Glandules qui la compoſent, & qui rendent ſa Superficie
grenée, comme du chagrin; mais le Microſcope les fait diſtinguer ainſi que A A A, & l'on voit qu'elles traverſent l'Ecorce B B.

Lequel pa-
roît au Mi-
croſcope, &
ſans lui.

R 2

pour

pour communiquer l'aliment à la ſubſtance C C. qui paroît par la Coupure en travers, & par l'autre en longueur, où l'on diſtingue encore mieux leſdites Glandules C C. qui y ſont marquées par D D.

Fucus ſerpentant ſur la Roche.

V. Pl. 10. n.
41, 42, 43,
44.

Où naiſſent ces fucus & leur végetation.

Dans l'abîme de Caſſidagne, à la profondeur de 140. Braſſes, j'ai trouvé une grande quantité de ces fucus. Ils s'élevent, ainſi que les autres, en forme de Plantes, mais avec des Contours irréguliers ; Ils s'apuyent ſur les pierres, ou ſur les Coquilles, ſans que l'on puiſſe diſtinguer leur veritable pied.

Sa couleur hors de l'eau, & quand il eſt ſec.

La plante ſortant de la mer eſt d'un jaune rouſſâtre, & en ſe ſechant elle devient très-blanche, conſiſtante ainſi que les autres, & prend la dureté du Liege.

Sa hauteur.

Pour ce qui eſt de ſa hauteur, je ne puis en parler, n'ayant vû, comme je viens de dire, ce fucus que plat. *Triomfetti* nomme ce Fucus: *Alcyonium* approchant du Vermiculaire d'*Imperato.*

Organization.

Ce qu'il paroît au Microſcope.

Selon les differentes ſections ſes Glandules paroiſſent.

Elle eſt ſemblable en tout à la précedente ; le Microſcope faiſant voir ſur la Superficie, ce nombre de Glandules A A A. qui traverſent également l'Ecorce, comme dans la coupure en travers, on les diſtingue par B B. & en longueur par C C C. & par laquelle l'aliment ſe dilate dans la ſubſtance poreuſe D D.

Fucus velu.

V. Pl. 10 n.
45. juſqu'au
49.

Lieu de ſa naiſſance.
De ſa grandeur.
Sa couleur.

On le trouve à 50. & 60. braſſes de profondeur ſans racine, & poſé ſur la Roche. Je n'en ai jamais vû de plus haut, que celui dont on voit ici la figure. Sa couleur eſt cendrée, ſa ſuperficie eſt couverte de petits poils, que l'on diſtingue même ſans Microſcope.

Sa ſubſtance.

La ſubſtance de cette Plante paroît aprochante de celle de l'Eponge, au premier aſpect ; mais en l'examinant on voit que c'eſt au rang des Fucus que l'on doit la mettre.

Organization.

Sa ſuperficie.

La Superficie de cette Plante ſe voit toute couverte de Poils A A A.

Par

PAR la coupure, en travers du Rameau, on distingue les trous *La section.* BBB. subsistans dans les interstices des poils ; & par la coupure en long il paroît clairement que toute la Plante n'est qu'un amas des poils AAA. qui se montrent à la superficie ; & qu'ils ont entr'eux la continuation des Canaux répondans aux marques BB. de la coupure en travers, lesquels bien que confusément on ne laisse pas de distinguer comme CCC.

Fucus troué.

V. Pl. 11. n. 50, 51, 52.

BIEN qu'il n'y ait ici qu'un seul Rameau de cette sorte de Plan- *Ce Fucus est abondant.* te, les Pêcheurs m'ont assuré qu'ils en ont vû aiant plusieurs Rameaux. *Trionfetti* l'appelle *Alcyonium albo-cinereum foraminosum Imperati congener.*

CE Fucus croît sans Racine indiferemment sur toutes sortes de *Lieu & maniere de sa naissance.* Corps ; & à la profondeur de 50. à 60. brasses. Je lui donne le nom de troué, à cause du grand nombre de longues fossettes marquées AA. qui s'insinüent jusques au milieu du Rameau.

Sa couleur est d'un blanc cendré ; pour long-tems qu'il demeure *Sa couleur.* hors de l'Eau, cette couleur ne s'altere pas.

Je ne sai jusques à quelle hauteur elle arrive, parce que je n'ai ja- *Sa hauteur inconnuë.* mais vû la Plante entiere.

Sa substance aproche assez de celle de l'Eponge ; mais l'ayant *Sa substance.* examinée j'ai connu qu'on devoit mettre cette plante parmi les fucus.

Organization.

LA Plante vuë, sans Microscope, paroît toute unie, à la re- *Ce qu'elle paroît sans Microscope.* serve des fossetes AA.

Le Microscope la fait voir toute pleine de Cellules, & petits trous *Ce qu'elle paroît avec le Microscope.* BBB. qui dans l'instant se remplissent d'Eau, lors qu'on y plonge le Rameau.

La Coupure en travers fait distinguer les petits Canaux CCC. où *Selon sa Coupure en travers.* se reserve l'Eau, que la plante a tirée par les Cellules BBB. qui peut-être la rejettent ensuite par les fossetes AA.

La Coupure en longueur montre les petits Canaux DDD. lesquels *Selon sa Coupure en long.* répondent aux trous, ou Cellules BBB. de la superficie, & aux CCC. de la Coupure par le travers.

S

Mousse

Mousse plate.

V. Pl. 11. n. 53.

Lieu de sa naissance.

ON la trouve à diverses profondeurs de la mer, sur les Pierres, ou autres corps solides.

Sa partie superieure.

Sa partie superieure, est un tissu de feuilles, de figure auriculaire, entrelassées ensemble comme A. Sa couleur est obscure & semblable à celle du Tabac.

Sa partie inferieure.

L'inferieure paroît unie, elle est remplie de certaines pointes veluës, qui sont aussi à la Superficie, mais beaucoup moins sensibles. B.

Ce que découvre le Microscope dans ses deux parties.

En toutes les deux parties, les pointes veluës paroissent avec le Microscope, comme autant de petits Canaux de couleur blanche, & percez comme CCC.

Par ou s'insinuë le fluide qui l'alimente.

Il est visible que c'est par ces conduits si particulierement disposés, que s'insinuë le fluide qui est necessaire, & propre pour leur aliment.

Mousse Epineuse.

V. Pl. 11. n. 54.

Lieu où on la trouve, & enquelle forme. Sa hauteur. Sa couleur.

J'AI trouvé cette plante dont les feuilles sont dentelées, comme les Epines des poissons, au Rivage de l'Ile de Riou, à 20. brasses de profondeur, sans Racine & sur la Roche. Elle ne s'éleve jamais plus de 3. pouces. Sa couleur est d'un très-beau rouge de laque.

Organization.

Sa superficie vuë avec le Microscope.

SA superficie paroît avec le Microscope toute grainée, comme du chagrin, & c'est par l'union des Glandules ordinaires A A A.

Sa coupure en travers. Sa coupure en long.

La coupure par le travers fait voir, dans l'interieur de la Plante, la continuation des Glandules B. & la coupure par le long montre la partie CCC. toute pointée des mêmes Glandules qui tirent l'aliment.

Mousse aride.

V. Pl. 12. n. 55.

Croît sur les rivages. Sa grandeur.

ELLE est très-commune sur les rivages de la mer, à la profondeur d'un demi-pied d'Eau, ou quelquefois plus.

Elle croît sans racine sur les Pierres, sa hauteur ne passe jamais un pouce.

Sa couleur.

Sa couleur est rougeâtre, & mêlée de quelques taches blanches.

Je

Je l'apelle aride, parce qu'aussi-tôt qu'elle sort de l'Eau, elle le devient entierement. *Pourquoi on l'appelle aride.*

C'est une des plantes molles, dont j'ai fait l'analyse, & on en trouvera le détail ensuite de l'organization.

Organization.

L'EXTREMITE' d'une feuille vuë en sa Superficie, avec le Microscope, paroît composée de Rameaux noüeux A A A. à peu près comme les doigts des pieds de l'homme. Sa structure interieure que j'exprimerai ci-après, promet qu'à la superficie il doit y avoir des Glandules, ou de petits trous, cependant le Microscope ne les découvre pas, & il faut qu'ils soient extremement petits. *Feuille de cette plante vuë avec le Microscope. Sa structure interieure.*

La coupure par le travers fait voir que la partie superieure, de la grosseur de la plante, est plus consistante, & remplie de trous B B, que l'Interieure. *Sa coupure en travers.*

La coupure par le long montre la suite des petits trous, C C C. correlatifs aux autres, qui se voient par le travers. *Sa coupure en long.*

Il se peut qu'à la Superficie des Rameaux, ils soient couverts d'une très-petite membrane poreuse, laquelle admet l'entrée, à l'aliment.

Analyse.

CETTE herbe froissée sur le papier bleu lui donne une couleur d'un blanc de craie, qui ne pénetre pas dans la substance du papier : on y remarque ensuite quelques taches rouges. On mit la quantité ordinaire de cette herbe à la Retorte, à savoir. - - 24 onces. *Froissée sur le papier bleu. Dans la retorte sorte,*

Le flegme fut de couleur blanche trouble, de substance crasse, au poids de - - - - - - - - - - - - - - 3 onces - - - 5 dragmes. *Le flegme,*

La partie spiritueuse fut de couleur de miel fort chargée.
Le goût en est peu piquant, l'odeur médiocrement urineuse, & il y en avoit en tout. - - - - - - 10 onces *La partie spiritueuse, Le goût,*

De tête morte, il y en eût aussi. - - 10 onces *La tête morte.*

Total - - - - - - 23 onces - - - 5 dragmes.
Il s'est perdu dans l'operation. - - - - - - - - - 3 dragmes. *Ce qui s'en est perdu.*

Dans le flegme.

Le papier bleu y étant baigné, a pris un bleu livide. *Accidens dans le flegme,*

S 2

La

La decoction de mauve change en un verd bleuâtre.

La Teinture de Noix de gale, communique sa propre couleur.

La Teinture d'Ecorce de Grenade, conserve pareillement sa couleur rougeâtre.

La solution du Couperose ne fait aucune alteration.

La solution du Tournesol, conserve sa couleur inalterée.

L'Esprit de Nitre excite une fumée lente, & après, lui donne une très-belle couleur de vin blanc.

L'Esprit de vinaigre le rend plus fluide, & de couleur claire.

L'Esprit de sel lui donne une couleur de vin blanc chargé, & ne fait point d'autre effet.

L'Esprit de Sel Armoniac, non plus que l'huile de Tartre ne font rien du tout.

Le Corrosif lui rend de la couleur, & densité du lait.

L'Eau de chaux, ni celle d'alum ne font rien.

Dans la partie spiritueuse.

La decoction de Fleurs de Mauve, lui donne un verd obscur & trouble, qui par le mélange de l'Esprit de Nitre, se change en un rouge trouble.

La decoction de Noix de gale, lui fait prendre la couleur de lie de vin rouge.

La decoction d'Ecorce de Grenade, lui donne une couleur rougeâtre mêlée de jaune.

La solution de couperose, ne l'altere pas du tout.

La solution de tournesol la rougit.

L'Esprit de Nitre fermente avec de certains points stables, & blancs, desquels sortent quantité de traits de fumée.

L'Esprit de Vinaigre la rend plus claire & plus fluide.

L'Esprit de Sel la fait fermenter tout comme l'Esprit de Nitre, mais moins fortement.

L'Esprit de Sel Armoniac, l'huile de Tartre, l'Eau de chaux, ni l'Eau d'Alum ne font rien.

Le Corrosif lui donne quelque teinture de lait.

Dans

Dans le sel fixe.

La quantité de sel, fut de - - - - 3 dragmes 30 grains.

La couleur en est rougeâtre.

Le Goût, la moitié moins fort que celui du sel distillé de l'Eau de la mer.

Etant froissé sur le papier bleu, celui-ci pâlit.

La décoction de Fleurs de Mauve lui donne une couleur verdâtre pâle, & y mêlant l'Esprit de Nitre il prend le rouge du vin de Grenade.

La Teinture du Tournesol ne s'altere pas du tout.

L'Esprit de Nitre cause une grande ébullition, avec de l'écume & de la fumée.

L'Esprit de Vinaigre le dissout lentement, & rien de plus.

L'Esprit de Grenade excite une fermentation avec de l'écume, mais sans fumée.

L'Esprit de Sel Armoniac, ni l'huile de Tartre ne font rien.

Dans l'Eau de Citerne, il se dissout plus vite que non pas le Sel distillé de l'Eau de la mer.

Il n'y eut point de Sel volatil.

Dans le sel fixe par les décoctions, esprits &c.

Mousse en arbre.

V. Pl. 12. n. 56. 57.

Je l'ai trouvée au Rivage de la Grand-Candelle à 25. Brasses de profondeur, elle croît sans racine sur la Roche, & je n'en ai point vû qui eût plus de 3. pouces de hauteur.

Elle est d'un verd obscur fort chargé.

Sa substance lors-qu'elle sort de la mer, est molle comme celle d'un fucus. Elle est creuse au dedans.

Lieu de sa naissance.
Sa hauteur
Sa couleur.
Sa substance.

Organization.

La superficie de l'extrémité des feuilles paroît remplie de Glandules inégales A A A.

La superficie de ses feuilles.

Par la coupure en travers, on voit la partie creuse B B. qui se remplit d'Eau introduite par les Glandules que nous avons montrées, lesquelles traversent la substance C C. qui forme la Plante.

La Coupure en travers.

T

On

La Coupure en long. On voit de même par la coupure en long, la subſtance Glanduleuſe D D. & le creux de la plante E E.

Analyſe.

Accidents au papier bleu. CETTE plante fait prendre, au papier bleu, un verd jaunâtre.

Dans la retorte il en eſt ſorti le flegme. On en mit dans la Retorte - - - 24 onces.

Le flegme qui ſortit de l'alambic étoit de couleur d'huile d'amande ; le goût en étoit douçatre, il peſa - - 5 onces.

L'Eſprit. L'Eſprit étoit de couleur terreuſe obſcure, de ſubſtance fixe, & d'un goût onctueux, piquant ſur la langue, & laiſſant de l'amertume, au poids de - - - - - - - - - 12 onces.

La quantité de tête morte. Il y eût de tête morte. - - - - - 6 onces - - - 3 dragmes.

Total - - - - - - - 23 onces - - - 3 dragmes.

Ce qu'il s'en eſt perdu. Il s'eſt perdu dans l'operation. - - - - - - - - - - - 5 dragmes.

Dans le flegme.

Flegme ſur le papier bleu par les decoctions, teintures, eſprits, corroſiſs &c. LE papier bleu y étant baigné ne s'altere point.

La décoction de Fleurs de Mauve devient de couleur de cendre.

La décoction de Noix de Galle produit une couleur bleuâtre.

La décoction d'Ecorce de Grenade prend ſon rouge naturel.

La Teinture de couperoſe devient d'un cendré verdâtre.

La Teinture de tourneſol devient d'un bleuâtre tirant ſur le blanc.

L'Eſprit de Nitre cauſe une fumée fort lente, & la décoction de fleurs de mauve y étant mêlée, on voit un rouge très-beau.

L'Eſprit de Vinaigre le verdit.

L'Eſprit de Sel ne fait rien, non plus que l'Eſprit de Sel Armoniac, l'huile de Tartre, l'eau de chaux, ni l'eau d'alum.

Le Corroſif unit les parties craſſes & blanches, & les précipite.

Dans la ſubſtance ſpiritueuſe.

Dans la ſubſtance ſpiritueuſe, au papier bleu, par les decoctions &c. Le papier bleu y étant baigné ne change point de couleur.

La décoction de Mauve prend un verd pâle & jaunâtre.

La

La décoction de Noix de Gale, produit un rouge obſcur.

La décoction d'Ecorce de Grenade communique ſa couleur rougeâtre.

La teinture de Couperoſe devient d'un jaune terreſtre, & s'épaiſſit.

La Teinture de Tourneſol ſe change en cendré.

L'Eſprit de Nitre cauſe une médiocre fumée ſans ébullition, & produit une couleur rougeâtre, y mêlant la décoction de fleurs de mauve, elle prend un rouge pâle, & jaunâtre.

L'Eſprit de Vinaigre la rend plus fluide, & de couleur moins obſcure.

L'Eſprit de Sel altere ſeulement la couleur, la portant au rougeâtre.

L'Eſprit de Sel Armoniac, ni l'huile de Tartre, ne font rien.

L'Eau de Chaux la rend plus claire & plus fluide.

L'Eau d'Alum unit les parties craſſes, & les précipite.

Le Corroſif la blanchit, unit les parties craſſes, & les précipite.

Dans le ſel fixe.

Dans le ſel fixe.

Il y eut - - - - - - - 1 dragme - - - - 10 grains.
De ſel fixe.

De ſa quantité.

Son goût étoit d'une moitié moins fort, que celui du Sel diſtillé.

De ſon goût.

La couleur eſt d'un blanc cendré.

Le papier bleu en étant froté prend ſa couleur.

De ſa couleur.

La décoction de Fleurs de Mauve perd ſa couleur bleuâtre, devient cendrée, & agitant le vaſe pendant quelque temps elle devient jaunâtre.

Ce qu'il ſurvient au papier bleu. Les accidens par les décoctions, les éſprits les eaux diſtillées &c.

L'Eſprit de Nitre tarde à exciter la fumée ordinaire, & y mêlant un peu de Tourneſol, il devient d'un rouge de vin de Grenade.

L'Eſprit de Vinaigre ne fait que le diſſoudre promptement, & prend une couleur trouble.

L'Eſprit de Sel excite une ébullition très-prompte, & le diſſout ſans fumée.

L'Eau de chaux le diſſout lentement, & le tient à la ſuperficie.

T 2

L'Eau

L'Eau d'alum le diſſout, & forme une toile en ſa ſuperficie.

Le Corroſif précipite le Sel, & ne s'altere point en ſa couleur,

L'Eſprit de Sel Armoniac, ni l'huile de Tartre ne font rien.

Il n'y eut point de ſel volatil. Il n'y eut point de Sel volatil.

V. Pl. 12. n. 58. 59.

Mouſſe qui reſſemble à la Phyllitis, *ſelon* Trionfetti.

Du lieu où l'Auteur l'a tirée. J'ai tiré de la mer à diverſes profondeurs, cette Mouſſe tant aux environs de Riou, qu'ailleurs, où elle croît toûjours ſans racine, ſur les coquillages, les pierres, & autres corps ſolides.

De ſa hauteur. Couleur. Sa hauteur ne paſſe pas trois pouces. Elle ſe froiſſe entre les doits lors qu'elle eſt ſêche. Sa couleur eſt d'un verd livide, tendant au jaune.

La diſpoſition de ſes rameaux. Ses Rameaux ſont diſpoſés avec beaucoup de ſymmetrie & les feuilles rangées dans une diſtance reglée, pour l'uſage de l'aliment, ainſi que nous le montrerons.

Organization.

Sa veritable conſtruction. Celle-ci eſt une des plus curieuſes, & des plus particulieres que j'aye encore rencontrée; car ce qui ſemble ſans Microſcope des feuilles, n'eſt autre choſe que des tubules vuides, ayant un orifice en la partie ſuperieure, comme A A A. & qui commencent tous au principal tronc du milieu qui eſt vuide auſſi, & c'eſt B B.

Ce que fait la nature en cette plante. Sa nature qui a fait ici une diſpoſition de tubules, au lieu des Glandules ou poroſitez; a voulu laiſſer la ſuperficie de l'Ecorce entierement unie.

V. Pl. 13. n. 60.

Mouſſe de ſoye.

Fineſſe de cette mouſſe. Je n'ai jamais trouvé, dans les diverſes Pêches que j'ai faites, aucune Mouſſe, plus fine, ni plus aprochante de la ſoye que celle-ci.

Lieu de ſa naiſſance. Elle nait ſur des pierres, ſur du bois, & ſur des coquilles, je l'ai tirée à ſix & dix Braſſes de profondeur.

Sa couleur. Sa couleur eſt d'un verd livide qui paroît preſque diafane, quand on la voit ſimplement à l'œil.

N'eſt pas facile à pulveriſer. Elle n'eſt pas ſi facile à mettre en poudre que bien d'autres.

Orga-

Organization.

Comme cette Plante est extremement fine, je n'ai pû y voir avec le Microscope, que sa superficie faite en nœuds A A A A. La substance de cette Plante est d'un diafane très-beau, d'un verd pâle qui ressemble presque une pâte de Chrysolithe, ce qui fait un très-bel effet à la vuë.

Vuë avec le Microscope. De la beauté de sa substance.

Analyse.

Elle laisse un verd jaunâtre sur le papier bleu.

On en mit à l'ordinaire dans l'alambic -- 24 onces.

Le flegme fut clair, d'une odeur d'herbe, & d'un goût au commencement insipide, & puis amer.

Il y en eût - - - - - - - - - 6 onces - - 5 dragmes.

L'Esprit fut de couleur de miel obscur, d'une odeur pesante, & d'un goût médiocrement piquant.

Il y en eut - - - - - - - - - 12 onces.

Et de tête morte. - - - - - - - 5 onces.

Changement qu'elle cause au papier bleu.

Flegme qui en fut tiré.

L'esprit & son goût & sa couleur.

Tête morte.

Total - - - - - - - 23 onces - - 5 dragmes.

Il s'est perdu dans l'operation. - - - - - - - - 3 dragmes.

Ce qui s'en est perdu.

Dans le flegme.

Le papier bleu y étant baigné ne reçoit aucune alteration.

La décoction de Mauve se change en une couleur claire mêlée d'un tant soit peu de verd.

La décoction de Noix de Galle, se maintient dans sa couleur obscure.

Et celle d'Ecorce de Grenade dans sa couleur rougeâtre.

La solution de Couperose devient bleuâtre.

Celle de Tournesol ne s'altere point en sa couleur naturelle.

L'Esprit de Nitre excite une petite fumée, & le Tournesol y étant mêlé, il devient d'un Rouge vif, chargé.

Accidens dans le flegme par le mélange des décoctions &c.

V   L'Es.

L'Esprit de Vinaigre , l'Esprit de Sel , celui de Sel Armoniac, l'huile de Tartre , l'Eau de Chaux , l'Eau d'Alum , ni le corrosif ne font aucun effet.

Dans la partie spiritueuse.

Dans la partie spiritueuse.

Le papier bleu n'y change point de couleur.

La décoction de fleurs de Mauve devient d'un verd pâle.

La décoction de Noix de Gale, devient rougeâtre.

La décoction d'Ecorce de Grenade , trouble un peu la couleur naturelle.

La solution de Couperose, ne changea point la couleur de l'Esprit, mais le condensa.

La Teinture de Tournesol devint d'un cendré trouble , & s'épaissit beaucoup.

L'Esprit de Nitre donna une fumée médiocre, & changea la couleur en rougeâtre. Le Tournesol y étant mêlé, il devint d'un rouge obscur , & fixe comme du sang de poisson ; mêlé de filamens jaunes.

L'Esprit de Vinaigre l'éclaircit , & en rendit la substance plus fluide.

L'Esprit de Sel excite une fumée mediocre , & change la substance en une couleur moins rougeâtre que ne fait l'Esprit de Nitre.

L'Esprit de Sel armoniac , l'huile de Tartre, ni l'Eau de Chaux ne font rien.

L'Eau d'Alum coagule les parties crasses, les précipite & rend l'Esprit clair comme de l'Eau.

Le corrosif coagule les parties crasses , les précipite & n'altere pas la couleur.

Dans le sel fixe.

Dans le sel fixe.

Sa quantité.

Il y eut de sel fixe. - - - - - - 1 dragme - - - 30 grains.

Sa couleur.

La couleur est d'un blanc cendré.

Son goût.
Par les differentes décoctions, esprits, &c.

Le Goût la moitié moins fort que celui du Sel marin distillé.

L'Esprit de Nitre excita une ébullition, qui cessa d'abord & donna

na

ña lieu à la fumée. Un peu de Teinture de Tournefol, y étant mêlé, produifit une très-belle couleur de chair.

L'Efprit de Vinaigre ne fit que le diffoudre lentement.

L'Efprit de Sel caufa une prompte ébullition, qui ceffa dans un inftant & fans fumée.

Le corrofif unit les parties craffes en une Toile qui nagea fur la fuperficie.

L'Efprit de Sel Armoniac, ni l'huile de Tartre ne firent rien.

L'Eau de Chaux le diffout lentement, le tenant fur la fuperficie.

L'Eau d'Alum fait la même chofe.

La décoction de fleurs de Mauves change fa couleur, en un très-beau verd d'émeraude.

Il n'y eut point de fel volatil.

Mouffes diverfes vuës avec le Microfcope.

Il y en a de quatre diverfes fortes que je ramaffai à la Plage de Riou, en pêchant le Corail.

Elles n'ont point de Racine: elles croiffent fur les Pierres, & fur les Coquillages, & Poiffons à croute vivans.

Leur grandeur naturelle, eft comme celle que l'on voit deffinée.

Leurs couleurs paroiffent diverfes, & empruntées, lors qu'on les regarde fimplement avec les yeux, c'eft un mélange de rouge, de gris cendré, de jaunâtre, & de chatain brun. Mais fi après les avoir tenuës un peu dans l'eau, on veut les voir avec le Microfcope, elles paroiffent toutes diafanes; & cette couleur n'eft interrompuë qu'en certains endroits, où il y a des Nœuds, ou des Taches noires.

Pour ce qui eft de leur organization, n'aiant pû y diftinguer rien de manifeftement vrai, je n'en parlerai pas.

La 1.re a fur la pointe de châque Rameau, de petits Globes ronds, & diafanes, marquez A A.

La Mouffe 2me. a de diftance en diftance de petits nœuds avec des pointes diafanes, comme en la queuë du Scorpion.

La Mouffe 3me. eft de couleur de mufc obfcur, marbré de jaune, & de blanc. Sa forme eft comme celle de la ferre d'une Langoufte, ou Ecreviffe de mer.

V 2

La

V. Pl. 13. n.
61. 62. 63.

Quatre fortes
de mouffes
vuës avec le
Microfcope.

Sa végeta-
tion.

Leur gran-
deur natu-
relle.
Leur cou-
leur.

Vuë avec le
Microfcope.

Leur organi-
zation non
découverte.
V. Pl. 13. n.
64. jufqu'au
68.
Difpofition
particuliere.

La Mouſſe 4me. eſt d'un gris blanc, diafane comme du Marbre, ou du Sel. Sur les principaux Rameaux elle en a d'autres extrémement deliez, & qui ſont blancs & tranſparents. On voit auſſi de petits Globes noirs, qui ſemblent une graine, ou ſemence attachée aux principaux Rameaux.

V. Pl. 13. n. 69.

Orange de mer.

Sa ſtructure.

A l'égard de ſa ſtructure c'eſt une eſpece de fucus , formé de Glandules, & creux dans le milieu, afin de recevoir l'Eau qui ſe filtre par les mêmes Glandules ; mais il y a cette difference, que celui-ci eſt rond comme une orange ; & que les autres ſont rameux.

Ses racines.

Il n'a point d'autres Racines que quelques parties de ſa ſubſtance diſpoſée en petits filamens A A. qui s'attachent ou à des pierres, ou à des coquilles, ainſi qu'en nôtre figure, laquelle eſt ſur un Limaçon, qui ſoûtient auſſi un petit Lithophyton, marqué B B.

Sa figure.

Sa figure eſt ronde, ainſi que l'on voit dans le deſſein.

Je garde dans mon Cabinet de ces Oranges remplies de Cotton qui ont 4. pouces & demi de diametre, & qui étant pleines d'Eau de la mer peſoient 23. onces poids de Marſeille.

Sa couleur.

Sa couleur en la ſuperficie eſt d'un verd obſcur, & en dedans ce verd eſt plus livide.

Sa ſubſtance.

La ſubſtance qui forme tout le Corps, a une ligne & demie de groſſeur.

Tout le reſte du corps eſt une concavité, qui ſe remplit de l'Eau filtrée par les Glandules , dont nous allons faire la démonſtration.

Organization.

Sans Microſcope.

L'Orange de mer paroît ſans Microſcope couverte d'une infinité de Glandules, qui unies enſemble forment ſon corps, & qui le font reſſembler au chagrin diſtingué dans la figure, par de petits points ſans nombre.

En coupant l'Orange.

En coupant l'Orange avec des Ciſeaux, on aperçoit un mouvement dans toutes ces parties comme s'il étoit animé, & en regardant un

Avec le Microſcope, & l'uſage de ſes Glandules.

morceau pris dans toute ſa groſſeur avec le Microſcope , il paroît formé d'un amas de Glandules C C C. de differentes grandeurs

lui-

luifantes à caufe de l'Eau qu'elles contiennent, & difpofées de la maniere que la figure le fait voir, paffant de la fuperficie exterieure à
l'interieure, que forme le vuide D D. rempli de l'Eau qu'elles filtrent,
& traverfé par une infinité de filamens E E E. de la fubftance de la
plante, & qui étant pleins d'Eau, reffemblent à des fils d'argent.
Sans eux fa figure fpherique ne pourroit pas foutenir l'Eau qu'elle
contient.

Orange Rameufe.

Bien que la qualité de rameufe ne foit pas propre à l'Orange, je ne
laiffe pas de lui en donner le nom, parce qu'à la réferve de cette
Ramification, & du défaut de filamens dans la partie concave ; elle
eft entierement femblable à l'Orange, tant par la maniere de s'at-
tacher contre la pierre, que par la couleur exterieure, & interieure, la ftructure glanduleufe, la groffeur & la partie concave qui reçoit
l'Eau.   Trionfetti a auffi décrit cette plante.

V. Pl. 14. p. 70. Orange rameufe.

Organization.

Le fragment de cette Orange rameufe, coupée, montre l'amas ordinaire des Glandules A A A. qui portent de la fuperficie exterieure dans
l'interieur l'Eau qui fe raffemble dans l'efpace vuide B B B. ce qui eft
la même chofe, que l'on remarque dans l'orange ronde, à la réferve,
comme j'ai déja dit, des filamens, lefquels feroient fuperflus en
cette figure rameufe, dont la concavité n'eft pas ronde comme
en l'autre.

Reffemblance qu'il y a entre ces deux oranges.

Tiffe de mer.

Plufieurs Auteurs ont voulu donner le nom d'Eponge rameufe à
cette Plante, mais fon organization n'y répond point du tout.
Les Eponges étant toutes faites d'un tiffu de mouffe, & celle-ci
d'une fubftance unie, qui a feulement quelques poils fort déliez
à fa fuperficie.   Quand elle fort de la mer, elle eft femblable
au velours, & comme le Cone de la Tiffe dans les Marais,
au mois de Septembre. Trionfetti l'apelle *Fucus.*

Elle eft de figure rameufe, belle & agreable, de deux pieds de
hauteur. Elle croît fur la pierre ; quand on la tire de la mer
elle eft pleine d'Eau de couleur jaune comme le moyeu d'œuf, mais

V. Pl. 14. n. 71.

Tiffe de mer nommée éponge par les Auteurs.

Sa figure & fa hauteur. Où elle croît. Sa couleur & fes accidens.

enfuite quand l'Eau en eft fortie, & qu'elle commence à fe fecher, cette couleur devient plus obfcure.

Quand elle eft tout-à-fait feche, elle fe confume, & fe réduit en petites pieces, qu'on met en poudre très-fine, en les preffant avec les doits; je crois qu'on en feroit de même à la *Ficoide*, ce qui n'arrive jamais à l'Eponge.

Organization.

Ce qu'y découvre le Microfcope. Sur la fuperficie d'une pointe de ces plantes le Microfcope fait voir les poils qui l'environnent, & les cellules A A A. femblables à celles que font les abeilles; dans lefquelles l'aliment, que la mer lui donne, s'infinuë.

Par la fection en travers. Etant coupée par le travers B. on y diftingue la communication des cellules de la fuperficie, par des canaux qui vont au centre C.

Par la fection en long. Etant coupée en long on y voit également la ftructure fufdite pour la continuation des cavitez D D.

V. Pl. 14. n. 72. 73.

Des Alcions.

Amas d'Alcions. J'A I amaffé dans mon Cabinet plus de vingt fortes d'Alcions differens, foit en couleur, foit en ftructure. Ils demandent une attention particuliere pour debrouiller une bonne fois; ce qui a donné aux Anciens le fujet de tant de fables.

Leur ftructure. Pour moi j'ai reconnu que cette plante eft d'une ftructure réguliere dans fes divers genres. Je me borne maintenant à un feul, qui eft des plus curieux.

Forme dans laquelle ils croiffent. *Couleur de la fuperficie.* Il croît quelquefois d'une forme plate, couvrant de gros morceaux de roche. J'en ai eu des pieces de deux pieds de hauteur. Il eft quelquefois en forme de paume, de la groffeur d'une Orange. Sa fuperficie eft de couleur rouge & jaune, ils croiffent tous fur des pierres, ou des coquilles, de la maniere que l'on peut voir en cette figure.

Difpofition de la fubftance. Tous les Alcions ont une écorce poreufe, qui les entoure & qui eft de fubftance coriace. Quand on la netoye de la mouffe, qui y croît deffus en abondance, cette fubftance paroît blanche, & molle comme celle d'un porreau pelé. La fubftance interieure eft difpofée en differente forme, & fes parties font auffi diverfes.

A

A préfent que j'ai pris cette Plante faite en Globe, qui croît auffi de cette maniere en forme plate, je montre la figure du Globe coupé par le milieu, où l'on voit ladite écorce A A. toute pleine de petits trous. La fubftance interieure eft un amas d'éguilles de couleur blanche cendrée, qui fe divifent en autant d'autres petites éguilles, qui piquent la main, comme fi on manioit des figues d'Inde; elles font difpofés de la circonference au centre, comme de B. à C.

Superficie ronde & plate.

Conftruction interieure de fa fubftance.

Organization.

La peau de cette Plante, vuë avec le Microfcope, paroît toute pleine de trous d'une figure aprochante de celle des étoiles, de même que celle du Corail rouge, les trous font comme DDD. elle eft couverte de petits globes, en façon de chagrin.

Ce que le Microfcope découvre fur fa peau.

Quand on la coupe par le travers, on diftingue mieux la partie de la peau EEE. & les fufdites éguilles, qui vont du centre à la circonference, comme FF.

Par la fection en travers.

Une de ces éguilles feparée de toute la maffe, eft comme G.

Sa ftructure confifte au Canal HH. qu'elle a au milieu entre deux bords, plus élevez d'une pellicule diafane II.

Defcription particuliere d'une de fes éguilles.

Analyfe.

Analyfe exacte par l'alambic.

Etant froiffé fur le papier bleu, celui-ci ne change point fa couleur.

On en mit dans la Retorte. - - - 24 onces.

Le flegme, & les parties fpiritueufes vinrent enfemble & fans diftinction au poids - - - - - - - 17 onces.

Il y en eut - - - - - - - - - 6 onces - - - 4 dragmes.

De tête morte.

Sa tête morte.

Total - - - - - - - 23 onces - - - 4 dragmes.

Il s'eft perdu dans l'operation - - - - - - - - - 4 dragmes.

La perte qu'il s'en eft fait.

La couleur de toute la maffe fluide, eft de miel fort chargé.

La couleur de la maffe fluide & fon odeur.

L'odeur en eft comme de leffive, forte & ayant des particules fpiritueufes, actives & piquantes.

X 2

Le

Le change-
ment arrivé
au papier
bleu.
Les accidens
par le mélan-
ge des diver-
ses décoc-
tions &c.

Le papier bleu y étant trempé ne change point.

La décoction de fleurs de Mauve devient d'un verd obscur.

La décoction de Noix de Gale reçoit certaines lignes de lait.

La décoction d'écorce de Grenade, lui donne presque une parfaite couleur de lait.

La solution de Couperose, la rend trouble.

La solution de Tournesol lui conserve sa couleur.

L'Esprit de Nitre cause une grande ébullition avec de la fumée.

L'Esprit de Vinaigre, unit plusieurs parties crasses, & les précipite sans autre agitation.

L'Esprit de sel excite de la fumée, sans ébullition.

L'Esprit de Sel Armoniac fait une union de plusieurs parties crasses, les précipite, & leur donne une couleur rougeâtre.

L'huile de Tartre la trouble, l'épaissit, & peu à peu précipite tout.

Le corrosif la change en une couleur de lait, puis unissant les parties crasses, les précipite peu à peu.

L'Eau de chaux ne fait rien.

L'Eau d'Alum la trouble, puis la blanchit, & successivement elle unit toutes les parties crasses qui deviennent toûjours plus blanches, parmi une bruyante fermentation sans fumée.

Sel fixe.

Son sel fixe. Il ne s'en est tiré que - - - - - - 20 grains. de couleur terreuse, & sans odeur.

Le goût en est quatre fois moins salé que celui du Sel tiré de l'Eau de la mer.

La décoction de fleurs de Mauve, prit un très-beau verd d'émeraude, & l'Esprit de Nitre y étant mêlé, elle se changea en un beau rouge de Rubis.

L'Esprit de Nitre causa de la fermentation, sans fumée.

L'Esprit de Sel fit la même chose.

L'Esprit de Vinaigre le dissout à peine.

L'hui-

L'huile de Tartre ne fit rien, il ne peut pas même diffoudre le Sel.

L'Efprit de Sel Armoniac n'en fit pas davantage.

Dans le fel volatil.

Il s'en retira en tout - - - - 30 grains. de couleur jaunâtre, d'une odeur d'urine, & d'une falure au commencement craffe, puis piquante & urineufe.

Son fel volatil & fes accidens.

L'Efprit de Nitre fait fermenter, avec fumée.

L'Efprit de Sel fait une prompte fermentation, avec de la fumée.

L'Efprit de Vinaigre le diffout, fans fermentation.

L'huile de Tartre ni l'Efprit de Sel Armoniac ne font rien.

La décoction de Mauve prend un vert de Chryfolithe & le mélange d'Efprit de Nitre la change en une couleur d'amethyfte.

Plante apellée par les Mariniers

Main de Larron.

Les pêcheurs arrachent ordinairement cette plante avec l'hameçon à 40. & 50. braffes de profondeur.

Pêches de cette plante.

Elle croît fur des pierres, & fur des coquillages.

Elle a le pied entierement blanc, cette blancheur un peu plus haut eft mêlée de rouge, & cette derniere couleur fe répand par tous les rameaux.

Sa couleur.

Ce rouge n'eft pas femblable en toutes les plantes de cette nature; car en quelques-unes il tire fur le pourpre, en d'autres il eft vermeil, & en plufieurs il eft jaunâtre.

Organization.

La fuperficie de la plante eft comme A A. c'eft-à-dire un pur amas de Glandules d'une fubftance fpongieufe, par lefquelles fe filtre l'Eau de la mer qui la nourrit.

La plante coupée par le travers, & vuë fans Microfcope paroît comme B B. & avec le fecours du verre on y diftingue

Sa fection en travers.

Y

mieux

mieux l'Ecorce Spongieuſe Glanduleuſe C C C. & les canaux D D D, qui vont d'un bout à l'autre de la plante.

Ses canaux.   Ces Canaux contiennent une ſubſtance de lait, qui ſe répand par tout le reſte de la Plante, ce qui fait que d'abord qu'on la preſſe, on en voit ſortir le ſuc que je dis.

Sa ſection en long.   Si on la coupe en longueur, on la voit en ſon état naturel comme la figure E. où l'on diſtingue les petits lineamens en forme de conduits, qui vont par la ſuperficie au centre ſe joindre au principal *Sa ſtructure.*   rameau F F. & avec le Microſcope on voit dans le petit fragment, les Canaux ou conduits beaucoup plus nettement, ainſi que H H. & auſſi les Glandules de l'écorce d'une maniere plus diſtincte I I.

Experiences du Suc.

Accidens arrivés à ſon ſuc par le mélange des differents eſprits, huiles &c.   CE Suc eſt d'une couleur fort blanche.

Il a un goût de mer, âpre & piquant.

L'Eſprit de Nitre le fait fermenter, avec fumée.

L'Eſprit de Sel unit pluſieurs matieres craſſes & blanches qui ſe précipitent.

L'Eau corroſive le diſſout davantage , uniſſant les parties craſſes & blanches qui ſe précipitent, & le laiſſent comme de l'Eau pure.

L'Eſprit de Sel unit pluſieurs parties craſſes & blanches & les précipite ſans autre émotion.

L'huile de Tartre unit auſſi bien que les acides, les parties craſſes & blanches, & les fait précipiter.

L'Eſprit de Sel armoniac fait la même choſe.

Le papier bleu prend un tant ſoit peu de rougeur.

La décoction de Mauve devient d'un verd pâle.

Champignon de mer.

V. Pl. 15. n. 76. 77. 78.

Reſſemblance de cette plante au Champignon par le témoignage de l'Auteur. Lieu où il l'a pêché.   Dans le grand nombre de pêches que j'ai fait faire, je n'ai jamais trouvé de Plante, qui reſſemblât plus au champignon que celle-ci , que je tirai à 90. braſſes d'Eau aux environs de Caſſidagne, vers le commencement de l'abîme. Trionfetti l'apelle *fungus maritimus*, ad citreoli vulgò dicti figuram accedens.

Sa

Sa figure est comme on la voit dessinée, ayant de particulier les *Sa figure.*
divers Rameaux A A. qui dans le milieu ont un enfoncement. Tout
le reste est plein d'enflures. Il est vuide dans la partie interieure, &
ne consiste qu'en une écorce de substance coriace. Sa couleur est *Sa couleur.*
terrestre, cendrée, & d'un jaune de Paille,

Pour le conserver en mon Cabinet, je remplis tout l'espace vuide *Artifice dont*
de Cotton. Au reste en sortant de la mer, je ne le trouvai pas rem- *on s'est servi*
pli d'eau, ainsi que cela arrive aux Oranges de mer, mais seule- *pour le pou-*
ment de quelque peu de Suc glutineux. *voir conser-* *ver.*

Organization.

La superficie paroît avec le Microscope toute couverte de *Ce que paroît*
Vessies B B B. qui sont transparentes comme du sel. Etant cou- *sa superficie*
pé par le travers on voit l'épaisseur de sa peau coriace, qui est *par le moyen* *du Microsco-*
composée aussi des vessies C C. que nous avons observées en la *pe.*
superficie. La partie D D. est le vuide tout crepi d'une Glu, comme *Par la section* *en travers.*
de Colle forte.

Figue de substance d'Eponge & d'Alcion,
nommée par Trionfetti, *Alcyonium tubero-*
sum, formâ ficûs Imperati.

V. Pl. 15. n. *79.*

Elle croît aux côtes de Barbarie, aux endroits où l'on pêche *Lieu de sa*
le Corail : Ce fruit s'attachant même aux Rochers, contre les- *naissance.*
quels il y en a de Rameaux.

Elle n'a point de Racine. Et pour ce qui est de sa grandeur,
elle est generalement en toutes celles que j'ai vuës, semblable à
celle du fruit ici dessiné. Sa figure est comme on la voit dans le *Sa figure.*
dessein, ayant la partie superieure un peu plate avec un trou
dans le milieu, ainsi qu'en certaines éponges & qui probablement doit montrer un Systole & Diastole sortant de la mer,
comme cela se voit aux petits trous des éponges, lors qu'ils sont
remplis d'Eau.

Sa couleur est comme du Tabac, & un peu plus obscure dans *Sa couleur.*
l'interieur, & quant à la substance de tout le *Parenchyme*, je ne
saurois la mieux comparer, qu'à celle des Noix de Gâle de
chêne, lors qu'elles sont bien sêches.

Y 2

Orga-

Organization.

Ce que paroît
sa superficie
avec le Mi-
croscope.

La superficie, vuë avec le Microscope, paroît couverte de trous inégaux, comme A A A. par lesquels entre l'aliment à l'accoûtumée.

Sa structure
en le cou-
pant.

En coupant ce fruit pour en voir la structure du dedans j'ai distingué un grand nombre de Cellules B B B. semblables à celles des Abeilles.

Des Plantes presque de bois, dites Lithophytes.

Les Litho-
phytes placez
dans la classe
des plantes
presque de
bois.

Pour ne pas m'éloigner tout-à-fait de la division générale des Plantes, qui végetent sur la superficie de la terre, j'ai voulu mettre, en cette démonstration de celles qui croissent au fond de la mer, tous les Lithophytes, qui me sont venus jusqu'à présent entre les mains, dans la Classe que j'apelle des Plantes presque de Bois; comme étant en quelque sorte les arbres de la mer.

Erreur sur la
nature des
Lithophy-
thons.

Les Anciens leur ont donné le nom de Lithophyton, qui, à mon avis, ne leur convient guére, n'ayant aucune connexion de nature avec les pierres, & ne végetant pas même plus sur celles-ci que les autres Plantes molles, ainsi que je l'ai deja démontré. Non seulement Pline & Theophraste, mais encore Clusius, & plusieurs Auteurs modernes ont été dans la croyance fabuleuse que ce fussent ici des Plantes de pierre, & que par conséquent on dût les compter entre les Pierreuses, mais leur nature étant fort oposée à celles que nous mettons dans cette Classe, je n'ai pas voulu m'arrêter à une opinion née apparemment d'un leger examen de ces Auteurs, lesquels jugeoient peut-être de la Mer & de ses Plantes, dans un Cabinet pacifique; bien loin de souffrir l'agitation de cet élement pour reconnoître les choses dans leur état veritable & naturel.

Dénomina-
tions des Li-
thophytes
laissées aux
Botanistes.

La Dénomination des nouveaux & differens Lithophytes que j'ai recueillis reste encore indéterminée. J'ai résolu de la remettre aux Botanistes vivans, & aux Livres de ceux qui en ont traité. Cependant comme à l'heure qu'il est je manque du conseil des uns, & du secours des autres, & que d'ailleurs il faut nécessairement que je leur don-

donne quelque sorte de distinction, je me servirai pour cela des nombres de premier, second, troisiéme &c. jusqu'au dernier; ne leur donnant la prééminence que selon l'ordre qu'ils me sont venus entre les mains.

Tous ceux-ci donc sont des Plantes effectives, sans Racines, & qui croissent sur la Roche, sur des amas de sable, & indiferemment sur toute sorte de Corps durs & même sur le Corail. Ils ont des pieds, des branches, & s'ils avoient des feuilles, ils seroient très-semblables aux arbres de la terre : ayant au reste tous des fleurs, à la reserve d'un seul, auquel je n'en trouvai point. Mais pour ce qui est de semence solide, je n'en ai jamais vû en aucun. *Ils sont de vraies plantes, & du lieu & forme de leur végétation semblable aux arbres.*

Toute la composition de la Plante consiste en deux parties, savoir l'écorce & la substance. *Composition de la plante.*

L'Ecorce géneralement en toutes, lors qu'elles sortent fraichement de la mer, est molle, & coriace, & en se sechant elle devient dure comme de la craye, & se froisse aisément entre les doits. Voila ce qui peut-être a fait croire aux anciens, que ces Plantes étoient comme de pierre, ne jugeant de la Plante que sur cet état accidentel de leur écorce; ou bien s'en étant rencontré quelques-unes qui sechées dans la mer, & par la suite du tems dépouillées de leur écorce naturelle en avoient eu une autre accidentelle formée du Tartre de cette eau, ainsi que plusieurs morceaux que je conserve dans mon Cabinet me le font voir. Les Philosophes ont donné dans cette fausse imagination. *Son écorce & de ses accidens.* *Erreur des Auteurs, sur leur veritable structure.*

L'Ecorce de cette sorte de Plantes, dont quantité de vessies, en forme de petites cellules, rendent l'exterieur diferent de celui des autres, est aussi la cause que la Plante prend en sa superficie une figure particuliere.

Il y a une sorte de Lithophyte qui veritablement est curieuse & bien extraordinaire, elle n'a point d'écorce continuée, mais bien quelques fragmens par-ci par-là interrompus d'une Glu qui fleurit dans l'Eau. La plante est toute couverte d'épines. *Lithophyte curieux.*

Les couleurs de presque toutes les sortes de Lithophytes fraichement tirez de l'Eau, sont diverses; mais comme elles proviennent toutes de la substance glutineuse qui est dans les Cellules de l'écorce, & qu'ordinairement cette substance se desseche, les couleurs varient à proportion; & ne sont constantes qu'en quelques-unes où la Glu persiste. *Leurs couleurs au sortir de l'eau.*

Z

Au

Au reste quoi que j'aye donné à ces Plantes le nom de *presque de bois*, je ne l'ai fait que par raport aux arbres de la terre, dont je crois que ces Lithophytes aprochent le plus ; car d'ailleurs la substance de tous ceux-ci en général est beaucoup plus semblable à celle de la Corne, que non pas à celle du bois.

Leurs Rameaux se plient comme les os de Baleine, & font la même resistance au couteau. Si on les brûle à la flame ils s'y consument en une écume de la même forme, substance, & odeur puante, que la corne, les os de Baleine, & les plumes d'oiseaux. Les bouts des branches qui sont les parties les plus recentes, ou pour ainsi dire, les plus jeunes de la plante, sont toûjours plus diafanes que tout le reste. Elles ressemblent fort aux Cordes de Boyaux : ce qui fait voir que la substance glutineuse, qui les forme, étant nouvellement unie, n'a pas encore la maturité de cette consistance que doit avoir le Lithophyte, qui alors devient d'une couleur opaque. Les experiences qui ont été faites pour leurs analyses en persuaderont encore mieux le Lecteur, car ils y verront que l'on en a retiré une plus grande quantité de Sel volatil, que non pas même de la Corne de Cerf.

Les couleurs de ces Plantes dépouillées de leurs écorces sont ou le verd d'olive, ou le noir plus ou moins obscur. La premiere de ces couleurs se trouve ordinairement sous les écorces blanches, cependant on y trouve quelquefois la seconde. Celle-ci se trouve toujours, sous les écorces rouges.

On voit souvent des Lithophytes noirs, d'une grosseur raisonnable, qui étant polis deviennent fort luisans. De sorte qu'on peut les debiter pour du Corail noir à gens qui se payent de la seule couleur ; sans considerer la legereté de ce faux Corail à proportion du veritable, & sans en faire l'épreuve au feu, où l'un à cause de sa dureté résiste, & l'autre se fond comme une plume.

La structure ou organization de ces Plantes, dont nous venons de démontrer la substance, est fort semblable à celle des arbres de la terre, si l'on en excepte l'exterieure que forme l'écorce. Nous ferons cette demonstration dans le même ordre que nous avons déja observé pour les Plantes molles ; c'est-à-dire, en examinant châque plante à part, ensuite de leur figure exprimée dans le dessein.

Nous y ajoûtons l'Analyse Chymique de la Plante entiere, pour
en

en connoître la nature, & afin de voir à quoi l'on pourra s'en servir dans la Médecine.

Nous n'avons pas oublié non plus de faire plusieurs experiences des Sucs Glutineux de ces Lithophytes & on les trouvera en leur lieu.

Lithophyte premier.

V. Pl. 16. n. 80.

JE commence par celui-ci, parce que c'est celui qui m'est venu le premier entre les mains.

Je l'ai trouvé à 8. & jusques à 30. brasses de profondeur, par tout où j'ai fait mes pêches de Corail.

Lieu où il s'est pêché.

Il naît sans racine, & ne se soûtient sur tous les Corps solides où il se pose, que par l'extension de la substance glutineuse de son écorce jusques à deux pieds, ayant tout au plus une ligne de diametre.

Forme en laquelle il croît.

Son Ecorce sortant de l'Eau, est cendrée, molle & coriace; en se sechant, elle devient tout-à-fait blanche, & se froisse entre les doits. Elle est composée de Vessies élevées médiocrement, & qui le sont un peu plus, lors-qu'elles ont le Suc Glutineux.

Couleur de son écorce. Forme des vessies qui le composent.

La couleur de la plante sans écorce au pied, est d'un verd d'olive, & quelquefois noirâtre.

La couleur sans écorce.

L'extremité des Rameaux est de la couleur, & transparence des Cordes de Boyau, & si on ôte leur écorce, ces Rameaux paroissent ronds & unis.

Transparence de l'extrémité des rameaux.

La nature de la plante est flexible, comme les Os de Baleine.

La flexibilité de sa nature.

Organization.

L'écorce vuë en la partie exterieure, avec le Microscope, montre la figure de ses vessies comme A A A. & de petites ouvertures en long, comme B B B. qu'elles ont chacune; c'est-là dedans que s'unit cette Glu, que l'Eau de la mer fournit pour l'aliment de la plante.

La figure des vessies.

La substance de celle-ci, semble un amas de petits grains de sel.

La substance de cette plante.

L'écorce vuë dans l'interieur paroît couverte d'une Croute fort deliée, luisante comme du sel CCC. au travers de laquelle on voit

L'interieur de l'écorce.

com-

comme de petits Sillons ou Canaux D D. Et aux côtez il y a les veffies, qui font voir leurs parties concaves interieures E E E. où fe fait
l'union de la Glu, qui fe filtre par la petite membrane F F F. & s'é-
tendant en une partie fort mince, forme une couche de la
plante.

L'écorce dé-
pouillée d'u-
ne membra-
ne.

L'écorce en la partie interieure dépouillée de la Croute deliée &
aparente comme du fel, y expofe encore plus nettement les fillons
ou canaux G G G. formez par des trous, féparez les uns des autres.

Veines de la
fuperficie.

Le tronc du Lithophyte H H. depouillé de fon écorce paroît
en fa fuperficie, avec le Microfcope, confufément couvert de veines,
en longueur.

La fection en
travers.

Etant coupé par le travers, on diftingue comment l'écorce entoure la fubftance cornée de la plante, & comment entre les deux,
les veffies font difpofées.

Ses differen-
tes couches.

La fubftance s'y découvre formée par des couches, les unes fur
les autres, comme dans le bois, & qui font marquées au deffein. Il
y a auffi quelquefois dans le milieu, un, deux, ou trois creux ainfi que L L L.

Sa fubftance
cornée.

Etant coupé en long, on diftingue au milieu le Canal M M. qui
eft quelquefois rempli de moüelle, & aux côtez toute la fubftance
cornée, ondoyante, ainfi qu'on le voit en celle du bois.

Experiences du fuc glutineux.

Suc extrait de
l'écorce.

J'ai tiré ce fuc de fon écorce. Il eft de couleur de craye, tant foit

Son goût &
fa puanteur.

peu jaune. Sa fubftance eft la plus glutineufe de toutes les autres,
& reffemble à de la colle, fon goût eft âpre. Il fent mauvais, à
peu près comme du poiffon corrompu, & pique un peu la langue.

Accidens, par
le mélange
des differents
efprits, &c.

Il ne donne aucune teinture effentielle au papier blanc.

L'Efprit de Nitre y caufe une évidente fermentation fans fumée,
& fait changer fa couleur en un verd obfcur.

L'Efprit de fel n'y fait pas le moindre changement.

L'Eau corrofive non plus.

L'Efprit de Vinaigre lie les parties craffes, & les fait préci-

piter

piter par morceaux, fans pourtant caufer aucun changement en fa couleur.

L'Huile de Tartre n'y fait aucun changement.

L'Efprit de Sel armoniac n'y en fait point non plus.

La decoction de Mauve prend fon verd ordinaire.

Le papier bleu laiffe voir un peu de rougeâtre.

Extrait par l'Efprit de Vin.

L'Efprit de Vin a pris la couleur d'Urine chargée.

L'évaporation ordinaire étant faite, il refte dans le fond une fubftance de couleur de Craye jaune, qui donne fa couleur à du papier blanc. Son gout étoit falé, onctueux, & avoit perdu cette puanteur de Poiffon corrompu.

L'Efprit de Nitre excita une grande fermentation avec de la fumée.

L'Efprit de Sel fit fermenter & fumer.

L'Eau corrofive fit unir les parties craffes, & blanches, & enfuite les précipita.

L'Efprit de Vinaigre ne caufa aucune alteration.

L'Huile de Tartre non plus, ni l'Efprit de Sel armoniac.

La decoction de Mauve prit un verd chargé.

Le papier bleu prit fimplement la couleur de Craye jaune.

Extrait par l'Efprit de vin, changemens par le mélange des differents efprits, &c.

Lithophyte fecond.

V. Pl. 17. n. 81.

Cette Plante fe trouve à diverfes profondeurs, particulierement autour de l'Ile, & des Ecueils de Riou.

Lieu où on le pêche.

Elle croît fans Racine fur les Corps folides, s'y uniffant par la Subftance glutineufe de fon Ecorce.

Sa maniere de croître.

J'en ai eu de la hauteur de quatre pieds, & de la groffeur de deux pouces vers le pied.

Sa hauteur.

Son Ecorce fortant de la Mer, a les veffies pleines d'une Glu rouge comme du vin chargé, & qui donne cette même couleur à la plante. Lors que ce Suc eft feché la plante devient d'une cou-

Son écorce, glu rouge, changement du fuc, &c.

A a

leur

leur terreſtre & noirâtre. Ses veſſies ſont beaucoup plus ſerrées enſemble, que non pas celles du précedent Lithophyte, & même il n'y en a aucun qui en ait une ſi grande quantité , ſur tout à l'extremité des Rameaux.

Subſtance vers le haut & vers le pied.

Sa ſubſtance vers le pied eſt ſubtile & deliée , comme du papier. un peu plus haut, elle eſt craſſe & coriace.

Depouillée de ſon écorce.

La Plante depouillée de l'écorce ſemble d'une nature plus approchante de celle du Bois, que non pas les autres Lithophytes. Sa

Sa couleur, & ſa legereté.

couleur eſt terreſtre , & ſa ſubſtance eſt molle. Elle ne prend pas de luſtre comme les autres, & eſt fort legere.

Ses extremi- tez diapha- nes.

L'extremité des Rameaux eſt diaphane ainſi que dans le premier.

Flexibilité des rameaux.

Les Rameaux ſont flexibles comme les os de Baleine, mais cependant d'une façon plus approchante du Bois, que non pas tous les autres rameaux des Lithophytes.

Organization.

Diſpoſition de la ſuperfi- cie vuë par le microſcope.

On voit, avec le Microſcope, la Superficie de l'écorce de ce Lithophyte , diſpoſée en veſſies élevées de la figure A A A. chaque veſſie eſt percée ſur le haut, & les trous en ſont plus grands qu'aux autres B B B. C'eſt par ces trous que s'inſinüe, comme j'ai déja dit, la ſubſtance glutineuſe de l'eau de la Mer qui nourrit la plante.

Subſtance de l'écorce.

La ſubſtance de l'écorce, en la partie exterieure, eſt plus ſemblable à celle du Bois terreſtre, que non pas celle des autres Lithophytes.

En quoi dif- fere la ſub- ſtance de ce Lithophyte.

La partie interieure de cette écorce eſt differente de celle de toutes les autres, ayant les decoupures C C C. qui répondent à celles de la ſuperficie des veſſies, & manquant de ces canaux qui ſe voyent au travers des incruſtations glutineuſes. Elle a veritablement en leur place une quantité de petits Globes D D D. de ſubſtance glutineuſe.

Plante de- pouillée de ſon écorce.

La plante depouillée de ſon écorce paroit toute pleine en ſa ſuperficie de petits ſillons E E E. plus continuez qu'aux autres.

La ſection en travers.

Etant coupée par le travers, on voit comme l'écorce entoure la ſubſtance cornée faite par couches comme F F F. & l'on voit auſſi le trou ordinaire de la moüelle qui a au trou une ſubſtance blanche, & plus molle que le reſte de la plante H H.

Etant

Etant coupée en longueur, on voit le Canal de la mouëlle III, tout plein de trous.

La section en long.

Experiences dans le Suc.

J'ai tiré ce Suc de l'écorce, de couleur de laque, un peu trouble. Sa Subſtance eſt des moins glutineuſes.   Son goût eſt âpre, & d'une faveur de Mer fort agréable.   Sa Salure n'eſt guere piquante.   Ce Suc, d'abord qu'il eſt hors de la Mer, & bien que la plante ſoit poſée dans un vaſe rempli de la même eau, devient noir comme de l'ancre.   Il teint le papier blanc en un rouge-violâtre, pourvu qu'on l'exprime ſi-tôt que la plante ſort de la Mer.

Suc extrait de l'écorce, ſa couleur, ſa ſubſtance, ſon gout. Effet de ce ſuc & ſes accidents.

L'Eſprit de Nitre y fit tranſpirer une fumée quaſi imperceptible, & comme le ſuc avoit alors preſque entierement paſſé à la couleur noire, cet Eſprit le changea en un très-beau caffé.

'Eſprit de ſel ne fit autre effet, que celui de changer ſa couleur noire, en un caffé livide.

L'Eau corroſive le fit venir d'un caffé encore plus obſcur.

L'Eſprit de Vinaigre change ſa couleur noire, en un verd d'olive.

L'Huile de Tartre non plus que l'eſprit de ſel armoniac ne cauſerent aucune alteration en ſa couleur.

Poſé ſur du papier bleu, il y cauſa un peu de rouge & mêlé dans la decoction de Mauve, il la fit venir d'un verd obſcur.

Extrait par l'Eſprit de Vin.

CET Eſprit a pris une couleur noire.

S'étant évaporé, la ſubſtance qui reſta fut d'un noir moins foncé, elle donnoit ſa couleur au papier blanc.   Le goût en étoit ſalé, glutineux, gras & fort.

Couleur de ſon eſprit. Accidents par le mélange des autres eſprits, eaux, huiles, &c.

L'Eſprit de Nitre excita de la fumée, & de la flame.

L'Eſprit de ſel cauſa une fermentation.

L'Eau corroſive unit certaines particules blanches, & graſſes, & les précipita.

A a 2   L'Eſ-

L'Efprit de Vinaigre, celui du Sel armoniac, & l'huile de Tartre ne firent aucun effet.

La décoction de Mauve devint d'un très-beau verd d'Emeraude.

Le papier bleu prit la propre couleur noire de la matiere.

Voyez Pl. 18.
fig. 82.

Lithophyte 3.

Lieu de fa
uaiffance.

A la profondeur de fix, de huit, & même de trente braffes,
je l'ai tiré plufieurs fois enfemble avec le Corail. *Triomfetti* le
nomme un *Coralloïde* à l'écorce moins dentelée.

Sa forme.

Il eft comme les autres fans Racine, uni aux corps folides par
cette fubftance glutineufe, que forme l'écorce.

Sa hauteur &
fon epaiffeur.

Sa plus grande hauteur eft d'un pié & demi, & fa plus grande é-
paiffeur d'une ligne de diametre.

Son écorce.

L'Ecorce fraiche, eft de la couleur d'un moyeu d'œuf. Elle eft
deliée, molle, coriace. Lors qu'elle eft feche elle devient blanche, & fe froiffe entre les doits, mais beaucoup moins que celle du premier. Elle eft compofée de Veffies plus rondes que
les autres, & qui étant remplies du fuc glutineux dont nous a-
vons parlé, font plus relevées.

Couleur de la
plante.

La plante fans écorce au pied, eft moins fouvent verdâtre que
noirâtre.

Forme des
rameaux.

L'extremité des Rameaux eft diaphane, comme les cordes de
Boyaux.

Flexibilité.

La nature de la plante eft flexible comme les Os de Baleine.

Organization.

Exterieur de
la plante vuë
avec le mi-
crofcope.

Le Microfcope fait voir en la partie exterieure de l'écorce,
des Veffies, dont la figure eft femblable aux Mammeles A A A.
Cette rondeur rend la plante differente de la premiere, & de
la 2de; chaque veffie a une ouverture de la figure d'un 5., &
c'eft ce que nous avons marqué B B B. par laquelle l'aliment ordinaire s'infinuë.

Sa fubftance.

La Subftance de l'écorce femble un amas de petites graines de fel.

Ecorce vuë
en l'interieu-
re.

L'écorce vuë interieurement eft couverte d'une Croute de fel fort
mince,

mince, au travers de laquelle paroissent les Canaux C C C. & aux côtez on voit les mêmes vessies, que nous avons déja remarquées au premier.

L'Ecorce dépouillée, en la partie interieure de la croute deliée, montre plus clairement les Canaux D D D. & les concavitez E E. qui répondent aux vessies. *Ecorce dépouillée de sa croûte.*

Le Tronc du Lithophyte depouillé de son écorce, paroît tout couvert de lignes ondoyantes, courtes, & assez confuses comme F F. *Tronc dépouillé de l'écorce.*

Etant coupé par le travers, on distingue comment l'écorce entoure la substance cornée de la plante, & comment les vessies y sont disposées, & qu'il y a au milieu le trou G G. avec la Mouëlle qui continuë le long de la plante, & que la structure en est par couches H H H. comme aux Bois. La coupure en longueur fait voir le Canal I I. plein de mouëlle, & percé par des trous que montrent les points noirs. *Coupé par le travers.*

Experiences dans le Suc.

Ce Suc qui a été exprimé de l'écorce, est de la couleur du moyeu d'œuf. La Substance en est glutineuse; le goût marin & amer; & quelque peu mordant. *Couleur du suc exprimé de l'écorce.*

Le mélange d'Esprit de Nitre lui cause de la fumée, mais sans aucune motion apparente. *Mélange des esprits, huiles, &c.*

L'Esprit de sel y excite aussi de la fumée, & sans aucune ébullition. Il unit les parties crasses & rouges, & changeant leur couleur en blanc, il les précipite.

L'Eau corrosive unit toutes les parties rougeâtres, & augmentant ce rouge, elle les précipite.

L'Esprit de Vinaigre n'excite aucune fermentation, mais précipite les matieres glutineuses, les rendant d'un rouge plus obscur.

L'Huile de Tartre, non plus que l'esprit de sel armoniac, n'y produisent aucune alteration.

Le froissant sur le papier bleu, il lui fait prendre un tant soit peu de rouge.

La décoction des fleurs de Mauve devient, par son mélange, d'un verd chargé, qui est le même qu'elle prend, lors qu'on y jette de l'eau de mer, d'une salure forte.

Bb   Ex-

Extrait par l'Esprit de Vin.

Expérience par le suc exprimé.

CET Esprit prend la couleur d'un très-beau carabbé & l'ayant mêlé avec l'Esprit de Nitre il a produit une fumée plus forte que le Suc pur n'avoit pas fait. Il n'a fait aucun changement sur le papier bleu.

L'Esprit de vin s'étant évaporé, il a laissé dans le fond une matiere obscure, qui a teint le papier blanc en couleur de Tabac. Son goût étoit salé, onctueux, moins désagreable que le gout du Suc naturel.

L'Esprit de Nitre y étant jetté, ne causa aucun mouvement apparent, mais seulement une fumée assez forte, & une flame très-livide.

L'Esprit de sel y causa une fumée plus foible que celui de Nitre, & rien autre.

L'Eau corrosive unit les parties crasses & blanches, & les précipite.

L'Esprit de Vinaigre, l'huile de Tartre, ni l'Esprit de Sel armoniac, n'y font rien du tout.

La décoction des fleurs de Mauve prend un beau verd d'Emeraude.

Le papier bleu n'y prend point d'autre couleur, que celle de Tabac.

Structure de Lithophytes.

CES trois Lithophytes desquels il m'a falu avoir un grand nombre, pour travailler aux experiences que j'ai raportées, m'ont donné assez de lumiere, pour pouvoir dire que tous les autres dont j'ai anatomisé la structure, ne contiennent qu'un suc également glutineux, & qui leur est fourni par l'eau de la mer, qui est tout de même d'une nature glutineuse. La structure de tous ces Lithophytes, qui est presque entierement semblable, me rend si certain de la chose, que quand même j'aurois eû tous les autres frais, ainsi que ces trois premiers, je ne pourrois pas l'être davantage.

Construction de leurs rameaux.

Leurs décoctions.

La substance de leurs Rameaux qui se trouve en tout également cornée & flexible, & qui brule & put de la même maniere, que la Corne ou la Plume, ne prouve pas peu ce que j'avance. Les Décoctions que j'ai faites, tant des Rameaux dépouillez de l'écorce que des écorces seules, qui dans l'eau m'ont laissé qui plus, qui moins,

une

une Glu, comme fi j'y avois fait fondre quelque portion de Gomme, fervent auffi à le prouver. J'ajoûte à cela l'experience, que je fis a- *Experience particuliere.* vec toute l'attention poffible fur ce 3me Lithophyte.

Je pris fix onces de l'écorce, & fix autres de la fubftance folide de la plante, je les mis en deux vafes féparez avec une pareille quantité d'eau de Citerne, leur faifant donner un feu lent de 30. heures, & bien que je n'en euffe pas une parfaite gelée, l'eau devint toute glu-tineufe, & fur tout celle où étoient les écorces ; de forte que la met-tant entre les doigts, on fentoit la Glu très-forte, & ce qu'il y a de curieux, c'eft qu'elle avoit la même odeur que la veritable côle des Menuifiers. Son goût piquoit un peu fur la langue, & fen-toit quelquefois l'Ecreviffe cuit, & d'autres fois la Corne bouil-lie.

L'Efprit de Nitre, que je lui mêlai, y caufa une certaine ébullition *Rencontre de l'efprit de nitre.* de goutes blanches, qui dans l'espace d'un quart d'heure, disparois-foient & retournoient ; puis y ayant mêlé la Teinture de Tourne- *De la teinture de Tourne-Sol.* fol, elle y introduifit une couleur rouge, & rendit cette Subftance glutineufe très-fluide.

L'Efprit de Sel mêlé avec ce Suc fe coagula en un globe, qui tour- *De celle de l'efprit de fel,* noit dans le milieu, & reluifoit.

Le Corrofif, non plus que l'huile de Tartre, n'y fit aucun chan- *De celle de Corrofif.* gement.

Lithophyte 4.

V. Pl. 19. fig. 83.

En la pêche du Corail, autour de l'Ifle de Riou, j'ai tiré de ces *Sa naiffance,* Plantes à 30. & 40. braffes de profondeur.

Elle croît fans Racine, s'uniffant aux corps folides, par la fub-ftance glutineufe, que forme l'écorce.

Sa plus grande hauteur eft de deux pieds, & fa groffeur vers le pied, *Sa hauteur,* eft d'une ligne & un quart.

Cette plante eft toute pleine de Rameaux capillaires, qui font com- *Ses rameaux,* me une efpéce de feuillage, & femblent empêcher qu'on ne puiffe dire abfolument que les Lithophytes font tous fans feuilles, mais ce n'eft pourtant que par raport à la figure ; car leur fubftance eft dure, ainfi que celle des principaux troncs, au contraire des veritables feuilles qui font toujours molles.

Bb 2

L'É-

Couleur de l'écorce.

L'écorce sortant de l'eau, est de la couleur de la pierre cuite, subtile, molle, & qui s'unit fortement à la substance du Lithophyte.

Finesse de ses vessies.

Les vessies sont très-petites en celle-ci, & c'est ce qui fait paroître la plante plus unie, & plus belle que les autres.

La substance du pied sans écorce.

Si l'on ôte l'écorce, qui entoure le pied, on voit la substance laquelle est d'un fort beau noir.

Diaphanité de ses rameaux.

L'extremité des Rameaux est diaphane, comme les cordes de Boyaux.

Substance flexible.

La nature de la plante est flexible, comme les Os de Baleine, & resiste plus que les trois autres au couteau.

Organization.

L'écorce vuë avec le microscope.

Le Microscope montre la partie exterieure de l'écorce couverte des Vessies A A A. plus petites qu'à l'ordinaire, où chaque vessie a sa petite ouverture, pour l'usage de recevoir l'aliment.

L'écorce.

La Substance de l'écorce semble un amas de particules de sel.

Ecorce vuë en l'interieure.

L'écorce vuë interieurement est toute pleine de sillons CCC. où l'on voit un trou DD. qui peut-être repond à ceux des Vessies.

Tronc depouillé de l'écorce.

Le Tronc depouillé de l'écorce, est tout plein de Canaux reglez EEE.

Substance cornée.

Etant coupé par le travers, on voit comme l'écorce environne la substance cornée, & la Cellule, ou le vuide des vessies; ayant à l'ordinaire dans la mouëlle le trou FF., & étant formée par couches GG.

Par la section en long.

Par la coupure en longueur, on distingue mieux combien le trou HH. dans la mouëlle est plus grand qu'aux autres; & qu'il est ici environné d'une membrane II.

Lithophyte 5.

Voyez Pl. 19. n. 84. & suiv.

La profondeur où il croît.

Je ne saurois dire à quelle profondeur croît ce Lithophyte, puisqu'il ne se trouve que sur les côtes d'Afrique près le Cap Negre, où l'on pêche le Corail.

Il naît, comme les autres, sans racine sur le Rocher, s'y attachant *Forme de sa végetation.* par la Glu qui doit être encore plus abondante qu'en celui-ci, d'autant que ses rameaux croissent tous les uns dans les autres; j'en ai *Sa longueur.* de deux pieds de long, & de quatre lignes de diametre au pied.

La couleur de l'écorce, est celle de Brique cuite, & sa substance *Couleur de l'écorce.* à présent qu'elle est seche, est dure & assez facile à mettre en pou- *Proprieté de sa substance seche.* dre; les vessies qu'il a sur sa superficie ne sont pas fort élevées. *Ses vessies peu enflées.*

Les Rameaux ont un ordre de végetation de bas en haut, & di- *Ordre de végetation observé dans les rameaux.* rectement comme ceux de Cyprès, ne s'étendant pas aux côtez comme les autres Lithophytes.

La plante dépouillée de l'écorce, est d'un verd d'Olive. *Couleur de la plante nuë.*

La nature de celui-ci n'est pas si flexible que les autres, & il se *Flexibilité de sa substance.* rompt comme le bois.

Organization.

L'écorce est garnie de vessies parfaitement rondes A A A. qui ont *Vessies rondes en son écorce.* de particulier la forme du trou qui est très-petit, & mis entre la vessie & la superficie de la plante, comme B B B.

La substance de l'écorce, est d'une Glu mêlée de grains de *Substance de l'écorce.* Sel.

L'écorce vuë dans l'interieur, est comme les autres toute pleine *Ecorce vuë en l'interieur.* de Sillons C C C.

Le tronc depouillé de l'écorce paroît aussi plein de Sillons droits, *Tronc dépouillé de l'écorce.* comme D D.

Quand il est coupé par le travers, on voit l'écorce EE. qui en- *Section par le travers.* toure la substance de la plante FF.

Etant coupé en long, on voit la substance cornée G G. sans aucun *Section en long.* Canal pour la mouëlle.

Lithophyte 6.

V. Pl. 20. n. 89. jusqu'à. 93.

Je ne sai à quelle profondeur il se trouve, on le tire de la côte d'A- *Incertitude de la profondeur où il croît.* frique au Cap Negre.

Il croît, comme les autres, sans racine, & il n'est uni qu'aux corps *Conformité de sa végetation avec celle des autres.* solides; sur lesquels il est posé & attaché, par la Glu de l'écorce. J'ignore quelle est sa plus grande hauteur, celui-ci n'étant qu'un *Sa plus grande hauteur inconnuë.*

C c

frag-

Témoignage des pêcheurs.   fragment long de quinze pouces. Les pêcheurs de Corail m'ont raporté qu'il s'en trouve des plantes d'une grandeur demesurée.

Couleur de l'écorce la plante étant seche. Conjecture sur sa couleur lorsqu'elle est fraiche.   L'écorce maintenant que la plante est seche, se trouve de couleur de paille, ce qui fait voir qu'étant fraiche elle doit être de couleur de Rose. Il a les vessies élevées & disposées d'une symmetrie particuliere que le Microscope fait mieux voir, & qui sont cause qu'il paroît d'une maniere differente des autres.

Disposition des rameaux.   Les Rameaux sont tous disposez comme les Poils des plumes.

Couleur de la plante nuë.   La plante depouillée de son écorce est d'un verd d'olive.

Diaphanité de l'extrêmité de ses rameaux.   Le sommet des Rameaux est diaphane.

Flexibilité de la plante.   La nature de cette plante, n'est pas si flexible que les nôtres de Provence, & se rompt facilement.

Organization.

Effet du microscope sur la structure de l'écorce.   La particularité de cette structure d'écorce a mieux paru avec le Microscope. Elle est formée de cinq Cordes A A A. qui sont vuides dedans, & qui entourent le bâton de la plante à égales distances de la même plante. On ne voit point d'ouvertures en aucun endroit de ces cordes, quoi-qu'elles tiennent la place des vessies que nous avons montré dans les autres.

Glandules substituées à la place des vessies.   Cela nous fait croire que les points qu'on voit comme B B B. sont autant de glandes, & que par elles se filtre ce Suc glutineux qui s'insinuë dans les autres par les trous évidens.

Substance de l'écorce.   La substance de l'écorce est d'une glu toute percée de Glandules.

Ecorce reconnuë dans la partie interieure.   L'écorce dans la partie interieure est aussi toute de Glandules comme C C C. qui correspondent aux exterieures.

Plante depouillée de l'écorce.   La plante depouillée de l'écorce, est canellée dans la superficie comme D D.

Par la coupure en travers.   Par la coupure en travers, on distingue d'abord la plante E E. & les trous F F F F F. des cordes de l'écorce.

Par la coupure en long.   Par la coupure en long, on voit la structure interieure & glanduleuse de l'écorce H H. & la substance I I. du Lithophyte tout uni sans ouverture pour la moële.

Litho-

Lithophyte 7.

V. Pl. 20. n. 94. 95. & 96.

Il naît sur la Côte d'Afrique au Cap Negre, aux endroits où l'on pêche du Corail; & par conséquent la profondeur ordinaire où on le trouve m'est inconnuë.

Sa naissance, sa hauteur.

Il n'a point de Racine non plus que les autres, & ne s'unit aux Corps solides que par la Glu de l'écorce, j'en ai vû de la hauteur de deux pieds. Ses branches, qui sont nombreuses, s'élargissent assez, & le rendent plus semblable que les autres, aux arbres terrestres.

Sans racine, sa hauteur.

Dilatation de ses branches.

La forme des vessies de son écorce est très-relevée, ce qui le fait distinguer de tous les autres; la couleur de cette écorce sèche est blanchâtre, & sa substance est entre les doits comme de la craye, & s'y froisse comme les autres.

Par où elle differe des autres.

La plante, dépouillée de l'écorce, est d'un très-beau noir.

Couleur de la plante nuë.

L'extrêmité des Rameaux, est semblable, pour la couleur, & la transparence aux Cordes de Boyau.

De l'extrêmité de ses rameaux.

La nature en est flexible, ainsi que celle des Os de Baleine.

Sa substance flexible.

Organization.

Sur cette écorce on distingue, avec le Microscope, la structure en forme de mamelle, des ordinaires vessies A A A. lesquelles ont toutes sur l'élevation superieure l'ouverture B B B. par où le Suc glutineux de l'Eau de la mer, entre, & se rassemble.

La structure de son écorce interieure.

La substance de l'écorce paroît ainsi qu'en tous les autres, un amas de grains de sel.

Substance de l'écorce.

L'écorce vuë en l'interieur, montre les Cânaux ordinaires C C C. remplis de points de substance glutineuse, & luisante comme du sel.

Écorce en l'interieur.

On voit, par la coupure en travers, la substance de Corne D D D. envelopée de l'écorce E E E. comme on voit en F. la concavité d'une des vessies.

Coupure en travers.

La coupure en longueur, montre la grosseur de l'écorce G G. toute percée ainsi que la substance cornée & noire H H. laquelle est deliée, & envelopée en une espece de moüelle I I I.

Coupure en long.

C c 2

Litho-

V. Pl. 21. n.
97, 98, 99.
100.

Lieu de sa
naissance.

Pourquoy
l'auteur la
met ici.

Lithophyte 8.

CE Lithophyte naît aux Iles Antilles de l'Amerique, & bien qu'il soit hors de nôtre mer Mediterranée, j'ai voulu le joindre ici aux autres pieces, pour en faire la combinaison avec eux. On juge bien qu'on ne peut l'avoir de si loin que sec, & par conséquent privé de toute cette agréable varieté de couleurs accidenteles qu'on dit qu'il a sortant de l'Eau, étant rempli de tant de Glus de mer qui, comme j'ai fait remarquer, contribuent beaucoup à cette varieté.

Uniformité
de sa végeta-
tion & son
extension
circulaire.

Il est sans Racine ainsi que les autres, & s'attache aux Corps solides par la Glu de son écorce, & comme plusieurs fois il s'étend en rond, j'en ai vu de trois & de quatre pieds de Diametre.

Sa forme ex-
terieure.

Sa forme est tout à fait particuliere, puis qu'ainsi qu'on le voit au dessein, elle est en maniere de Ret.

Couleur de
l'écorce.
Elle se froisse
comme les
autres.

L'Ecorce, dans l'état présent, est d'une couleur cendrée, & fort attachée à la substance de Corne, elle se froisse ainsi que les autres, étant comme elles d'une nature semblable à celle de la Craye.

Couleur de la
plante nuë.

La plante dépouillée de son écorce est d'un très-beau noir, & celle que nous avons fait dessiner ici, en est une sans écorce.

Substance
flexible.

Sa nature est flexible, comme les os de Baleine.

Organization.

Pourquoi il
ne paroît
point de
trous au Mi-
croscope.

CETTE écorce, bien examinée avec le Microscope, ne montre aucun trou, mais seulement les Points A A A. qui semblent d'une nature aprochante de celle du Sel, mais il se peut qu'ils ayent été bouchez, vû la longueur du tems qu'il y a que la plante est pêchée, & aussi à cause de leur petitesse, n'y voyant plus aucune marque des vessies, que nous avons demontrées en tous les autres.

Trous dé-
couverts dans
l'écorce.

La partie interieure de l'écorce, montre les points de sel, ou trous, plus grands qu'en la superficie, comme B B.

Plante nuë.

La plante sans écorce, est ainsi que CCC. toute unie & gommée.

Coupure en
travers.

Par la coupure en travers, on distingue un amas de concavitez, comme D D. entre une écorce dure E E.

En

En la coupant par le long, on voit la fuite des petits trous F. F. entre les deux écorces cornées.

Lithophyte 9.

GETTE plante eft un Lithophyte tout particulier & different des autres. Il n'a point d'écorce, & feulement quand il eft en frag= mens, il a des morceaux de Glu, dont les rameaux font entourez. Il fleurit, comme je dirai, & toute la plante eft pleine d'épi= nes.

V. Pl. 21. n. 101, 102, 103. & Pl. 22. n. 104.

Different Litophythe fans écorce.

Je l'ai pêchée moi-même à 140. Braffes de profondeur : Elle n'a point de racines, elle eft de couleur obfcure, ayant la fuperficie cou= verte d'une fubftance comme de vernis, qui eft en plus grande abon= dance au pied.

Sa profondeur & fa couleur.

Elle eft toute pleine d'épines comme la quëüe de la Raye. Au fommet des Rameaux, où cette matiere de vernis fe trouve en moin= dre quantité, les épines font plus aparentes.

Sa forme extérieure.

Sa plus grande hauteur eft de deux pieds, & fa groffeur d'une li= gne & demie de diametre au pied.

Sa hauteur, & groffeur.

A l'endroit A A. on voit certains petits globes de matiere glutineufe qui paroiffent ainfi en fortant de l'eau ; mais fi on re= met la plante dans un vafe plein d'eau de mer, ils s'étendent autour des Rameaux d'une agreable fymmetrie, comme en B. où l'on voit une efpéce de fleurs que je décrirai mieux quand je parle= rai des fleurs, & des femences des plantes marines. Elle fait tou= jours le même effet, toutes les fois qu'on la remet dans l'eau, ou qu'on l'en retire.

Globes de matiere glutineufe.

Organization.

LA fuperficie du pied C C. de la plante toute pleine de cette ma= tiere de vernis, laiffe à peine diftinguer le fommet des épines.

Abondance de vernis fur la fuperficie du pied.

Sur la partie fuperieure de la plante D D. où ledit vernis n'eft pas en fi grande abondance, les épines y paroiffent mieux comme E E E.

La partie fuperieure.

Etant coupée à travers, elle montre la quantité des trous F. F. qui y font, & qui s'étendent en long.

Section par le travers.

Etant coupée en long, elle montre les Canaux G G.

Section en long.

D d

DES

DES
PLANTES PIERREUSES.

Nature pierreuse.

La mer seule produise vegetables.

L E Nom de pierreuses, que l'on donne à ces Plantes, fait assez connoître qu'elles sont d'une nature de pierre. C'est une vegetation tout-à-fait particuliere à la mer, puis que nous n'avons rien de semblable sur la surface de la terre ; & l'extrême difference de

Doute des anciens & modernes.

leur nature, d'avec celle de toutes les autres, est ce qui a fait douter non seulement les anciens, mais moi-même le plus moderne des Observateurs, si c'étoient de veritables Plantes, qui vegetassent dans un ordre reglé, de la maniere que je l'ai enfin reconnu , & que je démontrerai.

Plantes pierreuses avec écorce & sans écorce.

La principale distinction, qu'on doit observer en cette classe des pierreuses, est de celles qui ont une écorce, & des autres qui n'en ont point.

Le seul Corail a de l'écorce, qui se laisse facilement separer au sortir de l'eau.

Le Corail est le seul qui en ait ; & lors qu'il sort fraîchement de la mer, cette écorce peut être séparée de la substance , avec la même facilité qu'on le fait aux plantes de la terre.

Plantes sans écorce nommées Madrepores.

Division des Madrepores.

Toutes les autres plantes de cette classe n'en ont point, & nous leur donnons le nom general de *Madrepores*; que nous trouvons à propos de subdiviser ensuite selon l'ordre des parties qui les composent, & leur font prendre de diverses figures. Nous en distinguons donc à simple calice ; à plusieurs calices, dont l'union fait quelque chose d'équivalent à des Branches ; des rameuses , rondes & unies ; des rameuses, rondes & nouëuses ; des rameuses plates ; des feuillues, de qui les feuilles se replient en divers tours en forme de Rose ; & enfin de Mousse , comme étant semblables à la Mousse terrestre, composées de rameaux très-deliez.

Configurations de leurs especes.

Substance plus ou moins dure.

On voit par-là que leurs configurations sont particulieres & diverses dans leurs especes. Quant à leur substance elle est plus ou moins unie, & par consequent de divers degrez de dureté, que l'on expliquera dans la description de chaque plante.

Leur veritable & particuliere denomination Botanique, reste encore en suspens, pour les raisons que j'ai deja raportées. Je ne me servirai donc que des noms usitez parmi les pêcheurs.

Toutes ces végetations pierreuses, au reste sont des plantes effectives,

ves,

ves, & qui ont toutes leur ſtructure, quoi que reglée toujours, ſelon le mechaniſme univerſel, que la nature a établie dans les plantes marines, qui permet à toutes les parties qui les compoſent, d'être nourries indépendemment de l'entiere union organique. *Ces vegetations pierreuſes ſont des plantes.*

Les endroits, où cette végetation ſe fait ordinairement & en plus grande abondance, ſont des eſpeces de fourneaux, & des Grottes de la forme que nous particulariſerons, en parlant du ſujet principal qui eſt le Corail. *Lieu propre à cette eſpece de vegetation.*

Ces plantes n'ont point de racines, pour la même cauſe que nous avons raportée, au ſujet des molles, & de celles qui ſont preſque de Bois, végetant indifferemment ſur toute ſorte de corps ſolides; comme des pierres, des conglutinations de terre, des os, des coquillages, du fer, de la terre cuite, de Bois, & quelquefois même ſur d'autres plantes, ſans avoir égard à l'aliment particulier, qu'elles devroient tirer du lieu, où elles ſont poſées, ſi elles avoient des racines. *Pourquoi elles n'ont point de racine.*

Les couleurs de toutes ces Plantes changent, quand elles ſont hors de l'eau : & il n'y a que le Corail rouge, qui retient ſa couleur naturelle ſans autre alteration que dans l'écorce, laquelle en ſe ſechant prend une couleur plus livide. *Changement de leurs couleurs. Le Corail rouge ne change point, excepté ſon écorce.*

La ſtructure organique, qui montre de quelle maniere ces plantes ſe nourriſſent, eſt ſemblable dans le Corail, à celle des molles, conſiſtant dans le tiſſu glanduleux de l'écorce ; & aux autres qui n'en ont point, la nature leur a diſpoſé certains trous, & canaux dans la ſubſtance de pierre, par leſquels la glu marine s'inſinuë, ſe coagulant en une eſpece de lait blanc, en quelques-unes, & jaune en d'autres, & de divers degrez d'épaiſſeur. Il faut remarquer que ce lait blanc devient toujours jaune lors qu'il ſe ſeche. *La ſtructure du Corail à cauſe de ſon écorce.*

Une choſe qu'il y a de bien particulier en ces plantes, eſt que le Corail muni d'une écorce reglée a de très-belles fleurs que j'ai découvert nouvellement & dont je ferai une démonſtration fort claire, dans l'endroit deſtiné, pour parler des fleurs, & des ſemences des plantes de la mer. *Fleurs découvertes par l'Auteur dans le Corail.*

Enfin les analyſes chymiques nous font voir, d'une maniere à ne pouvoir en douter, que ces végetations pierreuſes ſont de veritables plantes, & que l'on en peut tirer, lors qu'elles ſont fraîches, les mêmes parties que des plantes terreſtres, & des animaux. *Preuve tirée de l'analyſe chymique.*

D d 2

DU

DU CORAIL.

Que la partie la plus noble de cet ouvrage est le Corail.

Cette partie est la plus noble des Plantes pierreuses, étant celle qui contient la description du Corail, depuis sa premiere formation jusqu'à son état le plus parfait. C'est aussi celle, qui doit desabuser le public de toutes ces narrations chimeriques, que lui ont donné divers Auteurs, tant anciens que modernes; & desquelles, s'il me falloit faire ici la compilation, je grossirois mon Ouvrage d'un volume fort superflu & très-inutile à mon dessein; qui est d'exposer ce que j'ai reconnu de vrai, sur le fondement des nombreuses pêches que j'ai faites de cette plante, uon sans beaucoup de danger & de dépense. Je suis persuadé que la comparaison, que les Savans pourront faire de ce que je dirai, avec ce qu'ont écrit les autres, contentera mieux leur curiosité, que tout ce que je pourrois moi-même en raporter ici.

Cavernes où croit le Corail.

Les endroits, où naît le Corail, sont de certains trous, ou des cavernes, qui sont tantôt dans la roche vive, & tantôt dans des amas terrestres, liez en forme de Tuf, par la Glu de la mer.

Substance du bassin de la mer.

La Roche vive est la substance, qui, comme je l'ai fait voir dans ma premiere Partie, forme le veritable Bassin de la mer. Les amas

Magirtan; fond accidentel & son accroissement.

terrestres que les Corailliers nomment, *Magirtan*, sont ce qui forme le fond accidentel, & croissant quelquefois extraordinairement, ils donnent lieu à des antres considerables, qui commencent à la superficie du rocher sur lequels ils posent.

Situation des cavernes.

Les Corailliers experimentez distinguent comment ces antres doivent être situez, pour permettre au Corail de faire en leur interieur sa végetation reglée: car si elles sont perpendiculaires au centre, ou au sommet de la terre, elles n'y sont pas propres; mais bien, si elles sont paralleles ou à peu près.

Parallèles estimées propres.

Ce sont ces dernieres, que les Pêcheurs cherchent avec un soin, & une fatigue incroyable, tantôt sur le bord de la mer, & tantôt au large, à beaucoup de profondeur, s'abandonnant en cela au pur hazard, puis qu'elles sont entierement couvertes par les eaux.

Deux hauteurs de mer où les pêcheurs cherchent ces cavernes.

Mais celui qui le premier peut découvrir ces sortes de trous, qui dans les mers de Catalogne se trouvent pour l'ordinaire aux Isles Baleaires; en celles de Provence, entre les Caps de la Corone & de St. Tropez; dans la partie meridionale de la Sicile, & aux Côtes

tes d'Afrique, en face de Barca, & vers le Cap-Negre, celui-là, dis-je, est assuré de voir ses fatigues payées par la découverte d'une nouvelle, & entiere forêt de Corail.　Il en arrive ensuite la même cho- *Forêt de Corail comparée aux forêts de la superficie de la terre,* se qu'aux forêts de la terre: car après qu'avec les Instrumens propres pour cet usage, on a travaillé long temps dans ces antres, & qu'on y a tout coupé, il faut necessairement que l'on laisse écouler quelques lustres, avant que la forêt se renouvelle: & la Mer est d'autant plus sujette à cet inconvenient, que la liberté de la Pêche y fait negliger cet ordre, qui s'observe dans les Bois, & qui donne lieu à la revégetation.　Ainsi pleins de l'esperance, *D'où vient la disette du Corail.* qu'il est resté dans ces grotes du Corail fait, & d'une grosseur considerable, les Pêcheurs y jettent continuellement leurs instru- mens, rompent & desolent toutes les nouvelles formations de cette belle Plante, & se mettent par-là dans l'impuissance d'en trouver de leurs jours aucune d'une grandeur un peu considera- ble, & effectivement ce defaut ne vient pas de la nature, mais de ce qu'on ne veut pas lui laisser le temps d'agir.

Il y a encore de particulier, & d'extraordinaire en cette Plante, *Position perpendiculaire du Corail,* qu'elle differe par sa position en ces antres, de toutes les autres de la terre, & de celles de la mer que nous appellons molles: car elle croît de telle sorte, que ses rameaux tombent perpendiculairement vers le Centre de la terre, & son pied reste verticalement posé dans ces trous, ainsi que me le fait voir un morceau de Roche percé, que j'ai dans mon Cabinet & qu'on verra dans la figure suivante, où *V. Pl. 22. fig. 105, 106.* la partie superieure de ce petit antre est marquée A A. & les rameaux perpendiculaires du Corail sont distinguez par B B B.

Le même fait est encore mieux prouvé par une piece de Tuf, ou *Autre preuve plus convain- quante.* terre conglutinée, qui en sa partie superieure a des plantes d'une herbe molle, dont les rameaux & les feuilles suivent le cours ordi- naire des plantes de la terre, s'élevant de bas en haut comme C. C. C, & dans la partie inferieure & opposée, cette piece a la plan- te de Corail D D. qui, par un cours tout different, va vers le cen- tre du monde.　Tous les morceaux que j'ai pêchez moi-même, & *Preuve tirée de toutes les pêches de Corail faites par l'Auteur.* que je conserve, m'ont toûjours persuadé, & sans aucune exception de la maniere extraordinaire dont croît cette plante.

On peut produire, pour une autre preuve, l'effet que font les ins- *Preuve tirée des instru- mens qui servent à la pêche.* trumens pour l'arracher, & qui difficilement seroit tel que je le de- crirai, si la position de la plante étoit autre que je le dis.

E e

Les

Defcription
des inftru-
mens , tels
que les Pê-
cheurs em-
ploient pour
lapêche du
Corail.
*Ch. 4. Des-
cription du
Baftion de
France.

Les Pêcheurs les plus experimentez d'aujourd'hui s'accordent en cela avec la relation que le Pere Dan nous a donnée, dans son Hiſtoire de Barbarie, où il parle de cette ſorte * : *Les Pêcheurs ont un grand Reſt, attaché à de longues cordes , parce qu'il y a quelquefois juſqu'à cinquante Braſſes d'eau, dans les endroits où ils font leur pêche. En ce Reſt ils mettent de groſſes pierres pour le faire aller au fond , ſi bien que par la violence de l'eau, & du courant, il entre ſous des Rochers , en certaines grottes extremement creuſes , & faites en forme de voutes, où croiſt le Corail, & où il s'attache, ayant ſes Branches qui pendent en bas.* De ſorte donc qu'il ne reſte plus aucun lieu de douter ſur cette verité de fait, après les démonſtrations que j'ai données, & dont nous nous ſervirons en ſon lieu, pour montrer de quelle maniere la nature agit en la végetation du Corail.

Profit que
retirera l'Au-
teur de cette
verité décou-
verte.

Ceux qui ſe font hazardez les premiers, en la recherche de ces antres, ont dû recourir en même tems à l'art, pour ſe munir d'inſtrumens propres à pénetrer dans leur interieur , afin qu'après les avoir trouvez, ils puſſent en retirer les plantes qu'ils recherchoient. Auſſi c'eſt un uſage fort ancien, parmi les pêcheurs, que les deux ſortes d'inſtrumens qu'ils employent pour cette pêche, ſelon les differentes ſituations.

Que l'uſage
en eſt fort an-
cien.

Defcription
& nom du
premier inf-
trument.

Les Provençaux appellent l'un *Engin*, & l'autre *Salabre*. Le premier qui eſt celui dont ils ſe ſervent en haute mer pour fouiller ſous l'eau dans le Rocher, eſt compoſé de deux Poutres en Croix , ayant, dans l'intervalle de l'angle, un boulet de Canon qui en facilite la ſubmerſion ; & aux extremitez une maſſe de Rets, faite en partie de mailles fortes & chargées, & d'autres plus ſerrées. Les grandes ſervent pour arracher les rameaux, & les petites pour les envelopper.   Le ſecond eſt une eſpéce de cuiller, compoſée d'un Cercle de fer, d'un pied & demi de diametre, ayant au fond un Sac de Rets, qui aux deux côtez en a auſſi un Groupe.   Le tout eſt attaché à une poutre plus longue même que la Barque, & qui a un Boulet de fer pour ſa prompte immerſion, & pour la conduire dans les antres qui ſont au rivage du Continent. Les figures 3. & 4. montrent mieux la figure, la proportion des parties, & le tout enſemble de ces inſtrumens.

Defcription
du ſecond.

V. Pl. 22. fig.
107.

Application
des inſtru-
mens don-
née dans la
fig. 1.

La maniere dont les Pêcheurs s'en ſervent, tant au large, qu'auprès de terre, ſe verra mieux auſſi d'un coup d'œil par le moyen des

figu-

figures, qui repréſentent un trajet de Mer, où il y a des Barques, *V. Pl. 23. fig. 108.*
qui en la diverſité de fonds , & de proximité du Rivage em-
ployent les deux inſtrumens.   On y diſtingue comment ils agiſ-
ſent dans les antres , enveloppant premierement , & enſuite ar-
rachant les Branches de Corail , par la commodité de leur végétation perpendiculaire, qui fait que leurs Rêts les embraſſent,
& embaraſſent bien plus aiſément, que ſi elles s'élevoient d'une
maniere verticale.

Les plantes de Corail, que l'on pêche de cette ſorte , ſont *Difficulté d'arracher les plantes de Co-*
rarement entieres, leur pied ne pouvant que très-difficilement *rail ſans arra-cher les corps*
s'embarraſſer dans les filets.   Mais on les a dans leur entiere *où elles ſont attachées.*
perfection , lors qu'ils ont la force d'arracher les corps ſolides
où elles ſont attachées, & avec plus de facilité lors qu'elles ſont
par accident conglutinées ſur des Coquilles, des Os, du Bois, ou
autres corps ſolides accidentels ; on en tire quelquefois d'attachées
aux amas terreſtres , dits *Magirtan* , comme auſſi ſur des pieces de
Rocher, & j'en conſerve de toutes ces ſortes quelques-unes, auxquelles il ne manque rien.

Avant que de venir à une deſcription détaillée de toutes les
parties qui compoſent une plante de Corail , je dois , ce me ſem- *Opinion des Anciens re-*
ble, déſabuſer le public de l'opinion dont il a été prévenu par les an- *connuë ſur la moleſſe des*
ciens Poëtes , & Phyſiciens ; ſavoir , que le Corail en ſortant *Coraux.*
de la Mer, eſt auſſi mol que de la pâte ; ce qui eſt très-faux,
puiſque dans l'eau même je l'ai trouvé de la conſiſtance & dureté de la pierre, à la reſerve des extremitez des branches qui ſont
molles, comme n'étant pas encore remplies du ſuc neceſſaire, qui
s'y inſinuë ſucceſſivement pour les conſolider , en la maniere que je
ferai voir en ſon lieu.

J'ai dit , en parlant en general des plantes de la mer, qu'à la re- *Plantes de la mer ſans raci-*
ſerve de l'Algue, je les ai toutes trouvées ſans racines , & ſur tout *ne, excepté l'algue, & les*
les pierreuſes qui s'attachent aux corps ſolides ſur leſquels elles po- *pierreuſes colées ſur les*
ſent, par une plaque qui eſt une extenſion de leur ſubſtance de *corps ſolides par une hu-*
même couleur & ſtructure, & égale en tout à celle des Branches *meur.*
du Corail.

Cette plaque eſt quelquefois de l'épaiſſeur du dos d'un couteau, *Cette hu-*
& ſe trouve de l'étenduë, du tour, & de la concavité que lui donne *meur prend la figure du*
la figure convexe du corps ſolide, ſur lequel elle s'étend.   De ſorte *corps ſur le-quel elles s'é-*
que j'ai vû une ſaliere de 48. lignes de long, & de 38. de large, de *tend. Son épaiſſeur*
la forme exprimée par la figure.   J'en ai une preſque ſemblable que *conſiderable. V. Pl. 23. Fig 109.*

E e 2   je

je pourrois faire fabriquer de même : elle eſt ſur une pierre, & ſoûtient une très-belle plante.

Forme de cette exten-
ſion offerte
dans la figure.
V. Pl. 24. fig.
111.

La maniere dont ces Plaques répondent à la plante, & s'étendent
ſur les corps ſolides, où elle poſe, ſe verra mieux par la figure d'une
plante de Corail, diviſée en toutes ſes parties exterieures.

Deſcription
en détail de
cette plaque.
V. Pl. 25. fig.
112.

La plaque qui eſt de la même Subſtance de Corail eſt étenduë ſur
la pierre en la forme A A.   Elle ſe joint aux Branches B B. qui ſont
d'une égale dureté de pierre, juſqu'à leurs ſommets C C. qui, comme je l'ai dit, ſont mous, & depuis la ligne ponctuée, qui les traverſe
en haut, peuvent ſe couper en ſortant de l'eau, & ſe reduiſent aiſément en poudre, quand la plante s'eſt ſechée.

Ecorce de la
plaque ſem-
blable à celle
du corps de la
plante.

La plaque, auſſi-bien que les Branches, eſt couverte d'une écorce, qui peut être ſeparée de la ſubſtance pierreuſe, lors que la plante eſt fraîche, de la même maniere que cela ſe fait aux branches des
arbres de la terre.   Cette écorce eſt toute couverte de tubules D D.
qui ont tous au ſommet un trou, que rarement on peut diſtinguer ſans microſcope.

Examen d'un
fragment de
cette plaque
fait par le mi-
croſcope.
V. Pl. 25. fig.
113.

On a examiné, avec le ſecours de ce verre, un fragment de branche, ayant ſon écorce ; les tubules, qui dans leur grandeur & forme
naturelle ſont comme D D., ont paru parfaitement ronds ; & le trou,
qui traverſe l'écorce entiere, ſe diſtingue de figure étoilée, ayant
ſix rayons comme E E E.   Cette configuration répond à celle des
fleurs qui ſortent de ces trous, de la maniere qu'on trouvera expliquée en ſon lieu ; mais elle n'eſt pas toûjours de cette ſorte, &
on trouve de ces mêmes trous, ſpheriques ſans rayons, & d'autres de
figure oblongue.   L'entiere ſuperficie de l'écorce paroît toute grainée en forme de chagrin, par l'amas des Glandules F F.

Ordre que ſe
promet l'Au-
teur de tenir
pour la des-
cription du
Corail.
V. Pl. 25. fig.
114.

Pour parler avec quelque ordre, de la veritable & anatomique
ſtructure du Corail, il eſt à propos que j'expoſe par le moyen de la
figure I. toutes les parties qui compoſent une plante, à la reſerve
des ſuperficielles dont nous avons déja parlé.

Corail nud
expoſé dans
la premiere
figure.

Dans celle de la préſente figure nous montrons le Corail depouillé
de ſon écorce, & n'y en reſtant ſur le tronc que le petit fragment
G., qui, quoi qu'entierement ſemblable à ce que nous avons demontré dans la précedente figure, eſt pourtant ici expliqué de nouveau pour une plus grande juſteſſe.   Le Microſcope fait donc

voir

donc voir en fa fuperficie les mêmes Tubules ronds & convexes, qui fur le haut ont les trous II. qui ne diferent des autres que par leur figure oblongue.   Elle eft pareillement compofée de glandules, la couleur en eft de minium, & mêlé en certains endroits de blanc diafane, comme du fel, ou du fucre Candi.   Un autre morceau d'é-corce, que j'ai laiffé attaché au tronc, par la feule partie H H. montre fa ftructure interieure faite à Canaux avec les cellules concaves, qui répondent à la convexité que nous avons décrite, ayant châcune un trou au travers de la groffeur de l'écorce, & qui eft la continua-tion de celui que nous avons montré en la fuperficie.   Le morceau H H. detaché du tronc fait voir par le moyen ordinaire du Microf-cope, les Canaux de couleur de Minium, & de Sel, & les conca-vitez que le trou I I. a dans le milieu.   Ces concavitez font toutes remplies d'un Suc glutineux, qui dans le tems que la plante eft frai-che, eft de couleur de lait, mais qui en fe fechant fe confolide, en forme de Croute, & prend une couleur de fafran qui tire fur le rouge.

Tubules dé-couverts par le moyen du Microfcope. Pl. 25. fig. 114. & 115.

Structure à canaux dé-couverte par un autre frag-ment.

La couleur des canaux. V. Pl. 26. fol. 116.

Suc glutineux qui remplit les concavi-tez.

Cette partie eft diftinguée de l'écorce par les lettres L L.

La fuperficie de la plante dépouillée de fon écorce eft toute plei-ne de canaux, qui continuent depuis l'extrémité de la plaque jufqu'à celle des Branches confiftantes, c'eft-à-dire, jufqu'à l'endroit où les pointes commencent à fe ramollir.   Il y a plufieurs Cellules rondes, creufées dans la même fubftance qui font auffi remplies d'un fuc de lait glutineux; lequel en fe fechant devient jaune, de même que ce-lui des tubules de l'écorce.   Ces cellules font toûjours en plus grand nombre, plus profondes, & plus larges, vers l'extrémité des Bran-ches, que non pas auprès du pied.   Les Canaux qui vont par l'entiere plante font marquez M M M. & les Cellules N N N. Le petit morceau O. qu'on en a pris, vû avec le microfcope, fait mieux diftinguer la figure de ces canaux, & des cellules.

Superficie de la plante pleine de ca-naux.

Cellules plei-nes d'un fuc de lait gluti-neux.

V. Pl. 26. fig. 117. Fragment qui montre les canaux & les cellules.

Ces canaux caufent par confequent des élevations continuées, & c'eft ce qui donne lieu à ce que nous avons dit être en l'écor-ce.   Les lignes P P P. montrent les endroits où finit la confif-tence pierreufe des Branches, & commencent les pointes molles en fortant de l'eau, & qui en fe fechant deviennent très-faciles à broyer, n'étant qu'une écorce qui embraffe une grande quan-tité de Cellules, lefquelles fe rempliffent fucceffivement du fuc de lait, qui fe fixe à la dureté de la pierre, comme nous le ferons

Elévations procedantes des canaux.

Confiftence pierreufe.

F f

voir.

Morceau de
cette extré-
mité molle.
V. Pl. 26. f.
118.

voir. Un morceau de cette extrémité molle, jointe à une autre partie du Corail dûr, eſt ce que nous avons marqué A A. & que nous avons examiné avec le microſcope ; par lequel on diſtingue clairement les diverſes ſtructures des parties molles, & des dures.

Raiſon de
cette moleſſe.

L'une eſt toute pleine de Cellules Q Q. qui au ſortir de la mer, étant pleines du ſuc glutineux cauſent cette moleſſe, laquelle enſuite peu à peu ſe durcit comme l'autre R R. qui la touche, par la neceſſaire affluence, & coagulation du ſuc de lait.

Section hori-
zontale d'un
morceau de
Corail.
V. Pl. 26. fig.
119.

J'ai coupé horizontalement le petit Rameau de Corail SS. dans ſa véritable dureté, & ayant bien examiné avec le microſcope ſa partie interieure, il ne m'a pas été poſſible de diſtinguer aucun Canal ni aucun vuide, ni poroſité; mais ſeulement une très-dure & très-unie ſubſtance de pierre, de couleur rouge, aiant de petits points blancs comme du Porphyre. En la figure 6. on voit ce qui a été agrandi de la ſorte. J'ai fait la même choſe d'un morceau coupé de la partie molle, & les pores que nous y avons déja remarquez, ont été agrandis comme V.

Section d'un
morceau de
la partie mol-
le du Corail.
V. là-même
f. 120.

De cette exacte Anatomie, on peut conclurre que toute la ſtructure organique du Corail, eſt en l'écorce, & en la ſuperficie de la ſubſtance, dure & pierreuſe, & non pas du tout dans ſon interieur; puiſque, dans cette végetation, il ne doit pas s'obſerver un ordre, pour faire circuler le Suc nourricier, mais une atraction ou filtration de l'aliment fluide, que lui fournit l'Eau de la mer, s'uniſſant en façon que par une certaine appoſition que j'expliquerai, la Plante eſt formée de cette conſiſtence.

Structure or-
ganique éta-
blie en l'écor-
ce.

J'ai parlé du ſuc, à qui la ſubſtance glutineuſe & la couleur blanche font donner le nom de lait ; mais comme je n'en ai parlé que ſelon l'occaſion, que m'en ont donné quelques parties, qui en contenoient; je dois expliquer ici comment il ſe répand également entre l'écorce & la ſuperficie de la ſubſtance dure, ſe raſſemblant en plus grande quantité, tant dans les Tubules de l'écorce, que dans les Cellules en la ſubſtance de Corail; pour pouvoir enſuite avec la commodité des Canaux, que nous avons remarquez remplir par ſa propre appoſition, les parties vuides ou qui ne ſont pas encore réduites en leur degré néceſſaire de grandeur & de dureté.

Suc lacté ma-
niere de ſon
épanchement
expliquée.

Preuve de
cet épanche-
ment tirée
des expérien-
ces.

La vérité de l'épanchement de ce Suc par les parties décrites, eſt

prou-

prouvée par les experiences des figures 1. & 2. Dans la premiere je montre une Branche de Corail, qui rompuë au sortir de la mer, & pressée entre les doigts laisse sortir le lait comme X. d'entre l'écorce, & la substance du Corail. La seconde, qui contient une semblable branche fraîche, fait voir la même chose; car ayant, avec l'ongle, levé l'écorce d'un bout à l'autre, il s'y est trouvé du lait, tant dans les Tubules de l'écorce, que dans les Cellules de la substance, & répandu par la superficie du Corail, que l'écorce conservoit & couvroit.

V. Pl. 26. f. 121.

Les lettres Z Z. montrent les amas du lait dans les Cellules, qui parmi le rouge du Corail, semblent, si l'on peut se servir de cette comparaison, le pus des boutons d'un galeux, quand on leur a ôté la peau.

V. la-même f. 122.

Je m'imagine au reste, que la partie de lait, qui s'unit dans les Cellules, est celle qui sert pour l'augmentation de la Plante, se glissant par les Canaux jusqu'aux extrémitez des Branches; & que l'autre qui est dans les Tubules est destinée uniquement pour former les fleurs que je découvris, il y a quelque tems, & dont je ferai de nouveau la description. Il est probable que c'est en cette derniere partie, que se trouve la sémence pour la production des nouvelles Plantes de Corail, & c'est de quoi je parlerai plus au long, dans la partie où je parle expressément des fleurs, des fruits, & des sémences des Plantes de la mer.

Suc destiné pour l'augmentation du corps de la plante.

Autre partie pour les fleurs & pour les sémences.

Ce fut un effet du hazard, que la découverte des fleurs du Corail, comme je l'écrivis à Mr. l'Abbé *Bignon*, dans une Lettre qui a été imprimée dans le Suplément du Journal des Savans en l'an 1707. La chose fut confirmée par les pêches de Décembre, de Janvier, d'Avril, & du commencement de Juillet, qui me firent voir les mêmes succès.

Lettre écrite à Mr. l'Abbé Bignon sur la découverte des fleurs de Corail.

Les Branches de cette plante étant tirées de la mer, avec les instrumens nécessaires, & posées dans des vases, où il y ait assez d'Eau pour les couvrir, au bout de quelques heures on voit de chaque Tubule sortir une fleur blanche, ayant son pedicule, & huit feuilles, le tout ensemble étant de la grandeur, & figure d'un clou de girofle.

Histoire de cet évenement & description de cette belle fleur.

La Plante de corail fleurie dans un Vase rempli d'Eau de la mer, & les fleurs vuës de plusieurs formes, se distinguent à part, dans la planche, où l'on parle des fleurs de ces plantes. Dans le même in-

Figure qui représente le Corail qui fleurit.

F f 2

stant

La plante de Corail hors de l'eau, les fleurs rentrent dans leurs tubules.

ſtant que l'on ôte de l'Eau la branche auſſi fleurie, toutes les fleurs ſe retirent dans les Tubules, que châcun d'eux a en la partie ſupe-rieure, & qui eſt l'endroit d'où elles ſont ſorties. Souvent ces Tu-bules reſtent comme les boutons des fleurs, & ſi alors on les regar-de promptement avec un verre, on s'aperçoit de la diviſion de l'é-corce, en autant de parties que la fleur a de feuilles, comme on peut voir en la Planche du Corail fleuri.

La plante re-miſe dans l'eau, les fleurs paroiſ-ſent comme auparavant. Fleurs en for-me d'étoile.

La plante étant remiſe dans l'Eau ne manque pas de fleurir com-me auparavant, & en moins d'une heure toutes ces parties coupées de l'écorce, s'ouvrant pour donner paſſage aux fleurs, & faiſant prendre quelquefois au petit trou du Tubule, cette belle figure que nous y avons remarquée.

Tems de la durée de ces fleurs.

J'ai trouvé de ces plantes qui ſe ſont conſervées avec leurs fleurs, & toutes les circonſtances, que j'ai décrites, environ douze jours, & d'autres cinq ou ſix; après quoi la ſtructure glanduleuſe de l'écor-ce commençant à ſe rompre par une maceration; les fleurs perdent

Metamor-phoſe de cet-te fleur en boule.

leur figure, la changeant en celle d'une petite boule qui devient jau-ne, & ſe ſeparant de la plante tombe au fonds de l'Eau. Celle-ci enfin fond tout-à-fait la ſubſtance de l'écorce, & elle ne reſte plus que comme un Lutis, en la ſuperficie duquel il ſe forme une étoile glutineuſe, de l'épaiſſeur du dos d'un couteau; pourvu toutefois que la plante ſoit vive & bien fournie de lait, & que le Vaſe ſoit de la grandeur d'une Ventouſe telle qu'un homme peut tenir dans la main.

Maniere de cette végeta-tion reglée par la nature.

Avant de paſſer à pluſieurs autres remarques qui doivent ſe faire ſur diverſes particularitez du Corail; il eſt bon que je montre de quelle maniere, à ce que je crois, la nature a pu regler la végetation d'une plante organiſée de cette ſorte; & qui ne s'établit que dans les

Elle ſe fait ſur les corps ſoli-des. Raiſon pour-quoi elle ne peut ſe faire ſur la fange.

endroits, que nous avons décrits, ſur des corps ſolides. Car ſur la fange ou ſur le ſable qui ſont des corps mous & flexibles à l'agitation de l'Eau, non ſeulement les premieres formations de cette plan-te ne pourroient pas être conſtantes, mais même ſon poids ne ſauroit être retenu par ces ſortes de Corps ſi peu ſolides, & ſi faciles au contraire à être eux-mêmes entraînez. Auſſi les pê-cheurs aſſurent qu'on n'y trouve jamais de Corail, & qu'il n'eſt point autre part, que ſur les Rochers, ou les conglutinations de tuf, dans les cavernes horizontales ou à peu près telles; & aux en-droits où l'eau eſt tranquile.

Pour

Pour traiter ce Syſtême dans un véritable ordre d'anatomie phyſique, il faudroit prendre la choſe, comme l'on dit, *ab ovo*, c'eſt-à-
dire commencer à parler de la ſemence; mais juſqu'à préſent il y a
plus de probabilité, que de véritable manifeſtation de ſon exiſtence;
à moins qu'on ne prétende que ces petits globes qui ſe forment, de
l'union des feuilles, & des fleurs, & tombent au fond du Vaſe ; Opinion de
l'Auteur ſur
les ſémences
du corail.
lorſque l'écorce a perdu ſa ſtructure naturelle, ne ſoient autant de
graines de ſémence du Corail. L'on peut auſſi dire que, dans les Autre penſée
de l'Auteur.
plantes pierreuſes, la ſémence eſt entierement cachée, & confon-
duë dans la ſubſtance fluide du ſuc glutineux, qui eſt plus ou moins
approchant du lait, & qui ſe trouve géneralement en châcune d'elles; même en celles qui ſont ſans écorce; ainſi que l'on verra, en
leur anatomie particuliere.

L'obſcurité de cette partie des ſémences m'a obligé d'englo- Autres des ſé-
mences des
plantes pour
découvrir
leur origine,
ber en une partie ſéparée, tout ce que j'ai pu ramaſſer des fleurs,
& des graines indiferemment de toutes les eſpeces de plantes de la
mer, & telles que le pur hazard de la pêche a pu me les fournir.
Quoique ces fragmens donnent quelques lumieres, au de-là de ce
qui a paru juſqu'à aujourd'hui; ils ne ſuffiſent pourtant pas, pour Ils ne ſuffiſent
pas pour éta-
blir un ſyſte-
me.
tout ce qui eſt néceſſaire à l'établiſſement d'un Syſtême. On trouve-
ra donc, à la fin de ce Volume, les obſervations que j'ai faites là-
deſſus.

Il faut maintenant que je paſſe à la démonſtration de ces petits Commence-
ment des
branches du
corail, ſelon
les pêcheurs.
points rougeâtres, que les pêcheurs tiennent pour les premieres for-
mations du Corail. Ils ſont exprimez par la figure 123. On y voit Pl. 126. fig.
123.
les trois petits globes A. B. C. fixez ſur un morceau de rocher, &
étant examinez avec le Microſcope, ils paroiſſent comme la figure
124. un amas de pluſiéurs globes ſans aucune ſymmetrie; on n'y
en reconnoît que lors qu'ils prennent la configuration de Branches;
car bien qu'elles ſoient très-petites, on ne laiſſe pas de les diſtinguer,
avec le ſecours du verre, dans leur premiere formation, & avec
toutes ces parties, que j'ai dit être dans la ſtructure d'une plante formée; de ſorte qu'il ne nous reſte qu'à parler d'une branche,
dans ſon entiere formation.

On doit rappeller ici l'idée de ce que j'ai dit plus haut, que Le corail vé-
gete la tête en
bas, il eſt de
conſiſtence
dure.
le Corail végetoit en bas, & perpendiculairement au centre de
la terre, que ſa ſubſtance interieure eſt unie comme de la pierre, Sans marque
d'organiza-
tion où l'ali-
ment puiſſe
s'inſinuer.
& ſans aucune marque d'organization, par laquelle l'aliment

G g puiſſe

puisse s'insinuer, de même que nous ferons voir que cela est aux pierreuses, sans écorce ; car tout cela nous met dans l'indispensable nécessité, de recourir pour nôtre démonstration à cette position perpendiculaire de la plante, & à la structure de l'écorce, & de la superficie de la branche.

L'écorce, comme je l'ai fait voir, est un amas de glandules. Elle a des Tubules de figure ronde & qui ont un trou en leur partie superieure.

La substance glutineuse reçoit cette glu bitumineuse, qui est dans l'Eau de la mer, elle la filtre & réduit à cette perfection de lait gluant qui reste en l'écorce, pour lui distribuer l'aliment nécessaire, & qui se répand abondamment, entre elle, & la superficie de la substance du Corail, ainsi que je l'ai déja dit, & comme je l'expliquerai encore mieux.

Je croi que difficilement il peut entrer quelque aliment par les trous des Tubules, puis qu'ils paroissent bouchez, par les fleurs qui en sortent, lesquelles sont d'une substance fort peu differente de celle du lait ; qui, selon toute apparence, les nourrit, en coulant entre l'écorce & la superficie, sans avoir besoin d'autre secours, pour cela, que celui qui lui vient des glandules de l'écorce.

La superficie du Corail est toute pleine de Canaux, & de cellules creusées en elle ; les uns & les autres sont plus considerables, aux extrémitez des Branches que vers le pied de la plante ; & les premiers sont les Rigoles, par lesquelles doit courir le suc de lait, lorsqu'il y en a, dans les secondes, une quantité suffisante pour l'usage que je dirai.

La verité de l'existence de ce lait, entre l'écorce & la superficie du Corail, se fait connoître dans quelques branches séches, où on le trouve également fixé, entre l'une & l'autre susditte, & remplissant toutes les Cellules, on connoît aussi parfaitement qu'il a changé sa couleur blanche en jaune, aux extrémitez des mêmes branches, le lait, comme nous avons dit, se trouvant là plus abondamment, que vers le pied, si on les coupe horizontalement & perpendiculairement. La figure 125. est un morceau du bout d'une branche de Corail, que j'ai coupé horizontalement en quatre parties comme D. E. F. G. on voit par la partie D. la croute jaune du lait séché qui entoure la superficie du Corail, & qui remplit les Cellules 2, 2. qui sont dans la substance.

stance.   L'autre partie E. est ce qui succede à la précedente D. ainsi que le font voir les lignes pointées, on y voit la continuation de la Croute de lait, & comme elle est devenüe jaunâtre en se séchant entre l'écorce & la substance, ainsi que le montre le nombre 3. Il y a dans le milieu une de ces Cavitez, marquée 4. qui se trouvent aux extrémitez des branches pleines d'un lait, qui n'a pas atteint le degré de dureté ordinaire du Corail.   Elle continue jusqu'à l'extrémité de la branche, comme on le verra mieux par les morceaux qui suivent.   La continuation du morceau E. est unie dans un autre à la partie F., où l'on voit que le trou marqué 4. dans le précedent, & ici 5. n'est point interrompu, & que la croute jaune entre l'écorce, & la substance y est aussi continué, remplissant une Cellule 6. La partie ou fragment marqué G. est le bout de la branche qui pour l'ordinaire est plus gros, & d'une figure plus irréguliere, que les parties supérieures de la branche mieux formée.   Cela provient des creux, que forme par ses divers contours la substance de lait, qui s'étendant en ordre de couches, se condense à la dureté du Corail, & consecutivement ces vuides se resserrent, & font prendre aux Rameaux la figure qui leur convient, & qui est à peu près ronde.

Le morceau G. coupé horizontalement, avec toute la précaution possible confirme cette structure, & comme le lait existant entre l'écorce, & la superficie du Corail, ne trouve pas en cet endroit l'union parfaite de la matiere Coralline, il se répand dans tous les vuides par les contours 7. 7. de couleur jaune, jusqu'à ce qu'il les ait remplis de sa substance qui se coagule en ordre de couches, & parvient enfin à la dureté du Corail parfait.

Confirmation du progrès de ce lait & de la structure du Corail.

Ces dernieres connoissances jointes aux premieres, savoir, que le Corail croît perpendiculairement au centre de la terre, que sa structure organique est seulement en l'écorce, & en la superficie de la substance Coraline, & que le dedans n'est qu'un amas solide d'une substance pierreuse, tout cela, dis-je, me donne le motif de faire la suivante démonstration, touchant la maniere dont le Corail, en toutes ces circonstances, peut, & doit se former.

Principes qui établissent selon l'Auteur la végétation du Corail.

Le morceau de Corail, que j'ai coupé en tant de parties horizontalement, est à présent coupé perpendiculairement, pour faire voir en profil comme le lait est seché entre l'écorce & la substance, & comment il coule des Cellules, lors qu'il est frais, par les Canaux

Section perpendiculaire.

Pl. 126. fig.
126. & 127.

de la superficie, jusqu'à l'extrémité G., & aussi comme sa substance
interieure se trouve massive, & unie, ainsi qu'une véritable pierre;
& que ce trou perpendiculaire, que nous avons commencé de découvrir, au centre du morceau E. n'a aucune connexion avec les parties
superieures, par raport à une structure reglée; mais seulement par
l'accident de n'avoir pas été rempli d'assez de lait, pour pouvoir arriver à cette perfection de structure, & de dureté qui lui convient.
Cela ayant du se faire par le moyen du regorgement du fluide nourricier qui descend entre l'écorce, & la superficie jusques à l'extrémité G.

Lait coagulé demontré par un profil.

Dans ce profil on voit donc entre l'écorce 8. 8. & la superficie
du Corail 9. 9. la continuation de la croute jaune du lait coagulé
A A A. qui descend à l'extrémité E., d'où par ces nouveaux contours
B B B. elle remplit la premiere couche de la nouvelle substance, pour
réduire le nouveau Corail à sa perfection, remontant où elle trouve
des vuides comme C C.

Le surcroît d'aliment employé à a-longer les branches.

Lorsque la nature a achevé, dans sa perfection, la partie qui n'é-
toit que commencée, elle employe le renfort d'aliment, qui lui vient
continuellement à la prolongation des branches, ce qui se fait, à
mon sens, de la maniere que voici.

De quelle maniere cela se fait.

L'écorce du Corail qui, à l'extrémité des branches, est d'une substance molle, se trouvant chargée d'une continuelle afluence de lait,
qui y descend comme nous l'avons expliqué, est obligé de s'agran-
dir en forme de bourse, & d'une longueur, & largeur proportionnée à la quantité de lait qu'elle reçoit. Dans cette bourse le lait par
les contours tels que les ci-dessus, marquez B B. forme une nouvelle
Tissure, qui dans l'ordre de couches sur couches prend la consistence; & va mieux remplir tous les espaces vuides de tant de
Cellules, qui par ce moyen acquierent la dureté nécessaire, pour
rendre le Corail parfait.

Le lait pousse plus loin sa production par une dila-tation de l'écorce.

Cette nouvelle partie étant achevée, & le lait nourricier ne
discontinuant pas, l'écorce s'alonge en une nouvelle bourse E E E.
qui se remplit comme l'autre, & de cette sorte elle peut continuer & étendre ses végetations, autant que l'organique structure glanduleuse de l'écorce, est capable de séparer de l'Eau dont
elle est environnée, cette substance glutineuse qu'elle admet, &
qu'elle fournit, ensuite par des lignes d'une grosseur proportion-

La même fig. 127. née à celle des glandules, & qui sont marquées F F F.

Lors-

Lorsque les organes de l'Ecorce font ufez, foit par vieilleffe, ou par quelqu'autre accident, la plante du Corail doit néceffaire- ment ceffer de croître, & puis fe féchant tomber au fond de l'Eau, du lieu d'où elle pendoit. Les organes ufez, la plan- te ceffe de croître.

Nous avons dit, en parlant des Plantes molles, & de celles pres- que de Bois, que leurs parties, qui étoient dans l'Eau, fe confervoient fraîches, & que celles qui reftoient au dehors fe féchoient; com- me n'ayant pas dans leur ftructure des Canaux par où les parties qui font mouillées & nourries, puiffent communiquer l'aliment aux au- tres, de la même maniere que cela fe fait aux Plantes de la terre par les Racines. Toutefois le Corail ayant en quelques parties enco- re de l'Ecorce, n'en eft pas plus pour cela en état de fe nourrir, mê- me dans ces parties: à caufe que cette continuation, qui forme le fac dont nous avons parlé, eft interrompuë, & que ce fac, qui doit con- tenir le lait, ne peut plus le diftribuer pour l'accroiffement de la Plan- te, de la maniere que nous avons décrite. L'ordre de la vegetation des plantes molles mari- nes comparé avec celui des plantes terreftres.

Pour conclufion enfin je dis que lorsqu'une fois l'Ecore de la plan- te du Corail eft rompuë, elle n'a plus le moyen de recevoir l'aliment qui la fait fubfifter, ni plus, ni moins qu'un arbre de la terre, à qui l'on auroit coupé fes Racines: puisque, comme nous l'avons dit au commencement, toutes les Plantes marines ne font qu'une entiere & continuée Racine, à l'égard de l'attraction de l'aliment qui leur eft neceffaire. Comparaifon de l'écorce du corail avec les racines des plantes ter- restres.

La fubftance du Corail formée dans fa perfection, eft de la du- reté de la pierre, ainfi que nous l'avons déja dit. Dureté du corail parfait.

L'aliment qui eft féparé de l'Eau de la mer eft fluïde, & s'épaiffit à un degré glutineux, propre à végeter ou par une extenfion unie fur des corps horizontaux, ou par des contours à l'entour des corps ronds. Fluidité de l'aliment qui s'épaiffit au fortir de l'eau.

La plaque que j'ai dit être au pied des Plantes, & qui les unit aux corps folides, le montre dans les diverfes grandeurs, que nous avons décrites; mais cela fe voit encore mieux, s'il fe rencontre quelque corps folide plat, ou rond, entre les branches d'une de ces plan- tes; car alors cette fubftance du Corail fe répand à une diftance confiderable fur les corps plats, ou s'entortille à l'entour des ronds les couvrant entierement, & cela toûjours dans l'ordre de l'écorce avec les tubules, & de la fuperficie de la fubftance du corail pleine de Canaux. Preuve tirée de l'ecou- lement de la fubftance.

Les deux coquilles plates font voir comme deux branches de co- Voyez Pl. 27. fig. 126. 129.

H h

rail,

rail, ayant rencontré leur superficie unie, s'y s'ont dilaté sur une Croute plate d'une parfaite substance coraline.

La figure n. 1. a l'écorce entiere, les tubules & les Canaux.

La figure n. 2. est une piece qui a été polie.

La figure n. 3. est une petite coquille à tourbillon. A. qui est entourée de la substance de Corail, & qui est inseparable des branches, entre lesquelles elle dut se trouver dans le temps de leurs végetations. Dans la figure n. 4. il y a un Lithophyte dépouillé de son écorce naturelle, & étant revêtu en sa place d'une incrustation de substance de Corail, sur laquelle à cause qu'elle a été polie, on ne voit ni l'Ecorce ni les Canaux qui se trouvent en la figure 5, sur une incrustation à l'entour d'un tubule de vers marins. Dans la figure n. 6. on a représenté une plante de Corail, où quelques branches rompuës, & ensuite embarassées parmi les autres, qui sont dans leur état naturel, se trouvent atachées ensemble, comme collées par un épanchement de la substance glutineuse du corail. On voit en la figure n. 7. un Pétoncle tout rempli de substance de corail, qui s'y est dilatée dedans, & l'on distingue comme elle a pris entierement la configuration interne du Pétoncle, & comme en la partie superieure, elle reste tout à fait plate. La figure n. 8. prouve encore mieux cette fluidité. On y voit la substance du corail qui couvre la coquille B d'où nait le Rameau E. La figure 9. est un morceau de Madrepore autour duquel s'est formée la croute de corail D. Les figures 10. & 11. servent à démontrer que la substance des Madrepores est fluide, aussi bien que celle du corail; l'une & l'autre, quoi que differemment, couvrant les morceaux de corail E & F. J'ai vû même, dans quelques endroits, des morceaux de fer entourez de substance de corail; & je n'en infere pas ici la figure; jugeant que celles que nous donnons des pieces tirées de mon Cabinet, doivent suffire, pour prouver cette fluidité, tant sur les corps plats, que sur les ronds.

Avant de montrer quel est le plus grand accroissement du corail, pour la grosseur, & pour la hauteur, depuis sa premiere formation, il est bon d'éxaminer quelles sont les situations les plus propres pour cette végetation.

Il les faut distinguer d'abord à l'égard de leurs positions, par raport aux Plages du monde, & à leurs diverses profoudeurs dans la mer.

Les

LES Ecueuils de Roche vive, où d'amas de terre conglutinée à la *Les Ecueuils posez au midi.* dureté du Tuf, & mêlée de corps solides héterogenes, comme des os, du bois, des pierres, du fer, & des Coquilles; car ce sont là les parties des rivages du Continent ou des Isles; ces Ecueuils, dis-je, quand ils sont exposez au midi, & qu'ils ont les autres situations que nous avons décrites, où l'Eau de la mer se trouve tranquille, comme dans un Etang, sont propres pour la végetation du Corail, & sont plus fertiles de ces plantes, que non pas vers le Levant, ou le Couchant; mais du côté septentrional, non seulement il n'y a pas du Corail, mais même, à ce qu'assurent les Pêcheurs, on n'y trouve pas la moindre marque, ou ressemblance d'aucune autre plante pierreuse. J'ai vû aussi la chose, par moi-même, à l'Ile de Riou, & aux Ecueuils voisins.

La moindre profondeur, où croisse le Corail, est de 2. Brasses *Profondeur reconnuë.* & demie, la plus ordinaire est de 12. & de 25, l'autre est de 50, & la plus grande de 100. & de 150. J'en ai tiré, à toutes ces profondeurs, excepté la moindre, de laquelle je me raporte aux pêcheurs.

La Végetation du Corail, se fait mieux, & plus promptement à *Témoignage des pêcheurs sur la végetation du Corail.* la plus petite profondeur qu'à la plus grande, selon ce que disent les mêmes Pêcheurs & il est juste pour ceci, que j'ajoûte foi à leur Rélation; puis qu'elle est fondée sur une experience de toute leur vie. Il n'y a point de signe, en cette plante, par lequel on *On ne peut connoître son âge.* puisse reconnoître son âge, comme en celles de la Terre; & cela m'oblige de me raporter encore, pour ceci, à leur sentiment.

Ils m'ont donc montré le progrès du Corail depuis son premier com- *Progrès de la vegetation du Corail selon les pêcheurs.* mencement, jusqu'à son état le plus grand, & le plus parfait, de la maniere suivante, & ainsi que l'on verra par les figures des plantes de Corail, auxquelles les Pêcheurs donnent le diferent nombre d'années qui sera expliqué.

COMME elles sont crües à un fonds de 10. & 12. basses d'Eau, *Proportions entre les grosseurs, les tems de végetations, & les profondeurs des lieux.* dans le temps de 10 années, elles l'auroient été en 8. dans une moindre profondeur; à celle de 100. Brasses il leur auroit falu 25. ou 30. ans, & à celle de 150. une quarantaine pour le moins.

En la planche XXVIII. la figure 129. n. 1. montre par les let- *Differentes figures selon les âges & les profondeurs où ils ont été pêchez.* tres T. T. divers commencemens, & la n. 2. un autre morceau de Roche; & une Coquille, avec de petites Végetations d'un an,

mar-

marqueés V. V. La n. 3. est une plante de 3. ans, à ce que disent les pêcheurs. La n. 4. qui est une plante, qui est ornée de quantité de Branches, & très-belle, fut pêchée à Cassis, à un fonds de 10. Brasses. On prétend qu'elle a 10. ans. Dans la Pl. XXIX. la figure est un pied de plante de Corail bien rond, & des plus gros que les habiles Corailleurs de Marseille ayent vu; Il en vient quelquefois de la Côte d'Afrique; cependant lors que les plantes sont fort grosses, on les tire rarement avec leurs tiges; & presque toujours elles s'ébranchent en diverses pieces courtes que je n'ai pas fait dessiner pour ne pas inutilement multiplier les figures. Toutes ces plantes sont dans la juste grandeur, que montrent à l'œuil les diverses proportions qui sont entre elles, & qui peuvent être mesurées par tous ceux à qui il plaira, par le moyen de l'Echelle de trois pouces que nous y avons ajoutée.

Couleurs diverses.   LES couleurs, qui font un des principaux & des plus agreables ornemens de nôtre plante, sont ou propres ou variées, & je les divise en naturelles & accidentelles.

Naturelles.   LES naturelles sont celles, qui se trouvent existantes dans la Plante, *Accidentelles.* lors qu'elle est encore fraîche, & les accidentelles sont celles qui arrivent lorsqu'elle est sêche, & que perdant son Ecorce, elle est tombée au fond de la mer par le défaut de nourriture, ou par le rongement de certains vers.

9. Degrez de couleurs rouges naturelles.   LES couleurs naturelles sont de 9. divers degrez de rouge, commençant du Cramoisi foncé, jusqu'à la couleur de chair pâle. Il *Opinion sur la couleur de chair pâle.* est vrai que je n'en ai jamais eu de cette derniere couleur, qui ne fût sans écorce; & cela me fait penser qu'on la devroit peut-être mettre parmi les accidentelles. J'ai du Corail blanc & rouge, j'en *Corail sans écorce, rouge & blanc.* ai de tout blanc, & semblable à l'yvoire le plus parfait, mais les uns & les autres sont sans écorce; & j'ai eu les morceaux tous travaillez: De sorte que je les croi naturels, sur la bonne foi des Pêcheurs, & des ouvriers.

Couleurs accidentelles.   Les couleurs accidentelles, sont le jaune, la couleur de Caffé, taché en la superficie de noir & de rouge pâle, variations causées par le manquement de nourriture & par l'alteration du limon qui est au fond de la mer. Tous ces Coraux sont peu, ou point estimez des ouvriers. J'ai pourtant de ceux-ci, aussi bien que des autres, une suite assortie dans mon Cabinet, sous le nom de couleurs artificielles.

Li

Le rouge des divers degrez que nous avons dit, doit être tenu pour la couleur propre du Corail; non seulement à cause que c'est la plus universelle; mais encore par raport au changement que fait le Lait visqueux, pour alimenter cette Plante. On doit se ressouvenir ici de ce que j'ai deja montré qu'en se séchant, & se consolidant dans les premieres couches, il devient jaune à un degré qui aproche de la formation du Rouge, & à peu près comme le Safran, qui dans l'art de la teinture est le fondement du beau Ponceau, ainsi que le savent ceux qui ne sont pas ignorans dans cet art. *Couleur rouge propre du Corail. De quelle maniere le Corail prend son rouge.*

Cette couleur rouge quoi qu'également existente dans toute la substance de la Plante peut être ôtée entierement, par le moyen d'une légere, mais longue décoction, ou dans la Cire blanche, ou dans le lait, ou peut-être aussi dans l'huile de Terebentine, tirant à elle la couleur rouge du Corail, qui commence à devenir jaune, puis blanc cendré, & à la fin d'un blanc mol; ainsi que je l'expliquerai plus au long, lorsque je parlerai des experiences Chymiques. Ce depouillement de couleur, fait de cette sorte par l'art, est le même, que celui qui se fait accidentellement par le suc gras & huileux qui est dans le Limon du fonds de la mer; sur lequel tombent les branches du Corail, & se changent en toutes ces diverses couleurs que j'ai distinguées par le nom d'accidenteles. *Maniere d'ôter la couleur du Corail. Differents degrés par où il perd son rouge. Application du secret artificiel pour l'explication des Couleurs accidentelles.*

La Vieillesse se fait aussi sentir à cette plante pierreuse par raport aux vers qui en rongent tellement le pied, que, pour robuste & végetable qu'elle soit, elle est obligée à la fin de tomber dans le fonds, de même que les plus arides & les plus vieilles. Ces Insectes sont en grand nombre aux Côtes de Provence, mais encore plus en Afrique au Bastion de France, d'où rarement on voit venir une Plante de Corail, qui ait le pied un peu gros, & qui ne soit pas rongé au dedans. Cette imperfection rendant inutiles les plus grosses parties de Corail, porte les ouvriers à remplir ces trous avec de la Cire rouge, comme je le dirai en son lieu. J'ai vû autour des Plantes du Corail de deux sortes de vers, & les aiant regardez, avec un verre, qui agrandit les objets seulement une fois plus que leur état naturel. Ils paroissent comme les figures 6. & 7. de la 7. Planche. On en trouvera une plus exacte description dans la derniere partie de nôtre Essai, où nous traiterons de ce qui vit dans la mer, & où nous n'oublierons pas les Insectes, comme étant une partie qui jusqu'à l'heure qu'il est a été fort negligée. *Causes de la chûte du Corail.*

Ii

LE rongement vû simplement avec les yeux, est comme on le voit en la Pl. XXIX. n. 8. qui est un morceau de Corail dont le pied est plein de trous P. P. fait par cette sorte de vers, lesquels regardez avec le microscope paroissent comme O. O. en la 9. figure & en la 10.

Morceau de Corail rongé par les vers dont on donne ici la fig.

LES morceaux de Corail qui ont servi d'aliment à ces Insectes, étant vegetables, & en leur état naturel, servent à la fin d'appui à leurs nids qui sont d'une substance de Croute, & d'une configuration de Tubule, ainsi que la figure n. 11. en montre quelques-uns marquez X. X. X.

Nid de ces Insectes.

LE Corail devient encore un apui de la substance tartareuse, qui est dans l'eau de la mer, lors qu'étant dépouillé de son Ecorce, & privé par là de nourriture, il est tombé dans le fonds. La figure n. 12. en est un morceau couvert d'Ecailles tartareuses Z. Z. Z. de sorte qu'à moins de la rompre, on ne peut voir aucune partie de la couleur, & de la substance du Corail, lequel réduit en cet état n'est plus guere propre à rien.

Corail devient l'appui d'une substance tartareuse.

APRES cette description du Corail, il nous reste à dire quelque chose des usages auxquels on le destine. Le plus ancien, & le plus universel est celui de l'ornement, l'autre est pour la Médecine.

Double usage du Corail.

SI les Branches sont grosses, on les emploie à divers ouvrages, comme à des poignées d'Epée, des manches de Couteau, & des Pommes de Canne, quelquefois même à des figures entieres en relief; Et si cette plaque qui attache la Plante contre les corps solides, se trouve large & épaisse à proportion, on en fait de petits vases tels que celui dont j'ai parlé au commencement pour faire la demonstration de leur Grandeur.

Pour l'ornement.

L'USAGE le plus ordinaire est d'en faire des Boules & grains du Diametre que permet son plus ou moins de Grosseur, & que j'ai décrite en parlant des proportions qui se peuvent trouver en cette Plante.

Usage plus ordinaire.

LES plus grosses, & exemptes de trous de vers sont d'un haut prix, & on les envoye dans la Perse, & aux Indes pour l'usage des Boutons. Toutes les autres de grandeur mediocre ou petits, sont employées pour des Chapelets, des Bracelets, & des Coliers. Les Mahometans qui habitent l'Arabie heureuse consument une grande

Prix des plus gros Coraux chez les Indiens.

Usage des plus petits.

quan-

quantité de ces chapelets, que les Marchands d'Europe leur envoient par Alep. Car c'eſt la mode parmi eux d'enſevelir les morts avec un de ces chapelets au col, qui reſte de cette ſorte dans la Terre, avec le Cadavre. C'eſt ce qui fait auſſi qu'ils ne s'embaraſſent guere de la beauté du travail, & qu'ils regardent ſeulement la matiere & la groſſeur. Pour les femmes d'Europe, elles ne ſe ſoucient plus maintenant de cette ſorte de parure, & ſeulement quelques-unes en ont encore des Chapelets. La grande conſommation s'en fait aux Indes, & au Japon, où les grains ſont à proportion autant eſtimez que les Plantes toutes entieres & polies. Même lorſque les ouvriers trouvent des Branches ſi ſubtiles, qu'il ne leur eſt pas poſſible d'en faire des grains bien ronds, ils les travaillent d'une forme ovale & leur donnent le nom d'olivettes, ce qui chez les Indiens ne manque pas de trouver auſſi ſon prix.

Mépriſé parmi les Européens.

Forme donnée aux plus petits.

Les Inſtrumens dont l'art ſe ſert pour travailler le Corail ſont de fer, les Pointes & les Burins ſervent à les couper en figures, & pour en faire des Grains, les ouvriers premierement avec de grands Ciſeaux les coupent d'une longueur proportionnée à la groſſeur, & puis avec un autre inſtrument de fer ils les percent dans le milieu afin qu'ils puiſſent être traverſez d'un fil.

Inſtrumens pour les travailler.

Pour ôter à ces morceaux, la rudeſſe de l'Ecorce, & aplanir les petits Canaux que j'ai fait voir en la ſuperficie du Corail, ils les mettent dans un ſac avec de la pierre ponce pilée, enſuite ſur une pierre dure; ils remuent & manient ce ſac, comme ſi c'étoit un morceau de pâte, la mouillant de temps en temps avec de l'Eau; après lors qu'ils veulent les arrondir, ils mettent chaque morceau ſur le bout d'une petite broche de bois, qu'ils tiennent à la main & font paſſer, par une pratique toute particuliere qu'ils ont, ces petits morceaux ſur une pierre à éguiſer, laquelle tenant toujours humide avec de l'Eau, & en mouvement avec le pied, preſque dans un clin d'œil ces fragmens irreguliers deviennent parfaitement ronds; mais cette addreſſe eſt un art qui ne s'aprend que par une longue experience.

Artifice pour applanir les irrégularités de l'Ecorce.

Quant à la poliſſure des Plantes entieres, voici la maniere dont on s'y prend.

On commence la premiere choſe par aplanir avec une Lime très-fine, tous ces petits Canaux dont nous avons parlé, après quoi

Artifice pour polir les plantes entieres.

avec un amas de fils pleins de poudre de pierre ponce, dont un bout
est attaché à quelque chose de solide, & l'autre reste à la gauche de
l'ouvrier, on passe sur toutes les parties des branches du Corail, lesquelles frotées par la ponce en poudre qui resiste par le moyen de
ces fils, prennent une plus fine, & plus grande polissure.

Tripoli pour donner le lustre. — LE lustre géneralement à toute sorte de travail de Corail, se donne avec le Tripoli bien fin. On l'employe diferemment selon la di-
versité des figures.

Usages de la Medecine. — POUR ce qui regarde son usage dans la Medecine, il y en a de
Traitez entiers, que je ne veux ni citer, ni critiquer, prémiere-
ment parce que ce n'est pas là ma profession, & d'ailleurs à cause
qu'il me semble que ceux qui lui ont tant attribué de vertus, n'en
ont connu ni la végetation, ni la structure, ni la nature; puis
L'analyse Chimique jamais employée en ceci. — qu'ils n'en ont jamais separé, que je sache, toutes les parties qui le
composent par sa simple analyse faite avec les justes dégrez de feu;
mais qu'ils se sont servis d'acides de diverses sortes qui agissant sur
sa nature Alcalique, ont divisé ses parties, & n'en ont fait qu'une
Eponge embüe de la nature des acides, au lieu de la véritable du
Corail, qu'ils ont prétendu apliquer pour le soulagement de la maladie.

Experiences faites sur les Coraux. — Dans les Experiences que j'ai faites sur cette plante pierreuse,
j'ai trouvé de la différence entre le Corail tiré recemment de la mer,
& l'autre qui est depuis plusieurs années dans les Magasins, &
les Boëtes des Apoticaires. On verra combien cette difference est
grande par le résultat des analyses que j'ai faites de la seule
Ecorce fraiche, & pleine de lait, & aussi de la substance du Corail
Les effets furent differents. — frais, & du vieux. Les ouvriers qui sont comme au bord de la
mer où naît le Corail, n'ont jamais fait attention à cela, au moins
que j'aye sû, & quant aux personnes qui sont éloignées, ils ont été
obligez de se servir du Corail qu'ils ont trouvé dans les Boutiques;
pour cette raison ils n'ont pû travailler que sur un Corps qui avoit
perdu les parties les plus actives, & qui concourent le plus à la per-
Tentative pour la con- servation du Corail frais. — fection de sa nature. On pourra tenter à present si les Ecorces
separées, & unies aux Branches pourront se conserver toutes fraî-
ches dans l'Esprit de vin, ou dans l'Eau de la mer, pour les faire
passer dans des vases bien bouchez, jusqu'aux Provinces les plus
éloignées, afin que les habiles Chymistes en examinent mieux toutes
les parties qui les composent; & au cas que la chose ne puisse pas
se faire aussi parfaitement que l'on voudroit, on devra avoir recours

aux parties qui feront feparées fur les lieux , felon l'ordinaire analyfe, par les ouvriers habitans du païs , qui les transmetront enfuite
à leurs laboratoires.

Transport des coraux dans les laboratoires éloignez de la mer.

Au refte les experiences que je raporterai feront en un affés bon
nombre , mais pourtant beaucoup inferieur à celui que je medite, &
dont je ferai une Differtation à part , pour ne me pas trop écarter
maintenant de mon principal fujet.

Experiences en affés bon nombre.

Je commence par les experiences les plus fimples qui font d'avoir
mis le corail dans divers fluïdes renfermez en des vafes de verre, afin
de pouvoir y diftinguer comment ils opereroient fur lui fans feu, ou
bien avec fon affiftance moderée.

Experience fimple par differentes infufions des coraux.

La decouverte que j'y fis des fleurs que j'ai touchée ci-deffus en
peu de mots , & fur laquelle je m'étendrai davantage en parlant
des fleurs, & des graines trouvées aux plantes de la mer , fut caufe
que je laiffai long-tems dans l'eau , des branches de Corail frais ,
fouhaittant de voir ce que deviendroient à la fin ces fleurs. Leur
plus long terme, comme j'ai dit, fut de douze jours, après quoi aiant
déja changé leur couleur blanche en jaune , elles fe reduifirent en
de petites boules , & fe précipiterent au fond du vafe , montrant
par-là d'avoir un poids qui les empêchoit de nager en la fuperficie
de l'eau ; fucceffivement l'écorce commença à fe ramolir , & à fe
feparer en plufieurs petites pieces qui fe précipitant auffi dans le fond
du vafe, s'y unirent en une boue très-fine , & femblable à celle de
bol rouge. La plante fe trouvant ainfi dépouillée de fon écorce ,
& ne pouvant plus prendre de nouvelle nourriture fe pourrit & tom-
ba. C'eft pour cette raifon que les Coraux tombez au fond de la
mer en font toujours retirez fans écorce. Il eft à remarquer que
lorfque la feparation de l'écorce fe fait, & que les fleurs tombent ,
l'eau devient puante, & fe mêle avec les particules de lait pourri
qui étoient dans les glandules , & entre l'écorce , & la fuperficie du
corail & dans les cellules, mais ce qu'il y a de plus curieux c'eft que
celles-ci fe féparent de la maffe de l'Eau , viennent toutes fe rendre en fa fuperficie, & y forment une Toile glutineufe de l'épaiffeur
du dos d'un couteau, de fubftance vifqueufe , & blanche comme de
la gelée. Lorfque cette union des parties bitumineufes eft achevée,
ce qui fe fait en moins d'un mois, cette même Eau qui étoit puante , reprend fon premier gout, & fon odeur ordinaire de mer.

Tentative fur le progrès des fleurs du corail.

Plante dépouillée de fon écorce fe pourrit.

L'eau qui fert à l'infufion fe corrompt.

Toile glutineufe du corail.

L'eau reprend fon odeur naturelle.

K k

Cette

Substance de cette gelée ou toile. CETTE Gelée étoit de substance alcaline, selon que me le montrerent les experiences avec les acides.

Examen fait avec le microscope. JE voulus aussi l'examiner avec le microscope, mais il ne m'y fit voir qu'un amas confus de particules glutineuses.

Infusion dans l'esprit de vin inutile. JE tentai une semblable infusion dans l'esprit de vin bien rectifié, mais bien qu'elle durât deux mois entiers, il ne penetra point dans les Pores des glandules de l'écorce, ni ne les ouvrit point pour tirer la teinture, ainsi qu'il le fait aux divers Lithophytes.

Le Corail resta toujours dans sa vivacité, & dans son état naturel; & l'esprit de vin n'emprunta pas la moindre ombre de rouge. Tout ce qu'il y eut de particulier, en cette experience, fut qu'au bout de quelques heures d'infusion il parut à châque extrêmité des *Conglobation d'air uni.* tubules de l'écorce une conglobation qui, à mon sens, étoit d'air uni, de la figure & couleur de grains de mercure bien purgez.

Ces Globes crurent pendant trois jours, & les plus gros furent comme deux fois un grain de millet; ils demeurerent plusieurs jours *Effet de ces petits globes.* en cet état, qui étoit agréable, & qui faisoit un fort joli effet lors que l'on mettoit une lumiere d'un côté du vase, & que l'on les regardoit à travers de l'esprit de vin, dont la couleur très-limpide les faisoit briller extrémement. Ensuite ils commencerent à diminuer, & enfin après quinze jours, ou environ, ce petit *Phénomene disparu.* Phénomene disparut entierement.

Tentative à faire dans les esprits de girofle, & de terebentine. JE manquai à Cassis d'Esprit de Girofle, & de celui de Terebentine pour faire en eux une semblable infusion, mais cela se fera, comme aussi dans diverses huiles, quand je travaillerai aux experiences, que j'ai à present dans l'idée, & que j'ai promis de joindre dans une Dissertation particuliere.

La décoction du Corail dans le lait de Vache. Changemens de couleur. JE me suis servi du lait de Vache frais, pour y mettre dedans du Corail, avec l'écorce, & sans écorce, & ayant mis le vase sur un feu très-lent, je vis que la vive couleur rouge passoit au lait, & diminuoit en celui de saffran, qui est la couleur du propre lait du Corail; ensuite la décoction plus longue le changeoit en cendré, & à la fin en un blanc livide. La même *Même effet éprouvé dans la cire blanche.* chose m'est arrivée, en la cire blanche bien fine, avec cette difference pourtant qu'elle s'y fait plus promptement que dans le lait.

L'ana-

L'analyse faite simplement, & selon ce qui se pratique à celle Fin du Traité
du Corail par
l'analyse. des Plantes de la Terre, finira nôtre description d'une si noble Plante pierreuse; & cette operation Chymique devra terminer ces questions si souvent agitées; savoir, si le Corail est ou n'est pas une Plante; puis qu'elle montrera les propres parties, qui le composent, & quelle est leur proportion.

J'ai divisé cette analyse en trois parties.

La premiere est celle du suc de lait, sans feu.

La seconde est celle du Corail frais dépouillé de son écorce.

Et la troisiéme du Corail sec, & depuis long-tems hors de la mer.

Experiences dans le lait exprimé de l'écorce du Corail.

Le lait étant mis dans l'Esprit de vin, celui-ci a pris une tein- Le mélange
du lait du
Corail avec
diverses li-
queurs. ture jaune & livide.

Le marc tiré après l'évaporation est puant, & d'un même goût, que le poisson corrompu.

Les Esprits de nitre & de sel fermentent avec fumée.

L'Eau corrosive unit plusieurs particules, crasses & blanches, & les précipite.

L'Esprit de Vinaigre, celui de sel armoniac, & l'huile de Tartre ne font aucun changement.

La décoction des fleurs de mauve, mêlée avec le marc, ou affaissement, prend un verd jaunatre comme celui de la Chrysolithe, & y jettant dessus de l'Esprit de nitre, cette couleur se change en un rouge pâle.

Analyse de l'écorce du Corail fraiche & ayant le Lait.

Après avoir fait pêcher des Branches du Corail au commencement d'Avril, je les tins dans des vases remplis d'Eau de la mer, afin de pouvoir bien observer si elles étoient en leur plus grande force, tant

K k 2

pour

pour l'abondance du lait que pour les fleurs. M'en étant bien assuré par des observations de trois jours, je commençai à faire lever avec un couteau l'écorce d'autour de la substance, & comme toutes les concavitez de ses Tubules se trouverent remplies de lait, j'en pris une bonne quantité que je mis dans de l'eau de la mer, pour voir s'il nageroit en sa superficie, ou bien s'il s'y mêleroit, ou tomberoit au fond. Ce fut cette derniere chose qu'il fit se précipitant dans le fond du vase.

Experience du lait frais du Corail nouvellement tiré de la mer, dans l'eau de la mer.

La même experience étant faite avec de l'Esprit de vin j'eus le même succès que celui-ci, laissant après son évaporation la même substance de lait dans le fond du vase.

Succès dans l'esprit de vin.

Je mis trois onces de ces écorces rouges pleines de lait, & encore humides de l'eau de la mer, dans une petite cornuë bien lutée.

Experience par la cornuë.

Après quelque peu de tems d'un feu lent, on vit dans le Balon une vapeur, qui en ofusquoit les Parois, & qui se précipita en une eau de peu de saveur, ce qui étoit apparemment l'humidité, que l'écorce avoit aportée de la mer, & non pas quelque chose qui appartînt proprement au Corail. Le poids en fut de - - - - - - - - - - - 5 dragmes - - - 30 grains.

1. Liqueur aqueuse.

Après cela vint la veritable substance flegmatique de l'écorce, qui étoit de la couleur, & de l'épaisseur du lait & d'une saveur alcaline, au poids de - - - 5 dragmes.

A celle-ci succéda une substance huileuse, spiritueuse, mêlée de petits morceaux de Bitume, dont la plus grande partie resta dans le col de la cornuë, & l'autre nageoit au-dessus de l'huile.

2. Substance huileuse.

La même chose m'étoit arrivée aux analyses du charbon fossile, dont je me servis, pour donner l'amertume aux eaux de mer artificielles. Cette partie pesa - - 4 dragmes. & étoit toute pleine d'esprits volatils.

Ce même effet éprouvé avec le charbon fossile.

Esprits volatils.

Toute cette operation fut finie dans l'espace de deux heures & demie, ainsi que toutes les autres des Plantes pierreuses.

Evaporation terminée.

La Tête morte restée dans la cornuë pesa cy - - - - - 1 once.

Tête morte.

A la calcination de la Tête morte jusqu'au degré nécessaire pour en avoir la lessive, il me fallut employer trois heures de tems, comme en toutes les autres de celles des pierreuses.   Je

Lessive de la Tête morte.

Je tirai du Sel fixe de la leſſive préparée au poids - 25 grains. Sel fixe.

Pour le Sel volatil, je n'ai pas voulu le ſéparer dans l'Analyſe de cette plante, ni dans celle de toutes les autres pierreuſes ; j'ai laiſſé cette ſéparation à faire aux Chymiſtes experimentez de l'Academie Royale de Paris, & j'ai voulu qu'ils euſſent toutes les parties dans leur entier & dans leur état naturel. Lors que j'entreprendrai la ſuite de ces nombreuſes experiences que j'ai promiſe, je déterminerai la partie préciſe du ſel volatil là où il ſe trouvera.

Des trois onces il s'en eſt perdu dans l'operation - - - Perte.
- - - - - 1 dragme - - - 30 grains.

Analyſe du Corail, qui étoit depuis huit jours hors de la Mer, & ſans Ecorce.

Le Corail que j'employai à cette analyſe, fut de celui-là même, Corail qui ſert à cette experience. auquel j'avois levé l'écorce, pour en faire la précedente. Depuis huit jours il étoit hors de la mer, & detaché de ſon lieu natal. De ces huit jours il en demeura trois, comme nous avons dit, dans l'Eau de la mer. Ainſi donc il n'étoit à ſec, que depuis cinq jours ſeulement.

Je mis trois onces de ce Corail bien pulveriſé, dans une petite cornuë lutée.

Après quelque peu de temps de feu, il donna un flegme ſembla- Flegme ſemblable au lait du Corail. ble au lait du Corail, & qui peſa icy - - - - 18 grains.

Ayant renforcé le feu, il vint la ſuſdite huile ſpiritueuſe, & avec Huile ſpiritueuſe, parties bitumineuſes. les pieces bitumineuſes qui y nageoient, & étoient au col de la cornuë, comme à la premiere analyſe. Celle-ci étoit pénetrante comme remplie de parties volatiles, & étoit au poids de - 48 grains.

La Tête morte qui reſta au fond de la cornuë Tête morte. peſa - - - - 2 onces. - 5 dragmes. - 38 grains.

Elle fut miſe à la calcination avec un feu violent, durant l'eſpace Calcination. du temps ordinaire.

Il s'eſt tiré du ſel fixe de la leſſive. - - - 35 grains. Sel fixe.

L'Extraction du ſel volatil a été remiſe, comme j'ai dit ci-deſſus, Sel volatil laiſſé pour Paris. à Paris.

Des trois onces il s'en eſt perdu dans l'operation. - - - - Perte.
- - - - - 1 once - - - 26 grains.

L l

Ana-

Analyse du Corail sans Ecorce, & qui étoit hors de la Mer, depuis un an & demi.

Corail sans écorce, depuis un an & demi.

Nous primes de celui-ci trois onces à l'accoutumée, qui bien pulverisées furent mises dans une cornuë pareille aux autres.

Flegme.

Le flegme de lait, qu'avoit donné le Corail frais, ne parut point.

Esprit huileux.

L'Esprit huileux y fut, & une vivacité volatile très-foible, en comparaison de celle du frais.

Sans bitume.

Le Bitume manqua entierement.

Le tout pesa - - - - - - 30 grains.

Tête morte.

La Tête morte fut au poids de - 2 onces. 7 dragmes. 30 grains.

Sel fixe.

La lessive donna de sel fixe d'un goût salé assez foible - 25 grains.

Perte.

Des trois onces il s'est perdu dans l'operation - - 36 grains.

Experiences à faire.

Il manque les analyses du Corail frais & sec avec l'écorce, mais je m'imagine qu'elles répondront dans leurs proportions aux precedentes.

Resultat de toutes ces experiences.

De tout cela cependant il résulte que les parties balsamiques, bitumineuses & de lait qui sont dans le Corail diminuent, & se perdent, en demeurant longtemps hors de l'Eau de la mer, où il a son aliment continué : pareillement à ce qu'on voit arriver aux Plantes qui ont toûjours été reconnuës pour telles & qui n'ont point souffert de contradiction là-dessus, comme le Corail jusqu'à présent ; lequel pourtant, après toutes mes observations, & ces dernieres analyses, doit, sans plus la lui chicaner, avoir sa place parmi les Plantes végetables, aussi bien que toutes les suivantes de nature pierreuse.

Commencemens de Corail.

Lait de Corail.

Gelée.

Tinture, Flegme, Bitume, Sel fixe, Sel volatil.

La Médecine voit ici des commencemens du Corail à l'extremité des Branches, formez d'Incrustations de lait seché, que les ouvriers négligent & qui devroient servir à la veritable poudre de Corail, ainsi que je l'ai employée pour moi-même, dans des cruditez d'estomac ; elle voit un lait très-pur, qui se peut coaguler & secher, de la maniere que nous avons decrite ; une gélée ; une teinture par la Cire, & le lait de Vache ; un flegme de lait ; des Esprits ; du Bitume ; du Sel fixe, du Sel volatil ; & tout cela, sans l'addition d'autres ingrediens, & de mélanges d'acides dissolvans, qui détruisent son prix alçalique, & balsamique, qui est ce qui prédomine, dans la nature du Corail.

J'AI

J'ai dit que ce n'étoit pas mon art que la Médecine, & après cette ingenue confeſſion, je ne dois pas, comme l'on dit, mettre ma faucille dans la moiſſon d'autrui. Laiſſant donc à faire, à qui il apartient, l'application des vertus des médicamens, aux maladies; je me contenterai d'ajoûter, que ſur la Terre, ni dans l'Eau, nous n'avons pas une Plante, de quelle eſpece que ce ſoit, qui ait tant de qualitez propres, & qui peuvent être utiles, à remedier aux humeurs acides, qui prévalant dans le Corps humain, y produiſent tant de maux; juſques là même, qu'elles rendent le ſang preſque immobile, cauſent des ulceres interieures & exterieures, & troublent cette néceſſaire, & naturelle proportion, qui doit être, entre les humeurs fluides de nôtre Corps. Il y a apparence que les parties qui ſont dans le Corail, preparées dans cette ſimplicité, étant employées, ſelon les circonſtances des maladies, par les perſonnes expérimentées, pourront abatre tous les acides ſuperflus, & remettant les humeurs dans leur juſte équilibre, remedier à leurs mauvais effets.

Proprietez du
Corail,& leur
application.

DES MADREPORES.

MADREPORE

D'un ſeul Calice.

J'Ai trouvé quantité de ces Calices, à la profondeur de dix & vint braſſes mêlées avec les plantes de Corail, au lieu dit la *grand-Candele*, & à celui de *Lamber*; le premier dans le Continent de la Provence, & l'autre dans l'Ile de Riou, où j'ai pêché le Corail.

Lieu de ſa
végetation.

Ils n'ont point de Racine, non plus que les autres Plantes pierreuſes, & s'attachent ſur le Rocher, & autres Corps ſolides.

Sa végeta-
tion.

Leur forme eſt en calice, aſſez ſemblable à ceux qui ſont les Rameaux de diverſes Plantes pierreuſes. On eſt en doute ſi ce ſeul Calice eſt le commencement de quelque plante rameuſe à Calice, ou s'il reſte toûjours ſeul de la même forme & grandeur qu'on montre ici au naturel.

Sa forme ex-
terieure.

Doute ſur le
Calice.

Le ſommet des Calices eſt concave & tout coupé de rayons, qui s'uniſſent dans le milieu à un bouton, & forment un creux plein

Deſcription
du Calice.

Ll 2

d'un

d'un lait jaune, & taché de rouge en certains endroits; quand il
eſt ſec il laiſſe les rayons concaves, comme on voit en la plante deſ-
ſinée.

Sa couleur,
au ſortir de
l'Eau.

QUAND la plante ſort de la mer, elle eſt d'un blanc cendré,
dans ſa ſubſtance pierreuſe; mais elle devient plus obſcure, en ſe
ſechant.

Sa peſanteur,
& dureté.

Elle eſt de ſa nature médiocrement peſante & aſſés dure.

Organization.

Deſcription
du Calice.
Voyez Pl. 27.
n. 1, 2, 3, 4,
5, 6.

LA ſuperficie du Calice, eſt toute ſillonée, comme A A. & pleine de trous B B. qui ont communication avec les concavitez C C C.
leſquelles vont d'un bout à l'autre du Calice, & ſont unies par le bouton D. qui en d'autres plantes à Calice eſt quelquefois percé.

Section en
travers.

Par la coupure que j'en ai faite, en travers; j'ai voulu montrer la
taſſe remplie de la Glu, qui eſt diſtinguée en deux parties, la premiere eſt marquée F F. qui comprend l'eſpace du bouton, & qui eſt
formée, comme d'autant de diverſes parties glutineuſes, leſquelles

Ses fleurs.

doivent s'épanouïr, à ce que je crois, comme les fleurs, quand elles
ſont dans la mer; ce que pourtant je n'ai pû découvrir, non pas
même dans des vaſes pleins d'Eau de mer.

La partie plus grande G. eſt toute remplie de Glu, qui en ſe ſechant ſe ride, & ſe pliſſe ſelon l'ordre des Rayons qui forment le
creux, ainſi que je l'ai demontré.

Structure des
canaux de-
couverts par
la ſection en
long.

QUAND on l'a coupée en long, on y voit la ſtructure des canaux
H H. qui vont tout le long de la plante.

Experiences dans le Suc.

Sa ſalure &
ſon amertu-
me.

SA ſalure & ſon amertume eſt la plus forte que j'aye trouvé en aucun ſuc & aucune ſubſtance de la mer.

Divers acci-
dens par la
rencontre des
divers eſprits,
huiles &c.

L'Eſprit de Nitre le fait fermenter avec fumée; l'huile de Tartre,
ni l'Eſprit de Sel Armoniac n'y font aucun changement.

Le papier bleu ne change point ſa couleur.

L'Eſprit de vin dans lequel j'avois infuſé ces tuyaux pleins de leur
ſubſtance de lait, prit une teinture verte & jaune comme la Chryſoli-
the. Après l'évaporation il reſta un amas de matiere craſſe & hui-
leuſe, de couleur obſcure, teignant le papier blanc en jaune, &
étant très-amere au goût.

Y

Y ayant jetté deſſus de l'eſprit de Nitre, la fermentation ſe fit a-vec fumée.

L'eſprit de ſel fit le même effet.

L'eau corroſive unit pluſieurs particules craſſes & blanches, & les précipita.

L'Eſprit de Vinaigre, celui du Sel armoniac, ni l'huile de tar-tre n'y font rien.

La décoction de Mauve prend un très-beau verd d'émeraude.

Le papier bleu reçoit la même couleur jaune, que le papier blanc.

Analyſe.

AYANT mis trois onces de ces calices fraîchement apportés de la mer, dans la Cornuë, il vint 3 dragmes de flegme. *(Flegme.)*

Quatre dragmes d'une ſubſtance tout-à-fait ſemblable au lait. *(Subſtance lactée.)*

Cinq dragmes de partie ſpiritueuſe, ſans aucune marque de Bi-tume. *(Partie ſpiritueuſe.)*

Il y eut une once 3 dragmes de tête morte. *(Tête morte.)*

Tout cela montant à deux onces, ſept dragmes, il s'eſt perdu dans l'operation une dragme. *(Perte dans l'operation.)*

La tête morte donna une dragme de ſel fixe. *(Sel fixe extrait de la tête morte.)*

Le Sel volatil ne ſe ſepara point de la partie ſpiritueuſe pour l'en-voyer entiere à Paris. *(Sel volatil à Paris.)*

MADREPORE RAMEUX
à Calices de ſubſtance aiſée à froiſſer.

(Voyez pl. 27. n. 7.)

J'AI pêché quantité de ces Plantes dans l'abîme de Caſſidagne, à la profondeur de 150 braſſes. *(Lieux où on pêche cette plante.)*

Elle n'a point de Racine, & s'attache ſur toute ſorte de Corps ſolides. La plus grande, que j'aye vûe, étoit de quinze pouces. *(Sa grandeur.)*

SA forme eſt rameuſe ; ce qui n'eſt autre choſe qu'une diſpoſi-tion de Calices. Elle n'a point d'écorce, & toute la ſuperficie eſt canellée, avec des ſillons comme au Corail. *(Sa forme.)*

M m

LA

Sa couleur diverse.

LA couleur en est diverse, premiérement quand elle sort de la mer, il y a au bout des Calices, une Glu épaisse, qui est quelquefois jaune comme de la paille, & d'autres fois, d'une couleur de saffran chargé. Cette derniere couleur se seche & se consume, en peu de temps, laissant vuide la partie superieure, de sorte qu'on peut examiner sa structure. Quand la plante est seche, l'extremité des Calices, depuis A jusqu'à B, est de couleur de Caffé obscur, & tout le reste est couleur de cendre.

Couleur de sa glu.

Substance qui se reduit en poudre.

LA substance de cette partie, de couleur de Caffé obscur, se reduit en poudre, quand on la touche, étant plus facile à froisser que tout le reste, & l'extremité étant la partie, qui n'est pas encore bien consolidée. Toute cette Plante ensemble, est peut-être plus legere que toute autre.

Organization.

Voyez Pl. 28. n. 8, 9, 10. Ses Calices.

LES calices sont concaves, au sommet, avec des rayons echancrez C C, qui sont remplis de la glu jaune sortant de la mer ; on y voit tout le long les sillons D D, pleins de trous E E, qui vont au centre du calice.

Bouton du Calice.

AU milieu de la tasse, il y a le bouton F F, relevé, & plein de trous G G, qui vont tout le long du calice, comme le montrent ci-dessous les diverses coupures.

Section en travers.

ETANT coupée par le travers, nous y voyons les trous, qui sont dans les sillons, s'insinuer au centre, par les canaux H H, qui communiquent avec les autres I I, continuant depuis ce bouton, qui est dans la tasse du calice.

Section en long.

LA coupure en long fait paroître les canaux L L, qui sont ceux qui répondent aux orifices du bouton M. L'espace N N, est tout rempli de cette Glu, introduite par les trous des canaux décrits, qui portent l'aliment visqueux aux autres, lesquels le dechargent par les orifices du susdit bouton dans le milieu de la tasse, qui le reçoit, le conserve, & lui donne le temps de se coaguler jusqu'à la dureté de la pierre.

Analyse.

Analyse d'une plante depuis deux ans hors de la mer.

ON mit dans la cornuë 3 onces de cette plante, qui étoit hors

de

de la mer, depuis 2. ans, de forte que la fubftance de lait lui manquoit entierement.

La partie fpiritueufe étoit active, mais fans aucune partie de Bitume. Il y en eut 50 grains.

*Partie fpiri-
tueufe fans
bitume.*

Il y eut 2 onces 7 dragmes 8 grains de tête morte.

Tête morte.

Le tout monte à 2 onces 7 dragmes 58 grains.

Il ne fe perdit par conféquent que 2 grains, dans l'operation.

*Perte dans
l'operation.*

La tête morte a donné 34 grains de fel fixe.

*Sel fixe ex-
trait de la tê-
te morte.*

Le fel volatil n'a pas été feparé de l'efprit que j'ai envoyé dans
fon entier à Paris.

*Sel volatil à
Paris.*

MADREPORE

Avec des Rameaux à calices & blanc comme du Corail.

J'en ai pêché une grande quantité à 150 braffes de profondeur,
à l'abîme de la *Coraillade*.

*Voyez Pl.29.
fig. 11,12,13,
14.
Lieu & pro-
fondeur.*

Cette plante eft fans racine, & croît fur des pierres.

*Forme de fa
végetation.*

La plus grande, que j'aye vuë, étoit de huit pouces.

Sa grandeur.

Sa forme eft rameufe, mais les rameaux font tortus, & à calices,
d'une ftructure tout à fait égale à celle des autres, que nous avons
décrite; & qui fortant de la mer font pleins d'une fubftance glutineufe, fluide & blanche; Elle n'a ni feuilles ni écorce, & elle eft
differente des autres pierreufes.

*Forme ra-
meufe.*

*Sans feuille &
fans écorce.*

Dans fa végetation, elle s'embaraffe & fe colle avec les autres
Rameaux, & même avec ceux du Corail rouge. J'en ai plufieurs
morceaux de cette façon, dans mon cabinet.

La couleur eft cendrée au pied de la plante, & très-blanche au
plus haut. Cette blancheur diminuë, quand elle refte long temps
hors de l'eau.

*Sa couleur
variée.*

Elle eft de fa nature plus pefante, que les autres plantes, mais
également facile à froiffer.

Sa pefanteur.

Organization.

Sa ſtructure.   L'Etat naturel de cette Plante nous fait connoître ſuffiſamment qu'elle n'eſt qu'un amas de petites calics ; quand on examine avec le Microſcope un de ces Calices, on eſt inſtruit de l'état de tout le reſte de la plante. La ſuperficie du Cylindre du Calice paroît toute grenée comme A A. Je n'ai pu connoître, ſi c'étoit des trous, ou autre choſe. Au Sommet on y voit la taſſe ordinaire, avec les rayons B B, où ſa glu blanche s'unit. Ils ſe terminent tous au bouton C. On y voit à l'entour les trous D D, dont l'uſage ne m'eſt pas encore bien connu.

Section par le travers.   Etant coupée par le travers, on voit la Subſtance ſolide E E, dure comme le Corail rouge, qui embraſſe la partie caverneuſe, diſtinguée en ſept conduits F F, qui ſont diſpoſés comme le ſuc dans les Citrons.

Section d'un de ces calices.   Quand on a coupé un de ces Calices, on y voit également le creux ordinaire G G, la ſubſtance dure H H H, & la ſtructure caverneuſe I I I, canellée avec les ſillons L L L.

Analyſe.

Subſtance de lait diſſipée.   On en mit 3 onces dans la Cornuë, de tiré de la mer depuis quelque temps, & par conſéquent n'ayant point la ſubſtance de lait.

Eſprit, ſans bitume.   Il vint un eſprit aſſez fort, mais ſans aucune partie de Bitume, & au poids de 50 grains.

Tête morte.   La tête morte peſa 2 onces 7 dragmes 10 grains.

Le tout faiſant juſtement 3 onces.

Sel fixe.   La tête morte donna 10 grains de ſel fixe.

Sel volatil.   Le Sel volatil ne fut point ſeparé de l'eſprit, qu'on envoya à Paris.

GRAND MADREPORE
Rameux, formé de pluſieurs calices.

Lieu où naît cette plante, & ſa rareté.   Cette plante, (nommée *Porus grandis Imperati*, par Trionfetti,) croît ſeulement à la côte d'Afrique au Cap negre, on l'apporte ſouvent à Marſeille par rareté.

ELLE

ELLE est sans racines, elle s'attache sur la pierre, s'éleve & *Végetation de cette plante. Sa grandeur.* se dilate en plusieurs Rameaux, jusqu'à la hauteur de cinq pieds, comme j'en ai vû.

SA forme est rameuse, de même que le Corail, avec cette *Sa forme.* difference, que celle-ci n'a point d'écorce, & qu'elle est toute garnie de Calices, qui vont en pointe comme de petits Rameaux. La partie exterieure est toute pleine de Sillons, comme au Corail.

SA couleur en dehors est d'un blanc cendré, & au dedans d'un *Couleur en dehors. Couleur en dedans.* blanc luisant comme de l'écaille.

Elle est pesante de sa nature, & facile à mettre en poudre, *Pesanteur.* comme toutes les autres Plantes pierreuses.

Organization.

Voyez Pl. 34. n. 165. 166. 167.

TOUTE la Plante, hormis les Calices, est unie comme un *Superficie.* morceau d'écaille.

LES Calices sont concaves au sommet, & coupés des rayons *Calices.* A A A A. qui problablement se remplissent de la même substance glutineuse, que nous trouvons dans les autres de cette Mer de Provence. Ils sont sillonnez en long, par les Canaux B B B. ayant les trous C C C. qui vont au centre, comme on verra ci-dessous, par la coupure en travers.

PAR cette coupure, nous voyons que les trous, qui partent *Coupure en travers.* des canaux de la superficie, s'insinuent par le travers de la substance du Calice, & aboutissent au centre, comme D D D.

PAR la coupure en long, nous y voyons plusieurs enfonce- *Coupure en long.* mens irréguliers E E E. qui répondent aux autres dont nous avons parlé, qui viennent de la superficie, & font passer l'aliment glutineux de l'eau de la mer, lequel s'unit en si grande abondance dans la partie concave F F. La seule chose, que je n'ai pas pû distinguer, c'est si les enfoncemens G G G. correspondent ensemble comme il est probable.

N n

Analy-

Analyse.

Substance de
lait diffipée.
    O n en mit 3. onces dans la Cornuë, & comme, depuis plufieurs années, ce Madrepore étoit hors de la mer, la fubftance de lait y étoit entierement perduë.

Partie fpiri-
tueufe.
Sans bitume.
    La partie fpiritueufe étoit très-forte, & fans aucune marque de Bitume. Elle vint au poids de 30. grains.

Tête morte.
    I l refta 2. onces 7. dragmes 30. grains de tête morte. La quantité tirée, répond à ce qu'on avoit mis dans la Cornuë, étant de trois onces.

Sel fixe.
    L a tête morte donna 38. grains de fel fixe.

Sel volatil.
    L e Sel volatil ne fut point feparé de l'efprit qui fut envoyé à Paris.

MADREPORE RAMEUX

Voyez Pl. 34.
fig. 168. 169.
    Dont les branches tortuës, ont les extrémitez faites à Cone.

Forme &
lieu de fa naif-
fance.
    O n apporte cette Plante de la côte d'Afrique, ce n'eft qu'au Cap-negre que les Pêcheurs du Corail la tirent.

    E l l e n'a point de racine, elle croît fur les pierres, & la plus grande que j'aie dans mon Cabinet n'a que trois pouces de hauteur, & autant de largeur.

Sa forme pla-
te au pied.
    Sa forme au pied eft large & plate, enfuite de cet amas uni, on voit germer d'autres petits Rameaux à trois fourches, qui s'entrelaffent, comme le montre le deffein. Elle n'a ni écorce, ni fil-
Nulle ftructu-
re organique.
lons, ni autre circonftance, qui donne quelque regle à cette ftructure organique, que nous avons obfervée dans les autres Plantes pierreufes.

Sa couleur.
    S a couleur en dehors eft d'un cendré jaunâtre, & au dedans elle eft blanche comme l'Albâtre, ou le platre.

Sa pefanteur,
& facilité à fe
pulverifer.
    E l l e eft affez pefante, & facile à mettre en poudre.

Organiza-

Organization.

QUELQUE peine que j'aie prife d'obferver cette Plante avec le Microfcope, je n'ai pu découvrir, foit à fa fuperficie, foit en la coupant en travers, aucune autre ftructure que la configuration d'un amas de fable comme A A A A. *(Amas de fable reconnu pour fon unique ftructure.)*

MADREPORE RAMEUX

Dont les Branches rondes font grainées en dehors.

(Voyez Pl 35. n. 170, 171, 172.)

CETTE Plante, nommée par *Trionfetti Corallium afperum candi-cans adulterinum*, fe trouve à nôtre rivage de Riou, elle naît ordi-nairement attachée aux *Lithophytes* déja fecs, & auffi fur les pier-res. Je n'en ai jamais trouvé de plus grande, que celle qui eft deffi-née ici : elle eft fans racine, comme les autres. *(Lieu & for-me de fa naiffance. Sa grandeur.)*

SA forme eft rameufe, comme du Corail, cependant elle n'a point d'écorce : fa fuperficie eft dure, pierreufe, & toute grenée, de forte qu'elle femble être faite d'un gros chagrin. *(Sans écorce, Sa fuperficie raboteufe.)*

SA couleur eft d'un verd obfcur, qui tire quelquefois fur le cendré. *(Sa couleur.)*

SA nature eft d'être très-facile à mettre en poudre, comme auffi d'un poids très-leger. *(Sa nature friable.)*

Organization.

LES petits grains de la fuperficie paroiffent, avec le Microfco-pe, tout autant de petits Globes percez, comme A A A. par lef-quels l'aliment s'infinuë. *(Structure.)*

PAR la coupure en travers nous voyons toute la fubftance trouée, comme B B B. Je n'ai pu trouver aucune connexion de ces trous, avec ceux qui font dans les petits Globes de la fuper-ficie. *(Coupure en travers.)*

PAR la coupure en long, on n'y diftingue point d'autre conf-truction, que des trous irréguliers C C C. difperfez par toute la fubftance de la plante. *(Coupure en long.)*

Nn 2

Ana-

Analyse.

Tirée hors de l'eau depuis 10. jours.
On mit dans la Cornuë 3. onces de ce Madrepore, tiré de la mer, seulement depuis dix jours, de sorte qu'il y avoit encore de la substance de lait dans les pores.

Flegme.
Il y eut 31. grains de flegme.

Esprit, & bitume.
L'Esprit avoit quelque peu de Bitume nageant, & quelques autres parties étoient restées au col de la cornuë, ainsi que cela s'est vu dans l'analyse du Corail rouge. Il y en eut en tout 1. dragme 30. grains.

Tête morte.
La tête morte fut de deux onces 6. dragmes 25. grains.

Perte dans l'operation.
Il se tira donc deux onces 7. dragmes 55. grains, c'est-à-dire qu'il s'est perdu 5. grains dans l'operation.

Sel volatil.
On ne sépara point le Sel volatil, ayant envoyé l'Esprit à Paris.

MADREPORE RAMEUX

Voyez Pl. 35. n. 173. & Pl. 36. n. 174.
Dont les Branches sont d'une rondeur un peu plate, & de couleur de Minium luisant.

Lieu, & profondeur où elle naît.
Aux écueils des environs de l'Ile de Riou, j'ai pêché quantité de cette espece de Plantes, à la profondeur de 30. & de 40. brasses.

Sa naissance.
Elle n'a point de racine & croît sur les pierres, & autres **Sa grandeur.** corps solides. Les plus grandes sont comme celle, qui est ici dessinée.

Sa forme rameuse.
La forme en est rameuse, & même les rameaux y sont en plus grand nombre, qu'au Corail. Ils ne sont pas tout-à-fait ronds, mais en quelques endroits plats, leur superficie est fort inégale, ayant plusieurs petits globes. La plante n'a point d'écorce.

Sa couleur. Inalterable.
La couleur en est semblable au Minium. Ce rouge ne se ternit point, pour long-tems qu'il demeure hors de l'eau, & il est aussi luisant que si on lui avoit passé une couche de vernis.

Sa legereté & fragilité.
La plante est très-legere, & extrémement fragile.

Orga-

Organization.

En ayant regardé, avec le Microſcope, un petit morceau, j'ai apperçu en la ſuperficie de petits trous, comme A A A. placez au milieu de châcun des Globes, dont nous avons parlé ci-deſſus. *(Sa ſtructure.)*

Par la coupure en travers, on diſtingue les Canaux BBB. qui ſont la continuation des trous des petits Globes, & qui ſe communiquent en dix autres Canaux CCC. diſpoſez dans l'ordre que le deſſein exprime, & qui vont tout le long de la Plante. *(Section en travers.)*

La coupure en longueur, montre mieux la communication des trous des Globes, par les Canaux DDD. leſquels s'uniſſent avec les EEE. qui s'étendent tout le long des branches. *(Section en long.)*

MADREPORE RAMEUX

Dont les branches ſont rondes & nouëuſes, & que les Pêcheurs appellent Dengueni.

Aux côtes de l'Ile de Riou, & aux écueuils voiſins, cette Plante pierreuſe, que *Trionfetti & Imperati* croyent être un Corail blanc, eſt très-fréquente : on la pêche jusqu'à 25. braſſes de profondeur. *(Lieu de ſa naiſſance.)*

Elle n'a point de racine, & croît ſur les pierres & les Coquilles, ainſi qu'on le voit au deſſein, & ailleurs auſſi ſur toute ſorte de corps ſolides. *(Où elle croît.)*

La hauteur de cette Plante ne paſſe jamais 7. ou 8. pouces, du moins en celles que j'ai vuës. *(Sa hauteur.)*

Sa forme eſt rameuſe comme celle du Corail, avec cette difference que les extrémitez en ſont nouëuſes, & que ſur tous les Rameaux on y remarque des épaiſſeurs irrégulieres, cauſées par la Glu qui eſt l'aliment de la Plante, & auſſi qu'elle n'a pas d'écorce, & qu'on ne voit pas des ſillons en ſa ſuperficie. *(Sa forme rameuſe.)*

Lors que la Plante ſort de l'eau, ſa couleur eſt de Minium; mais en ſe ſechant, ce rouge devient blanchâtre, & de couleur de cendre. *(Sa couleur au ſortir de l'eau. Et après ſe ſechant.)*

O o

ELLE

Sa legereté, & friabilité. Elle est de nature beaucoup plus legere que, celle du Corail, & se brise facilement.

Organization.

Structure admirable découverte par le moyen du Microscope. Incrustation de suc glutineux en la partie superieure. Le Microscope fait voir une structure admirable, tant en la superficie, qu'en l'interieur de cette Plante.

En la partie superieure A A A. on distingue une incrustation de ce suc glutineux qui nourrit la Plante, & qui étant de sa nature diaphane, laisse appercevoir les trous, qui sont au-dessous. Tout le Cylindre des rameaux est rempli de petites ouvertures rondes, disposées dans la même Symmetrie, que montrent les caracteres B B B.

Coupure en travers. Par la coupure en travers, on distingue comment les ouvertures rondes de la superficie, ont des Canaux, qui de la circonference vont au centre du Cylindre porter l'aliment, ainsi que C C C.

Coupure en long. La coupure en longueur montre une suite interrompuë de Cellules D D D. dans le milieu du Cylindre, qui ressemble ainsi à ce qu'on appelle l'épine du dos.

On distingue encore la disposition des Canaux E E E. qui de la superficie portent au centre l'aliment fluide de l'eau de la Mer.

EXPERIENCES DANS LE SUC.

Difficulté d'exprimer le suc. Ce suc, placé dans les Cellules que nous avons démontrées, est si attaché à la substance de la Plante, qu'on ne peut l'exprimer qu'en pilant les rameaux dans un mortier.

Sa couleur. Il étoit de couleur de chair, trouble, comme mêlé avec la substance pierreuse. Le goût en est salé & terreux, l'odeur peu *Son goût. Son odeur. Accidens.* desagréable, & assez semblable à celle du Bol.

L'esprit de Nitre excite la fermentation avec fumée.

L'esprit de Sel n'y fait aucune motion.

L'eau corrosive unit plusieurs parties crasses & blanches, qui se précipitent.

L'es-

L'esprit de Vinaigre, celui du sel armoniac, ni l'huile de Tartre, n'y font aucun effet.

La décoction de mauve devient d'un verd trouble.

Analyse.

On mit dans la Cornuë trois onces de cette Plante, qui depuis 3. jours seulement étoit hors de la mer, & qui contenoit la substance ordinaire de lait. *(Avec la substance de lait.)*

Il vint d'abord 22. grains de flegme blanchâtre: puis un esprit effectif, ayant quelque peu de Bitume, & le tout au poids de 2. dragmes 30. grains. *(Flegme. Esprit, avec du bitume.)*

La tête morte fut de 2. onces 5. dragmes. *(Tête morte.)*

Ce qui tout ensemble fait 2. onces 7. dragmes 52. grains.

La perte est de 8. grains. *(La perte dans l'operation.)*

La tête morte donna 20. grains de sel fixe. *(Sel fixe.)*

MADREPORE RAMEUX

Dont les Branches sont presque plates.

(Voyez Pl. 36. n. 175. Pl. 37. n. 176. & Pl. 38. n. 177.)

Dans mes pêches du Corail, à l'Ile de Riou, cette Plante m'est souvent venuë entre les mains. *(Lieu de la pêche.)*

Elle est, ainsi que les autres, sans racine, & croît sur toute sorte de corps solides, comme on voit qu'elle a fait ici sur une Coquille. *(Sa végetation.)*

Sa forme est rameuse, elle n'a point d'écorce, & elle est toute à grains, & comme composée de plusieurs petites parties diaphanes. *(Forme rameuse, grénée & diaphane.)*

Sa couleur est cendrée & tachée, en quelques endroits, d'un verd livide. *(Sa couleur.)*

Elle est très-légere, & assez facile à froisser. *(Legereté & friabilité.)*

Organization.

La superficie, vuë avec le Microscope, a l'extrémité irréguliere, & toute faite à dents A A A. qui sont de substance diaphane. Elle *(Sa superficie vuë avec le Microscope.)*

est

est toute remplie de trous de disposition & grandeur irréguliere , comme B B B. par lesquels l'aliment glutineux s'insinuë à l'ac-coûtumée.

Section en travers.

ETANT coupée par le travers, on y voit les Canaux plus grands C C C. qui reçoivent l'aliment, ci-dessus mentionné, des autres trous plus petits marquez sur la superficie.

MADREPORE RAMEUX

Dont les Branches sont plates, & presque comme des Lames ; toutes piquées nommée , par Triomfetti, porus cervinus

Lieu de la pêche.

ON pêche cette plante à 20. Brasses de profondeur , à Riou & aux écueuils d'alentour , où elle est fort commune.

Forme de sa végetation.

ELLE est sans racine, & vient sur des pierres, sur des Coquilles, & autres corps solides, sur lesquels elle croît en ordre de rameaux, disposez en forme de Lames, & percez comme l'on voit au dessein.

Sa hauteur.

SA hauteur ne passe jamais un pied, du moins en aucune de cel-les que j'aye vuës. Elle n'a point d'écorce.

Sa couleur.

LORS-qu'elle sort de l'eau , elle est d'une couleur de chair pâle , qui devient ensuite cendrée, & verdâtre.

Sa legereté, & friabilité.

Elle est de nature legere , & fragile comme du verre.

Organization.

Sa superficie.

LA superficie qui , sans Microscope, paroît percée d'un seul trou, se distingue avec le secours du verre , trouée en trois endroits , & dans une disposition triangulaire, que l'on a marquée A A A.

Sa coupure en travers.

LA coupure en travers, présente la ligne des trous quarrez & di-visez par une interposition, comme B BB. : ceux-ci ont les canaux de communication C C C. avec ceux de la superficie.

Sa coupure en long.

ON connoît , par la coupure en longueur, une ligne de Cel-lules DDD., qui se communique par les canaux des côtez EEE. à la superficie , & c'est par eux que la Plante reçoit l'aliment glu-tineux de l'eau de la mer.

Madre-

MADREPORE RAMEUX

Ayant des feuilles percées qui se replient & font une espece de Rose.

Je n'ai point trouvé fur les Rivages de Provence, de Plante plus agréable, que celle-ci : on la pêche aux rivages de Riou & à fes écueuils, à 20. & 30. braffes de profondeur. *Beauté de cette plante; lieu de fa pêche.*

Elle eft fans racines, s'attachant aux pierres, aux Coquilles & au Lithophyton. La plus longue, que j'aie trouvée, eft de trois pouces. *Sa végetation. Sa grandeur.*

Sa forme eft d'une extenfion très-fubtile, qui fe replie fouvent en maniere de feuilles de rofe, comme j'en ai dans mon Cabinet ; quoi que celle-ci du deffein ne foit pas tout à fait femblable, c'eft pourtant fa plus fréquente difpofition. Elle eft toute percée de petits trous, comme on le voit dans le deffein. *Sa forme qui imite la rofe.*

Quand elle fort de la Mer, elle eft de couleur de chair pâle, jaunâtre, qui diminuë ordinairement, & devient cendrée & verdâtre. *Sa couleur au fortir de l'eau.*

Elle eft très-légere, & facile à froiffer. *Legere & facile à froiffer.*

Organization.

La fubtilité de cette Plante, ne m'a pas permis de la couper comme les autres en travers, & en long, mais il m'a falu contenter de ce que le Microfcope me montre à la fuperficie, où les trous qui paroiffent fi petits aux yeux, font fenfibles par le moyen du verre, comme A A A. Toute la fubftance de la Plante, eft pleine de petits trous B B B. par lefquels l'aliment s'infinuë comme aux autres plantes. *Sa ftructure découverte feulement avec le Microfcope.*

MADREPORE RAMEUX

A feuilles, dont les filamens font féparez.

La nature n'a rien formé de plus beau, dans la Claffe des plantes pierreufes, que celle-ci, que j'ai trouvée en abondance à l'écueuil ou l'Imperial près de Riou. *Voyez Pl. 40. n. 179. & 180. Madrepore fingulier. Sa naiffance.*

P p CET-

Sa végeta-
tion.

CETTE belle Plante n'a point de racines, comme toutes les autres de sa Classe : elle croît sur le Rocher, & sur tout autre corps solide.

Construction
de ses ra-
meaux.

Sa grandeur.

ELLE est composée de rameaux très-deliez & ronds, & qui é-tant disposez avec beaucoup d'artifice par la Nature, font paroître la plante comme si elle avoit des feuilles. Je n'en ai point vû de plus grande que celle-ci.

ELLE n'a ni écorce, ni structure visible à sa superficie.

Couleur di-
verse.

POUR la couleur, je l'ai trouvée diverse, en ayant rencontré, qui, sortant de l'eau, étoient d'un cendré livide, & les autres d'un rouge tout à fait livide.

Sa pesanteur,
& friabilité.

ELLE est médiocrement pesante & facile à froisser comme les autres.

Organization.

Structure par
l'examen au
Microscope.

EN examinant un petit fragment de rameau avec le Micros-cope, on voit en sa superficie, de petites dents A A A. & de petits trous B B B. qui y sont dispersez & mêlez, avec quel-ques élevations.

Section en
travers.

Etant coupé par le travers, on y voit un amas de trous BB.

Section en
long.

ETANT coupé en long, on y distingue d'autres trous interrom-pus C C C. & à cause de la petitesse du rameau, le Microscope ne peut pas nous aider assez pour distinguer comment ces derniers trous communiquent avec ceux de la superficie.

MADREPORE RAMEUX

Ayant des feuilles faites de filamens dont l'extrémité est tantôt distincte, & tantôt mêlée.

Lieu de sa
naissance.

CETTE Plante est plus belle, que rare ; on en tire quantité au-tour de l'Ile de Riou, à 20. Brasses de profondeur.

Maniere dont
elle croît.

ELLE n'a point de racine, non plus que les autres, & croît sur toute sorte de corps dur, comme on le voit par celle qu'on a dessinée, & qui est sur une Coquille. On n'en trouve guere

de

de plus grande, que celle du deſſein ; elle s'étend plutôt en largeur qu'en hauteur.

ELLE eſt compoſée de rameaux qui s'entrelaſſent les uns dans les Ses rameaux.
autres, comme une cotte de mailles ; & qui ont au ſommet des
pointes, qui rendent la figure des feuilles plus agréable.

SA couleur eſt cendrée, & mêlée ordinairement de verd : quand Sa couleur.
elle ſort de l'eau, elle a à l'extrémité quelque tache de couleur de
chair, qui s'évanouït quand elle ſe ſeche, & il ne reſte que la couleur verte & cendrée.

ELLE eſt aſſez peſante de ſa nature, & peu facile à mettre en Peſanteur
poudre.   & friabilité.

Organization.

LE Microſcope nous fait voir la ſuperficie de cette Plante toute Vuë avec le
unie, à la reſerve de l'extrémité des petits rameaux qui ſont dente- Microſcope.
lez comme A A A.

LE ſommet de ces petits rameaux dentelez, m'ont paru d'une L'extremité
ſtructure admirable, y ayant trouvé entre châque pointe ou den- de ſes ra-
tellure, une ſuite de trous ſemblables à ceux des mouches à miel, meaux.
qui ſont comme B B B B.

AYANT coupé par le travers un morceau de Branche, j'y ai vû Section par le
un ordre égal de trous C C. qui répondent à celui de la pointe des travers.
rameaux, ſans autre communication laterale à la ſuperficie, qui eſt
cachée par l'écorce D D, que par une diſpoſition de petites Glandules ſemblables au chagrin.

Etant coupé en long, on y voit la continuation des canaux Section en
décrits comme E E. qui ſont ceints de ladite écorce à façon de long.
chagrin.

Analyſe.

EN ayant mis la quantité ordinaire dans la Cornuë, de fraiche- Flegme.
ment tirée de la mer, il vint le flegme de couleur blanchâtre, au
poids de 20. grains.

Enſuite 2. dragmes 35. grains d'eſprit, ayant quelques petites Eſprit, &
veines de Bitume.   bitume.

Tête morte.　Il y eût 2. onces 5. dragmes de tête morte.

Total 2. onces 7. dragmes 35. grains.

La perte.　La perte est de 5. grains.

Sel fixe.　La tête morte a donné 40. grains de sel fixe.

Sel volatil.　Le sel Volatil n'a pas été separé de la partie spiritueuse, qui a été envoyée dans son entier à Paris.

MADREPORE RAMEUX

& en forme de Mousse.

Lieu & profondeur.　ON trouve ces deux sortes de Madrepores dans l'endroit, où j'ai pêché le Corail, au rivage *de Lamber* à l'Ile de Riou à 15. Brasses d'eau.

Sa naissance.　ILS n'ont point de racine, & croissent sur des pierres, sur des matieres de tartre, & autres amas durs.

Se dilate.　Leur forme est rameuse, avec cette difference que l'une éleve ses rameaux plus verticalement que l'autre, qui les étend davantage en largeur. Les épines sont plus sensibles au second qu'au premier autour des rameaux. Sa grandeur. Ils ne viennent pas plus grands que ceux qu'on voit dans le dessein, & sont sans écorce.

Sa couleur.　Leur couleur est toûjours cendrée, tirant quelquefois sur le verd obscur.

Legereté, & friabilité.　Ils sont très-legers, & plus fragiles que le verre le plus fin, & le plus subtil.

Organization.

Vû par le Microscope.　LE premier paroît, par le Microscope, avoir à l'extrémité des épines, certains petits Globes comme A A A. & tout le dessus des rameaux percé de trous imperceptibles B B.

Epines se terminent en fourche.　Dans le second, les épines à la place des petits Globes sont fourchuës ou rameuses comme C C C. Les rameaux sont tous également poreux.

Section en long.
Section par le travers.　L'une & l'autre de ces deux Plantes coupées par le travers, montrent un amas de pores D D. & quand on les coupe en long, on y voit la suite ordinaire de Cellules E E E. qui reçoi-

vent

vent l'aliment par les Canaux F F F. lesquels répondent aux pores, & trous de la superficie.

MADREPORE RAMEUX,

en forme de Mousse, ayant des épines à longs fils.

MADREPORE A TUBULES.

Autour de l'écueil, dit l'Imperial, j'ai trouvé quelquefois Sa naissance.
cette Plante pierreuse à un fonds de 20. Brasses ; & n'en ai jamais
vû de plus grande, que celle qui est ici dessinée. Grandeur.

A peu-près dans le même endroit, j'ai toûjours trouvé l'autre
qui aux yeux sembloit un amas de poils pierreux. Je n'en ai pas vû
non plus de plus grande que celle-ci.

Tous les deux sont sans racine, & croissent de la même manie- Maniere de naître.
re que les autres Plantes pierreuses.

La premiere est de forme rameuse assez belle, & châque rameau Forme ra-meuse.
est contourné d'une épine pierreuse très-déliée.

La seconde est comme des poils pierreux droits, & qui vertica- Forme en poils pier-reux.
lement s'élevent en la pierre.

Leurs couleurs sont cendréés. Couleurs.

Leur nature à l'égard du poids est extraordinairement légere, Legereté de la substance & sa fragilité.
& si fragile qu'on a peine à les toucher, & ne pas les mettre
en pièces.

Organization.

Ayant observé un morceau de la branche de la plante é- Examen d'un morceau de la branche é-pineuse.
pineuse, j'ai vû deux lignes de trous A A. qui contournent
les côtez. Les épines sont de la même forme & figure que La forme & figure.
B B. & elles ont toutes sur le haut des trous ainsi que C C C.

La coupure par le travers, montre que la substance interieure Coupure par le travers.
est toute remplie de trous D D D.

Et l'on connoît, par la coupure en longueur, que les petits trous Coupure en long.
qui contournent, comme nous avons dit, les branches, s'insi-
nuent par les petits Canaux E E E. aux interieurs F F.

Q q

Pour

Structure de
la feconde.

Pour ce qui eft de l'organization de l'autre, elle confifte en ce que châque poil eft un petit Canal vuide ainfi que GG.

MADREPORE A CONE.

Dénómina-
tion.

Je nomme ainfi cette Plante, parce qu'elle eft compofée de plufieurs Cones, qui fortent de la maffe de la fubftance pierreufe : *Trionfetti* dit que c'eft l'Abrotanoïde.

Lieu de fa
naiffance.

On l'apporte ici dés Côtes d'Afrique vers le Cap-negre.

Manière de
croître.

Elle croît fans racine, comme les autres plantes pierreufes, fur le rocher & autres corps folides.

Sa forme ra-
meufe.

Sa forme eft rameufe, les Cones étant équivalens aux rameaux. Ils font difperfez, comme autant de rayons qui vont au centre, & font pleins de globes percez AAA.

Couleur in-
terne & ex-
terne.

La couleur eft cendrée à la fuperficie, & au-dedans elle eft blanche comme de l'écaille.

Friabilité.

Elle eft très-facile à mettre en poudre, & affez légere.

Organization.

Vuë au
Microfcope.

La fuperficie de l'extrémité d'un Cylindre vuë avec le Microfco-pe, montre les globes déja marquez AAA. à la Plante naturelle, comme BBB. qui ont des canaux, qui vont au centre comme des rayons, ainfi qu'on verra par la coupure en travers. Parmi les grands trous, il y en a d'autres petits qui paroiffent tout autant de pores comme III. & qui s'étendent par toute la fubftance de la Plante.

Coupure en
travers.

Etant coupée par le travers, on y voit la continuation des plus grands trous, avec un ordre reglé de Canaux jufqu'au cen-tre comme CCC.

Il y a au centre cinq autres Canaux DDD. qui vont d'une ma-nière réguliere en long, depuis la Bafe jufqu'au fommet du Cone, com-me on verra mieux ci-deffous à la coupure en long.

Coupure en
long.

Etant coupée en long, on voit paroître les Canaux des Globes percez de la fuperficie, qui vont comme EEEE. à ceux en long FFF. & les trous ou pores déja marquez au-dedans de la fubftance font GGG.

DES

DES FLEURS,
DES FRUITS,
ET DES GRAINES DE SEMENCE,

Trouvées en quelques Plantes de la Mer.

DANS les trois diverses Classes de Plantes, qui ont été anatomisées, nous avons montré, par le moyen de leur structure, la maniere dont elles se nourrissent & s'augmentent quoi-que toutes sans racines. Mais nous n'avons pas dit comment elles commencent à germer, ni quelles sont leurs sémences ; dont les Auteurs qui ont traité de la Botanique, nous ont prouvé l'existence par plusieurs raisonnemens, sans pourtant avancer qu'ils les aient vuës, & qu'ils en aient reconnu la méthode. Veritablement la découverte des Fleurs, & des sémences dans ces Plantes, ne dépend pas de nôtre volonté ; & il s'en faut bien qu'il soit aussi facile de les chercher, sous l'eau de la mer, que sur la superficie de la terre. On est obligé de se conduire en cela, selon le hazard des filets jettez à l'avanture ; & de plus, il faut que l'on rencontre précisement le tems où les Plantes peuvent les avoir. Il faudroit même se gêner, & s'exposer à suivre, pendant quelque tems, les Pêcheurs ; lesquels, sans ce secours, & sans avoir en leur compagnie quelcun, qui ait la capacité necessaire, pour la distinction de ces parties, ne sauront jamais nous fournir ni nous donner à connoître parfaitement ce que l'on desire. On a beau leur promettre de les payer & les recompenser de leurs soins, ils ne veulent pas s'assujetir à conserver ce qu'ils ont accoûtumé de rejetter dans la mer ; & après tout, quand ils le voudroient, cela ne suffit pas, puis-que, comme j'ai dit, il leur manque le savoir & l'experience, qui est nécessaire pour distinguer ces petites parties d'une plante, & pour les conserver, après les avoir trouvées, de la manière qu'il faut, afin que l'on puisse les examiner.

IL est très-sûr que si quelques habiles Botanistes vouloient sacrifier un Printems à la navigation, avec les Pêcheurs, ils porteroient

Q q 2

bien

(notes marginales :)
- Structure des Plantes des trois classes expliquées.
- Ces Plantes germent & produisent leur sémence.
- La découverte des fleurs & des sémences, un effet du hazard.
- Qu'il faut aller soi-même à la pêche.
- Un habile Botaniste seroit propre à cela.

bien avant la connoiſſance des fleurs, & des fruits de la mer. L'exemple de quelques pêches où je me ſuis trouvé, dans le ſeul deſſein de connoître la végetation du Corail, eſt une preuve de ce que j'avance ; & je puis dire que ſi le tems & l'ennui d'une vie ſi fati- guante, ne m'euſſent empêché de faire pluſieurs autres pêches, j'au- rois augmenté conſidérablement le nombre de ces obſervations. J'eſpere cependant qu'elles ſuffiront, pour animer les amateurs de la Botanique à les continuer.

Ce qui a em- pêché de continuer les experiences.

Fleurs, fruits & graine.

J'A I donc trouvé des Plantes qui avoient des fleurs, des fruits, & de la graine ; & d'autres qui avoient ſeulement des fruits, & de la graine : mais les unes & les autres manquoient de feuilles, qui ſont pourtant très-communes aux Plantes molles, de la Claſſe deſquelles je ne doute point que celles-ci ne fuſſent. Il m'eſt venu auſſi, entre les mains, deux Plantes qui n'étoient pas ſemblables aux molles, mais plutôt de la nature des Champignons, qui avoient des fleurs de couleurs vives & attachées en une ſymmetrie fort biſarre. Dans une ſorte de Lithophythe bien particuliere, j'ai vû encore des fleurs, & enfin dans le Corail. De ſorte que dans toutes les trois Claſſes je puis montrer l'exiſtence des fleurs ; & dans celle des molles, les graines de ſémence conſiſtantes ainſi qu'aux Plan- tes de la terre.

Deux plantes particuliéres.

Fleurs de Li- thophyton.

Dans le Co- rail.

Fleurs des trois claſſes.

Dans les mol- les.

DANS la Claſſe pierreuſe du Corail, il y a quelque indice de cette ſémence ſolide, mais je n'oſe la déterminer de moi-mê- me, & j'aime mieux en laiſſer juger le Lecteur, ſur ce que je lui raconte fidelement. Quelques nouvelles obſervations d'ailleurs, pourront nous mieux éclaircir là-deſſus.

AVANT que de venir à la démonſtration de ces fleurs & de ces graines, je dois faire connoître que quelques fleurs, & vé- getations de Plantes, nous montrent qu'il y a dans la mer, la même diſtinction de ſaiſons qu'en la ſuperficie de la terre ; & que d'autres fleurs ſemblent faire voir que non, étant trouvées dans le même état, pendant l'Hiver, le Printems & l'Eté. Le Thermometre ne diſtingue aucune variation conſidérable entre l'Hiver, & le Printems. Quant à l'Eté, les experiences que j'avois commencées me faiſoient eſperer de voir, en cette ſaiſon, l'égalité de chaleur interrompuë dans la mer ; mais l'accident, que j'ai décrit ailleurs, du Brigantin ennemi m'obligea d'aban-

Saiſons de la mer.

Saiſons de la terre.

don-

donner & les obſervations, & le Thermometre qui dans ce deſordre ſe rompit. Dans la Table de ces experiences, qui eſt dans la premiere Partie de nôtre Eſſai, l'on pourra d'un coup d'œuil en voir le réſultat.

Dans l'Equinoxe du Printems, aux endroits où les eaux de la mer ſont baſſes, on commence de voir les Mouſſes, les Coralines & l'Algue jetter de nouveaux rameaux preſque blancs, & qui enſuite en s'augmentant & ſe conſolidant, prennent la couleur des branches qui ſont tantôt d'un verd jaunâtre, & tantôt rouges, comme ceux de la Coralloide; qui montre les nouveaux rameaux végetans ainſi que A A. de l'extremité des vieux B B B. Il y a encore une Plante de laquelle j'ai fait l'analyſe, ſous le nom de *Crin de cheval*, que j'exprimerai dans la 2. figure, à cauſe que durant l'hiver, elle eſt toute pleine de petites enflures de ſubſtance très-dure, attachées fortement aux Crins C C C C. Après l'Equinoxe, c'eſt-à-dire, vers le commencement d'Avril, toutes ces enflures étoient diſparuës, & il y avoit en leur place un petit germement de pluſieurs Crins très-ſubtils, & de couleur blanchâtre, à difference de la Plante dans ſa parfaite conſiſtence, qui eſt d'un Roux de Lion. L'eſpace qu'occupoit l'enflure, vuë avec la Loupe, eſt diſtinguée en la 3. figure par D D D. & les filamens par E E E. Si cette Plante me peut revenir ſous les yeux, avec les ſuſdites enflures noires, j'ai envie de l'examiner plus particulierement, avec mon excellent Microſcope.

La tige couverte de fleurs blanches, & ayant des fruits avec la graine, & point de feuilles, fut trouvée à un fonds de quarante braſſes le 16. du mois d'Avril, dans le Printems; ce qui fait juger qu'elle avoit commencé à fleurir en l'équinoxe, & qu'enſuite dans l'eſpace de 26. jours, elle avoit ainſi avancé ſes fruits : au cas que ce ne fuſſent pas ceux de l'année précedente, comme les autres que je décrirai; mais pour moi j'aime mieux le croire ainſi, ne pouvant m'imaginer qu'en ſi peu de jours, ils ayent pû parvenir à cette formation.

L'Algue eſt celle de toutes les Plantes de la mer, qui y fait mieux diſtinguer la varieté des ſaiſons; car le Printems elle commence à pouſſer ſes feuilles; l'Eté ces feuilles ſont dans tout leur éclat, & à la fin de l'automne lorſque les herbes & les plantes de la terre ſe dépouillent de leurs feuilles, celle-ci laiſſe tomber les ſien-

R r

nes,

nes, que durant l'hiver suivant les tempêtes jettent en grande quantité sur les rivages.

Les Plantes que j'appelle, en attendant, de nature de Champignon, & la Plante pierreuse de Corail, ont fleuri indifféremment le Printems, l'Hiver & l'Eté, quand je les ai mises dans des vases remplis d'eau de mer; & puis-que la nature ne leur a donné qu'un même ordre, & une même méthode pour fleurir, & que l'aliment de lait est égal parmi elles; on ne doit pas s'étonner si elles s'accordent encore pour cela, dans l'indifference des saisons.

Ce fut en Eté que je vis le Lithophyte avec les fleurs, & je n'en ai jamais vu de cette sorte particuliere, en aucune autre saison.

Toutes mes observations du Thermometre, & la perpetuité des fleurs dans les Plantes de nature de Champignon, & les pierreuses de Corail, feroient croire qu'il n'y a dans la mer qu'une seule saison : mais d'un autre côté, l'évidence d'une nouvelle végetation de tant de plantes dans le Printems ; leur état de perfection dans l'Eté ; & leur défaillance à la fin de l'automne, nous persuadent le contraire.

Les observations que je rapporte des Plantes sont très-certaines. Celles du Thermometre touchant l'uniformité du Printems & de l'Hiver ne le sont pas moins. Il est vrai aussi que j'ai trouvé en Eté quelques commencemens d'interruption. Tout cela me fait connoître qu'on ne sauroit rien décider là-dessus, sans avoir fait de nouvelles experiences en Eté; & si parmi toutes ces contrarietez l'on peut dire quelque chose, c'est que, les Plantes molles étant nourries d'un aliment moins bitumineux que celles de nature de Champignon & les pierreuses, ressentent davantage la petite difference, qui dans les diverses saisons se trouve dans la mer. La rémarque des differentes situations que choisissent les Poissons, pour se garantir du froid & du chaud, courant contre l'un aux plus grandes profondeurs, & contre l'autre venant plus près de la superficie, prouvent assez cette opinion. Que si après on me demande pourquoi le Thermometre, qui obéit si facilement à la moindre difference de degrez de froid & de chaud, se maintient dans le même état; j'avouë franchement que je ne sai que répondre, & qu'il faut pour cela que je fasse avec cet instrument

de

de nouvelles experiences à diverses profondeurs de la mer dans le Mois de Juillet.

IL nous faut maintenant examiner les fragmens de quelques Plantes, trouvez avec des fleurs & de la graine, & le peu d'entieres, qui nous sont venuës entre les mains, avec des fleurs, mais sans aucune graine apparente. J'observerai, pour cet examen, l'ordre des trois Classes, & nous subdiviserons la premiere en une autre, laquelle, en attendant que les Botanistes lui trouvent un nom, nous appellerons de nature de Champignon, à cause que la substance de ces Plantes est effectivement semblable à celle des Champignons.

Examen particulier sur les fleurs selon l'ordre des trois Classes.

DE LA CLASSE
DES
PLANTES MOLLES.

DESCRIPTION

D'une Plante Marine sans feuilles, qui avoit des fleurs, des fruits, & de la graine de sémence.

LE 16. Avril, vis-à-vis du Promontoire appellé *Canaille*, au lieu de Rascas à 500. Brasses loin de terre & à 40. de profondeur, un Patron, avec le Ret appellé vulgairement *Eissaugo*, arracha du fonds de la mer, à la profondeur marquée ci-dessus, cette Plante dessinée en toutes ses parties, comme elle étoit en sortant de l'eau.

Les feuilles lui manquoient, ce qui est cause qu'on ne sauroit facilement lui donner un nom convenable, par rapport à quelque Plante de la terre.

Sans nom.

Sa Tige étoit verte, & l'écorce en étoit unie. Sa substance étoit entre celle du bois & de l'herbe. Sur le haut elle avoit des fleurs

Sa structure.
Ses fleurs.

en

en leur état naturel, & plus bas on en voyoit, qui laiſſoient tomber leurs feuilles, afin que les fleurs reſtaſſent libres.

La fleur formée ſe voit en ſa grandeur comme B.

L'eſpace qui eſt autour du fruit eſt rougeâtre, tout le reſte eſt blanc, à la réſerve des lignes C C. qui ſont d'un rouge approchant de celui de l'écorce de Chataigne, & qui coupent en long la feuille.

Cette figure troiſiéme repréſente la fleur ouverte, montrant ſix feuilles blanches, coupées de même par les lignes de couleur de Châtaigne. D'alentour du fruit il part ſix filamens de couleur blanche, de ſubſtance molle, & de la longueur des feuilles ayant châcun au bout une petite boule de couleur de Saffran, & d'une ſubſtance plus conſiſtante.

Les fruits ſont plus gros, à meſure qu'ils ſont plus ſur le bas de la tige, & cela dans la proportion, que l'on voit au deſſein. Ils ſont attachez à un Pedicule, qui regarde en haut; ils ſont ronds & ſeulement en la partie ſuperieure un peu plats; leur couleur eſt d'un verd mêlé d'un jaune rougeâtre.

La figure quatriéme repréſente le fruit ouvert en long, dans lequel on diſtingue une écorce molle marquée F. laquelle couvre l'univerſelle ſubſtance glutineuſe du fruit marqué G G. Il y a dans le milieu une cavité en forme de cœur marquée 3. qui contient ſix grains de ſémence, qui paroiſſent avec la Loupe comme 4, leſquels ſont d'une ſubſtance toute diaphane, d'un jaune de Topaze, & d'un goût fort piquant.

D E S C R I P T I O N

d'un fruit en forme d'Olive, trouvé ſans feuilles.

Le 9. Avril, il fut tiré de la mer dans le lieu dit *Mourgiou*, à un fonds de 30. Braſſes Les Pêcheurs m'aſſurerent que c'é-toit celui de l'Algue. Il eſt de la forme, de la grandeur, & couleur d'une Olive, ainſi qu'on voit par la figure 1.

L'autre figure 2. montre le Noyau ſorti de l'écorce, laquelle eſt d'une ſubſtance coriace, & ſéparée en deux demie gouſſes, attachées enſemble, comme C.

La

La figure 4. marque le Noyau coupé en long, qui est de substan- *Substance blanche.*
ce blanche , solide , comme le gland de chêne , & revetuë d'une
petite peau telle que 2. 2.

La substance de ce Noyau est d'un gout âpre , & qui agace les *Gout de la substance.*
dents, comme la Châtaigne qui n'est pas bien mure. Il s'y trou-
ve aussi la douceur fade de la racine de l'Algue , ce qui me porte à
croire que c'en pourroit bien être le fruit.

DESCRIPTION

D'une Plante qui avoit les Goußes de la graine vuides.

CELLE-ci fut trouvée en la Plage d'Agde dans le Languedoc, *Lieu, profondeur & le tems de la pêche.*
vers la fin du Mois d'Avril, à un fonds de 30. Braßes. Les deux
rameaux A A. étoient pleins de petites goußes de forme oblongue,
de couleur brune , & d'une substance si déliée & transparente, qu'on
n'avoit pas peine à voir qu'il n'y avoit dedans aucune graine
formée.

Plusieurs personnes, qui virent cette Plante à Montpellier, vou- *Examen de la gouße avec le Microscope.*
loient que le corps de la gouße fût la graine même. Mais je fus
toûjours d'une opinion contraire , & pour preuve j'eus recours à la
Loupe, qui me fit voir le côté d'une de ces goußes tel que B, & l'autre comme C, & le sommet de l'un avec les deux cornes DD, &
celui de l'autre comme E. J'ouvris la gouße par le milieu , &
j'y trouvai une concavité F. vuide , & qui marquoit qu'il y a-
voit eu des graines.

LES autres deux rameaux étoient pleins des Bulbes ordinaires , *Description de deux autres rameaux.*
de couleur obscure , de forme oblongue , & de substance de chair,
leur sortant du sommet une feuille d'un verd obscur , de la longueur
& largeur que montre le deßein , & qui se sépare en deux vers
l'extrémité.

ON a fait de cette Plante , les deux coupures ordinaires pour *Coupures ordinaires.*
son anatomie , & les analyses avec le feu.

S s

DESCRIP-

DESCRIPTION
d'un fruit en forme de figue.

Le lieu, & la profondeur. ETANT à la pêche du Corail, dans le mois d'Avril, je tirai moi-même ce fruit à 35. Braffes de profondeur, aux environs de Riou.

Defcription. SA figure eft comme celle d'une figue, à la referve que fur le haut on n'y voit pas l'orifice de la fleur, & que fon pied eft long, & de la même fubftance de l'écorce. Sa figure naturelle, & fon ordinaire grandeur font comme A.

Ouverture en long. Si on ouvre ce fruit en long, il paroît tel que B. & par le travers il eft femblable à C.

Inconnu. Lors-que je le trouvai, il n'étoit attaché à aucune branche, & il n'avoit aucune feuille, qui pût me donner à connoître de quelle Plante il étoit.

Couleur. LA couleur de fon écorce, & du dedans de fa fubftance eft brune.

Mol au fortir de l'eau. EN fortant de la mer il étoit très-mol, & en fe fechant il s'endurcit : puis l'ayant remis dans l'eau, il reprit fa molleffe, & fa figure naturelle.

LA figure A. vuë avec le Microfcope, paroît ainfi que D. avec les filamens relevez EE.

LA figure B. étant obfervée, avec ce verre, montre dans l'autre marquée F. coupée en longueur, l'écorce G. & la fubftance glutineufe H H. qui fait le Parenchyme du fruit, & les graines de fémence I I I.

LA figure C. qui eft coupée en travers, étant vuë avec le même verre, en l'autre L. montre l'écorce, le Parenchyme, & les graines de fémence dont nous avons parlé ci-deffus, & outre cela les creux M M. où la graine eft inferée.

LA figure de la fémence, tirée des Cellules, paroît par le fecours du verre, ainfi que N N. avec certaines lignes glutineufes blanches, qui y font répanduës, comme O O.

LE goût de la graine du Parenchyme, & de l'écorce, eft falé, & amer.

DES-

DESCRIPTION

du Raisin de Mer.

Lors-que j'étois à Anconne avec les Troupes du Pape, c'étoit au mois de Fevrier, les Pêcheurs de ce lieu me donnerent cette Plante. Ils l'avoient tirée à un fonds de 40. brasses. Elle est composée de branches, & de feuilles étroites, d'un verd obscur, & de grains qui ont donné occasion aux Pêcheurs de l'appeller Raisin de mer. Les Grains entiers vus avec la Loupe paroissoient comme A. & ouverts, tels que B. Leur écorce BB. est semblable à la pellicule du Raisin. L'interieur de leur substance C. est fluide & gluant.

[marginal note: Lieu, profondeur, & le tems auquel ce raisin fut pêché.]

DESCRIPTION

de la Plante appellée par les Mariniers Main de ladre.

Quoi-que nous aiyons déja décrit une fois cette Plante, dans le rang qu'elle tient parmi les Plantes molles ; j'en dois faire ici de nouveau la description, pour une plus grande exactitude.

[marginal note: Nouvelle description.]

Les Pêcheurs l'arrachent ordinairement avec l'hameçon, à un fonds de 40. & 50. Brasses ; elle croît sur des pierres, & sur des coquillages.

[marginal note: Instrument qui servit à sa pêche.]

Le pied en est entierement blanc ; ce blanc, un peu plus haut, est mêlé de rouge, & cette derniere couleur se répand par tous les rameaux.

[marginal note: Couleur.]

Ce rouge n'est pas semblable en toutes les plantes de cette nature ; car en quelques-unes il tire sur le pourpre, en d'autres il est vermeil, & en plusieurs il est jaunâtre.

Sa substance est composée prémierement d'une écorce toute pleine de glandules ; le reste en est à peu près comme d'un Champignon. On trouve du lait en plusieurs.

[marginal note: Substance glanduleuse.]

Les tubules de l'écorce sont ici marquées GGG. Ayant mis cette Plante dans un vase plein d'eau de mer, afin de la conserver fraiche, pour en rechercher la structure à ma commodité, je m'a-

[marginal note: Fleur découverte par hazard.]

perçus

Description
de la fleur.

perçus, au bout de quelques heures, qu'elle étoit toute fleurie. Les fleurs vuës de profil paroiffoient comme HH. & de face comme II. Alors ayant ôté l'eau, qui étoit dans le vafe, & y laiffant à fec la Plante, je vis rentrer les fleurs dans les boutons, puis y ayant remis l'eau, elles en reffortirent. Cela eft entierement femblable à ce que j'ai dit du Corail; mais les fleurs font differentes de celles de cette Plante pierreufe, elles font fur un Cylindre qui va en groffiffant vers le pied, & leur grandeur eft dans le vafe comme on voit au deffein.

Vuë avec le
Microfcope.

ETANT regardée avec la Loupe, elle paroît comme C. ce qui eft environ quatre fois au-deffus de fa grandeur naturelle. La partie de la fleur marquée L L. eft rouge, ainfi que l'écorce de la Plante, & cette partie eft celle qui forme le bouton, lequel étant fermé, paroît comme MM. de la figure 3. L'autre partie NN. eft d'une fubftance molle blanche, diaphane, & propre à fe plier en elle-même, pour enfuite s'unir dans le bouton ou tubule décrit. Celle qui eft marquée OO. de figure triangulaire, eft de fubftance opaque, & de couleur rouge. Les rayons PP. font les feuilles de la fleur vuë horizontalement, & la regardant en face, elle paroît comme E. avec huit feuilles de couleur blanche, & d'une fubftance très-molle. J'ai voulu examiner, avec un bon Microfcope, ce que j'avois obfervé en la main de ladre, avec la fimple Loupe. J'ai mis pour cela quelques-unes de fes branches dans un petit Vaiffeau de verre A. plein d'eau de mer & elles y ont fleuri, comme on le diftingue à travers le verre. Les tubules B. du refte de la Plante ont demeuré fermé. J'ai pris le bouton C. figure 2. qui n'étoit pas ouvett, & le Microfcope l'a fait voir tel que E. de couleur de chair tout vené de rouge. Le bouton F. figure 3. un peu plus ouvert paroît avec le Microfcope comme B. de la même couleur que le précedent. La lettre H. figure 4. en eft un autre encore plus ouvert que le Microfcope fait paroître comme I. La figure 5. contient la fleur épanouïe L. fur le rameau M où tient auffi le bouton N. Cette belle fleur eft toute dentellée. Elle eft de couleur de chair.

DES-

DESCRIPTION

d'une écorce de substance de Champignon, qui croît sur les pierres, & autour des Lithophytes, tenant la place de leur écorce.

CETTE écorce se trouve pour l'ordinaire sur les Lithophytes, & quelquefois sur des pierres ; elle est d'une substance molle, & brille tant au-dedans, qu'au dehors, d'un rouge plus beau que celui du Corail. Description d'une écorce.

SA structure exterieure est composée de petites glandules, qui regardées avec la Loupe ressemblent à du chagrin ; & elle est organisée comme la superficie de la plûpart des plantes marines. Sa structure exterieure.

LORS-qu'elle est fraîche, son épaisseur est comme celle du dos d'un coûteau. On y remarque dessus un grand nombre d'enflures formées de sa propre substance, & dont les cavitez contiennent un suc approchant du lait de Corail. A l'entour de ces enflures, on voit quantité de boutons, ou tubules de couleur aurore, qui, sur un fonds d'un rouge fort vif, font un effet très-agréable. Son épaisseur, lors qu'elle est fraiche.

LA partie interieure de cette écorce est toute unie, s'accommodant à la forme du corps sur lequel elle s'étend. Quelquefois elle couvre entierement des Lithophytes, d'autres fois elle n'en couvre qu'une partie ; mais toûjours cette partie se trouve dépouillée de son écorce naturelle, celle-ci occupant sa place, sans que leurs diverses natures, jointes ensemble, causent aucune alteration en l'une ni en l'autre. La partie interieure.

CELLE qui sert de fondement à nôtre démonstration couvre entierement un Lithophyte dépouillé de sa propre écorce, & je la nommerois volontiers écorce noueuse fleurissante de couleur de Corail, ou de vif cinabre. L'écorce couvre un Lithophyte.

LA végetation de ses fleurs suit le même ordre que celles du Corail, & de la Plante nommée Main de ladre. Végetation de ses fleurs.

Tt

LA

Sa fleur.

LA fleur a huit feuilles de couleur blanche, & de subſtance molle, plus longues que celles de la fleur de ladre. Etant regardée de face elle paroît comme A, & horizontalement comme B. Elle eſt poſée sur un Cylindre, de subſtance diverſe, & de couleur variée.

Sa grandeur vuë au Microſcope.

CETTE fleur, vuë avec la Loupe, eſt trois fois plus grande qu'en ſon état naturel, & paroît comme 11. & 22. On voit par ce moyen la grandeur de l'écorce fleuriſſante qui s'élève en petites boſſes, ou enflures, comme j'ai déja dit, & on découvre que leurs cavitez ſont pleines d'un ſuc de lait.

Sur cette enflure il y a une eſpece de fourreau marqué BB. qui eſt de la même subſtance & couleur que l'écorce.

Deſcription detaillée.

Au-deſſus de ce fourreau eſt la subſtance aurore, & c'eſt elle qui paroît en forme de grain, quand la fleur n'eſt pas épanouïe.

IL y a enſuite la partie diaphane DD. compoſée d'une membrane très-molle, qui ſe peut plier en elle-même, comme le cuir des ſoufflets.

Au-deſſus de la partie diaphane, ce que l'on voit marqué EE. eſt de même subſtance & couleur que ce qui eſt marqué BB. Il y a en long ſur les feuilles des fleurs, les lignes dont j'ai parlé.

LA fleur de subſtance mollé, a certainement pour fourreau la partie CC. laquelle ſe retirant en bas, fait plier la diaphane DD. & les trois parties ſe cachent ainſi dans la jaune CC. qui avec la BB. forme le grain, qui avance ſur l'écorce, de la maniere qu'on peut voir en la figure entiere, aux endroits marquez F. on voit ſur les branches des fleurs en leur grandeur naturelle, & vuës de face, & de profil.

DE LA CLASSE
DES PLANTES
PRESQUE DE BOIS.

DESCRIPTION

d'un rameau, avec la graine, tiré de la mer.

E 28. de Mars, faisant faire la pêche du Corail & d'autres plantes pierreuses, & Lithophytes
entre l'Ile de Riou, & l'Ecueuil Loncus, à un
fonds de 18. Brasses, nous trouvames une extrémité de branche, qui paroissoit de bois d'un verd
olivatre, sans écorce apparente, & qui en l'exterieur ressem-
bloit à un Lithophyte dépouillé de son écorce. Sa forme étoit
comme la figure 1.

Tems, lieu, & maniere de cette pêche.

La description que j'avois dessein d'en faire fut d'abord sus-
penduë, à cause de la violence du vent, & enfin après avoir
attendu deux jours, j'eus le déplaisir de la perdre.

Ce rameau en contenoit trois petits qui avoient quantité de
grains attachez par des Pedicules A A. & disposez à peu près
comme des grains de Raisin.

Description du rameau.

Les grains étoient de la grandeur, & de la couleur des
lentilles. Quelques-uns étoient ouverts en deux gousses de substance cartilagineuse, montrant qu'il y avoit eu dedans une sémence.

Grandeur des grains.

Ceux qui étoient entiers, étoient consistans & sembloient
avoir au-dedans un corps dur. Je voulois examiner cette sémence, & distinguer si le rameau étoit d'une substance de Bois effectif, ou d'un Lithophyte; mais le malheur que j'ai dit m'en
a ôté le moyen.

Doute sur sa substance de ce rameau.

Tt 2

DES-

DESCRIPTION

des fleurs trouvées à un Lithophyte épineux.

Lieu où l'on a tiré ce Lithophyte.

CETTE Plante tirée de l'abîme, & l'unique que j'aie vû de cette sorte, a été suffisamment décrite, dans la seconde classe des plantes presque de bois, ce qui fait que je ne parlerai ici que de ce qui re-

Description de ses fleurs.

garde ses fleurs. Lors-que je la tirai, je là trouvai sans écorce, du moins qui fût semblable à celle des autres Lithophytes, & je remarquai que les extrémitez des rameaux étoient entourées de petits Globes de substance glutineuse, & jaunâtre, n'ayant aucune union entr'eux, & y semblant plûtôt enfilez, comme des grains de chapelets dans de la soye. Ils sont ici marquez A A A.

Experience tentée pour découvrir ses fleurs.

JE mis à l'accoûtumée cette Plante dans un vase rempli d'eau de mer, & peu de tems après je vis les petits Globes A A A. prendre plusieurs figures oblongues, qui sur le haut avoient deux filamens tels que BB. Ce changement me fit prendre l'envie de tirer la Plante hors de l'eau, mais dans un instant je vis revenir les petits Globes comme auparavant, & la mettant une autre fois dans l'eau, les Globes se r'ouvrirent & reprirent la configuration BB. ayant multiplié ces experiences, pendant deux jours, elles me réussi-

Uniformité des fleurs de celles des Champignons de mer.

rent toûjours de même. L'uniformité d'agir en cela de cette Plante, avec les autres de nature de Champignon, que j'ai décrites, & les pierreuses dont je parlerai m'ont fait conclure que c'étoit véritablement des fleurs quoi-que sans aucune sémence solide. Je cherchai cette sémence dans ces petits Globes, mais je les trouvai tous de substance glutineuse, & molle comme celle des fleurs du Corail.

DESCRIPTION

des fleurs du Corail.

Corail une Plante effective.

LA découverte de ces fleurs, aussi bien que de celles des Plantes de nature de Champignon, & des Plantes presque de bois, qui paroissent & se cachent, à proportion que l'on plonge leurs plantes dans l'eau, ou qu'on les en retire, fut un effet

du

du pur hazard.   Cependant cette uniformité entre le Corail , &
les autres Plantes, qui ſans contredit ſont reconnuës pour telles , eſt
ce qui fait conclurre que le Corail lui-même eſt une Plante effective.

La premiere fois, que la nature me montra cette diſpoſition , je
le fis ſavoir à Mr. *l'Abbé Bignon* ,   par une Lettre qui fut donnée
au public, dans le Supplément du Journal des Savans du Mois de
Fevrier 1707.   Les experiences, que je fis enſuite , dans une autre pêche, m'ayant confirmé la choſe , je le mandai auſſi à Mr.
l'Abbé Bignon , qui fit imprimer cette ſeconde Rélation, dans le Supplément du Mois de Mai de la même année ;   & comme de plus
dans les trois diverſes ſaiſons, de l'Hiver , du Printems & de l'Eté,
la choſe s'eſt manifeſtée, avec le même ſuccès, je ne ferai pas difficulté de raporter ce que j'ai déja dit dans cette Rélation.   Par la
ſeconde Lettre je diſois que je n'avois pû diſtinguer les fleurs ſur les
branches de Corail ,   lors-qu'il étoit encore dans la mer ,   & que
cela me faiſoit douter que nôtre air ſeulement ne cauſât cet effet ,
cela s'eſt trouvé faux, ainſi que la pêche abondante faite à Riou ,
au lieu dit *Lamber* , me la fait voir ; en me permettant de les découvrir à deux Braſſes de profondeur.   Ces fleurs , au ſortir de l'eau,
rentrerent dans les tubules, & en reſſortirent enſuite, lors-que j'eus
poſé les branches dans des vaſes de verre remplis d'eau de la mer ,
de la maniere qu'on verra dans la Relation ſuivante. J'avois promis
de mettre les branches , dans l'eau marine dépouillée entierement
de ſon ſel, du moins autant qu'on peut le diſcerner par le goût ,
& que l'Areometre le montre, en la faiſant trouver d'un poids é-
gal à celui de l'eau de Cîterne. J'ai tenu ma promeſſe , & dans
cette eau diſtillée, où l'amertume reſta pourtant de la même maniere que j'ai dite, en la ſeconde partie de l'Ouvrage. Je mis pluſieurs branches qui avoient fleuri dans un autre vaſe plein d'eau de
mer naturelle ; mais les fleurs n'y réparurent pas épanouïes ; ſeulement aux extrémitez , par-ci par-là , j'apperçus quelques boutons
blancs qui n'avoient pas la force de s'ouvrir. Il eſt vrai que ces boutons perſiſterent plus long-tems que les fleurs ne font pas dans
l'eau, qui a tout ſon ſel. Pour dans l'eau de Cîterne les branches n'y fleuriſſent jamais. Il réſulte de ces experiences que la
partie bitumineuſe qui eſt reſtée dans l'eau dépouillée de ſel, &
qui ſe manifeſte par l'amertume dont nous avons parlé , n'eſt
pas

V v

pas capable par elle-même , & fans l'aide du fel , de poufſer les fleurs. Dans la Differtation , que je promets de pluſieurs experiences Chymiques fur le Corail , je ne negligerai pas de poſer de ces branches dans l'eau de mer artificielle , que je préparerai de pluſieurs façons. Mais il eſt tems de venir à nôtre premiere Rélation.

L'Auteur promet une autre experience.

L E ſeptiéme jour du Mois de Decembre 1707. la mer étant fort calme, je fus conduit par les Pêcheurs de Corail, à un endroit nommé *la grand' Candelle* qui eſt à ſix milles de Caſſis , en allant par le Ponant le long de la Côte ; ſur cette Côte, à la profondeur de 5. de 8. de 10. & 11. Braſſes d'eau , on trouve des fourneaux où l'eau de la mer entre , & qui ont le Rocher , qui le forme, tout couvert de Corail. On y produiſit la machine dont on ſe ſert pour le chercher & l'arracher. Nous en rencontrames des pieces aſſez conſiderables, pour pouvoir en examiner l'écorce , entre laquelle, & la ſuperficie de la ſubſtance du Corail, je trouvai du lait ; ce qui m'étoit déja arrivé au mois de Juin de l'Eté dernier.

L'entreprise de l'Auteur, qui le conduiſit à cette riche découverte.

Lieu où ſe fit cette pêche.

D A N S la penſée qu'il étoit important de conſerver aux branches de Corail une humidité ſuffiſante, pour pouvoir obſerver dans le Cabinet & hors de l'agitation tout ce qui appartient à l'écorce, j'avois eu ſoin de porter avec moi des vaiſſeaux de verre que je remplis de la même eau, où l'on avoit pêché, & dans laquelle je mis quelques-unes des branches. Pendant que je m'occupois à faire mes obſervations ſur la temperature de l'Air, & ſur celle de l'eau tirée du fond de la mer pour en connoître la difference ; je m'aperçus que ces tubules de l'écorce s'étoient un peu gonflez , auſſi bien que quelques-unes des goutes de lait, qui en ſortoient. Cette alteration m'obligea, à mon arrivée au logis , de mettre les bouteilles remplies d'eau & de Corail , dans un endroit, où la temperature de l'air fut égale à celle du fond de la mer ; dont l'eau, ſelon le raport du Thermometre , m'avoit paru plus chaude d'un degré , que celle de la ſuperficie.

L'Auteur trouve inopinement les fleurs.

L E lendemain matin 8. du même Mois , je trouvai mes branches de Corail toutes couvertes de fleurs blanches, de la longueur d'une ligne & demie ; ſoutenuës d'un Calice blanc, d'où par-

Defcription de la fleur.

toient

toient huit rayons de même couleur, également longs, diſtans l'un de l'autre ; leſquels formoient une très-belle étoile, ſemblable au girofle, à la couleur, & à la grandeur près.

Je voulus d'abord eſſayer de découvrir le pedicule de ces fleurs, & pour cela je fus obligé d'ôter l'eau de ces bouteilles, afin de pouvoir me ſervir plus commodément de la pointe du couteau, & du Microſcope. Mais auſſi-tôt je vis diſparoître toutes mes fleurs, châcune rentrant dans ſon propre tubule, qui durant quelque tems parut découpé. Il eſt aiſé de juger quelle fut ma ſurpriſe. Reflêchiſſant là-deſſus je pris la réſolution de remettre ſur les mêmes branches de Corail de nouvelle eáu marine ; & à l'inſtant les tubules commencerent à reſſortir de la ſubſtance blanche, & à croître ſenſiblement, enſorte qu'au bout d'une heure & demie, les fleurs réparurent avec leur premiere forme, & leur premiere beauté. Je réïterai la même experience, & toûjours avec le même ſuccès, juſqu'au onziéme jour du même mois, que ces fleurs commencerent à prendre une couleur jaune comme du ſaffran, & leurs feuilles à ſe ramaſſer enſemble, ſans qu'il fût poſſible de les faire revenir à leur premier état, en renouvellant l'eau plus ſouvent : & de là je conjecturai que la force qui avoit fait pouſſer le lait en forme de fleur, s'étoit enfin diſſipée.

Evenement au ſortir de l'eau les fleurs diſparoiſſent.

L'Auteur fixe le tems que ces fleurs continuerent à paroître.

Declin, ou Metamorphoſe de la fleur.

Je n'oubliai pas d'agiter les branches de Corail dans l'eau, pour eſſayer d'en détacher quelques fleurs flêtries, & pour voir ſi elles nageroient, ou ſi elles tomberoient au fond de la bouteille, & comme je les vis toutes ſe précipiter au fond, je jugeai qu'elles ſont d'une matiere péſante, & toute differente de celle qui forme les fleurs des Plantes terreſtres, parmi leſquelles on auroit peine, je penſe, à en trouver dont la fleur ſe précipitât au fond de l'eau.

Conjecture ſur la qualité de ces fleurs,

Mais au reſte la configuration des fleurs de Corail, étant très-uniforme à celle des Plantes de la terre, fait eſperer d'y trouver la ſémence, qui, quoi qu'elle ne m'ait pas été viſible juſqu'à préſent, pourra ſe manifeſter, dans les nouvelles experiences que j'ai projetées ; tant pour celle-ci, que pour celles de nature de Champignon que l'on peut tirer en tout tems de la mer, avec l'aſſurance de les trouver fleuries, en la maniere que nous avons déja décrite.

Eſperance de trouver un jour la ſémence de Corail.

Vv 2

J'ai

Progrès des fleurs de Corail & de leurs feuilles.

J'ai dit que les Plantes fleuries dans les bouteilles laiſſoient enfin au bout de douze jours au plus, tomber les fleurs, & que ramaſſant leurs feuilles, celles-ci prenoient la figure de petits Globes qui ſe précipitoient dans le fond de l'eau.

Opinion ſur la ſémence de Corail.

Je ſongeai pluſieurs fois ſi ce n'étoit pas là une ſémence, puis-que je les voyois comme marque la figure A A. & que les regardant avec le Microſcope, ils paroiſſoient de la figure d'un œuf de couleur jaunâtre, & de la grandeur exprimée par la figure quatriéme.

Examen d'un petit globe.

Pour m'en éclaircir j'ouvris un de ces petits Globes, & obſervant ſon interieur avec le verre, je n'y diſtinguai aucune figure de graine, ou d'aucune choſe approchante, mais ſeulement une ſubſtance glutineuſe, de nature égale à celle que j'ai dit être; en la partie interieure des tubules de l'écorce.

Opinion ſur les fleurs des plantes pierreuſes.

Je crois auſſi que les Plantes pierreuſes d'un ſeul calice, ont des fleurs dans la mer, & que ces fleurs ſont au ſommet convexe de la ſubſtance glutineuſe qui ſe trouve diſpoſée dans le creux de cette eſpece de taſſe : & il y a apparence qu'étant ainſi molle, d'une extenſion conſiderable, & toute ſans la moindre apparence d'écorce, elle n'a pas la force de réſiſter à la trop forte percuſſion de nôtre air, & que c'eſt ce qui empêche de voir ſortir en eux, & dans

Pourquoi on ne les peut pas voir non plus que dans les Madrepores.

les Madrepores, tous ſans écorce, les fleurs des Cellules & des trous qui ſont remplis d'une ſubſtance glutineuſe, quoi-que plus fluide que celle du Corail. Une des principales marques, qui me donne cette croyance, eſt l'orifice P P. qui eſt au ſuſdit ſommet convexe,

Fondement de cette opinion.

lequel étant de forme ovale, comme on voit par la figure 5. a une eſpece de Levre qui ſe renverſe en dedans, & qui a de petites inciſions qui font juger qu'elle doit ſe diviſer étant dans la mer, & ſe dilater en pluſieurs feuilles ; & que le Calice, où elles ſont attachées, s'éleve, & ſort de ce creux que nous avons déja dit être en la ſubſtance glutineuſe ; dans lequel par une petite ſonde j'ai trouvé une profondeur raiſonnable.

L'eſperance de pouſſer la connoiſſance de la nature.

Tout ce que j'ai dit juſqu'à préſent, touchant les fleurs & ſémences des Plantes de la mer, eſt fondé véritablement, bien moins ſur une ſuite reglée d'obſervations, que ſur quelques fragmens ; mais puis-que la choſe dépend d'un double hazard, c'eſt-à-dire, qu'il faut que l'on rencontre les Plans avec les Rets, & que ce

ſoit

foit juftement, dans le tems qu'elles ont les fleurs. On doit fe contenter, ce me femble, du peu que l'on a trouvé, qui d'ailleurs ne
laiffe pas de nous avoir donné la connoiffance, qu'il y a dans les
Plantes molles des fleurs, des fruits, & des graines de fémence, &
que dans les fpongieufes, & les ligneufes, & les pierreufes, les
fleurs fe trouvent auffi. Il fe pourroit même que pour le refte, la
nature cedât aux exactes recherches du Microfcope ; au cas que ces
Plantes ne differaffent pas des molles, par une forte de fémence ren-
fermée dans leurs fleurs de fubftance glutineufe, plûtôt fluide, que
folide, qui étant mure pourroit tomber fur quelque corps folide,
où elle formeroit une nouvelle végetation ; & en ce cas les feuilles
même de la fleur lui feroient une coffe, l'envelopant de la maniere
que j'ai raportée, & que j'ai obfervée tant de fois aux fleurs de
Corail.

ME voici au bout de la tentative, que j'ai faite, de montrer le
Méchanifme que la Nature a établi, pour la végetation des Plantes
des trois claffes que nous avons décrites. On voit donc comme
elles vivent dans la mer fans racines, & s'apuyant feulement fur
quelque forte de corps dur, héterogene ; & comme ne pouvant, ni
ne devant en tirer aucun aliment, la Nature les a pourvuës d'une
organization de glandules, ou de cellules répanduës par toute l'extenfion de la Plante, afin que châque partie puiffe prendre par elle-
même la nourriture, qui lui eft néceffaire ; de forte que, comme je l'ai
dit au commencement, la Plante eft la racine, & la racine eft la
Plante. Enfin on voit que comme toutes les parties des Plantes
de la mer font également proches de l'aliment, puis qu'elles y
nagent, il auroit été inutile que la Nature leur eût donné une
continuation de Canaux, pour faire circuler le fuc nourricier,
ainfi qu'elle a dû le faire aux Plantes terreftres, qui étant prefque entierement hors de l'aliment, ont befoin que celle de leurs
parties qui le reçoit, le leur diftribuë.

Manifeftation
du méchanif-
me de la na-
ture tenté.

F I N.

X x

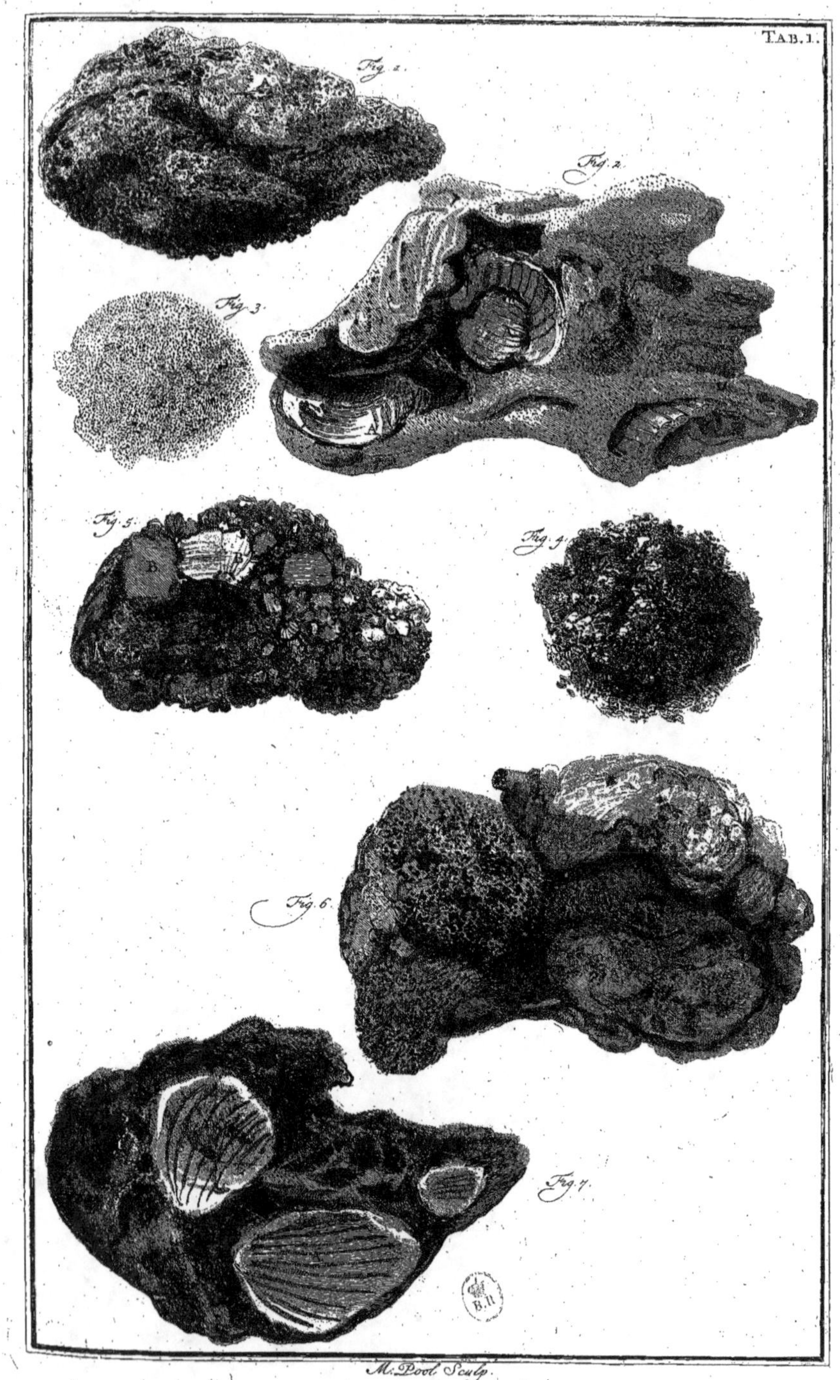

TAB. 1.
Fig. 1.
Fig. 2.
Fig. 3.
Fig. 5.
Fig. 4.
Fig. 6.
Fig. 7.
M. Pool Sculp.

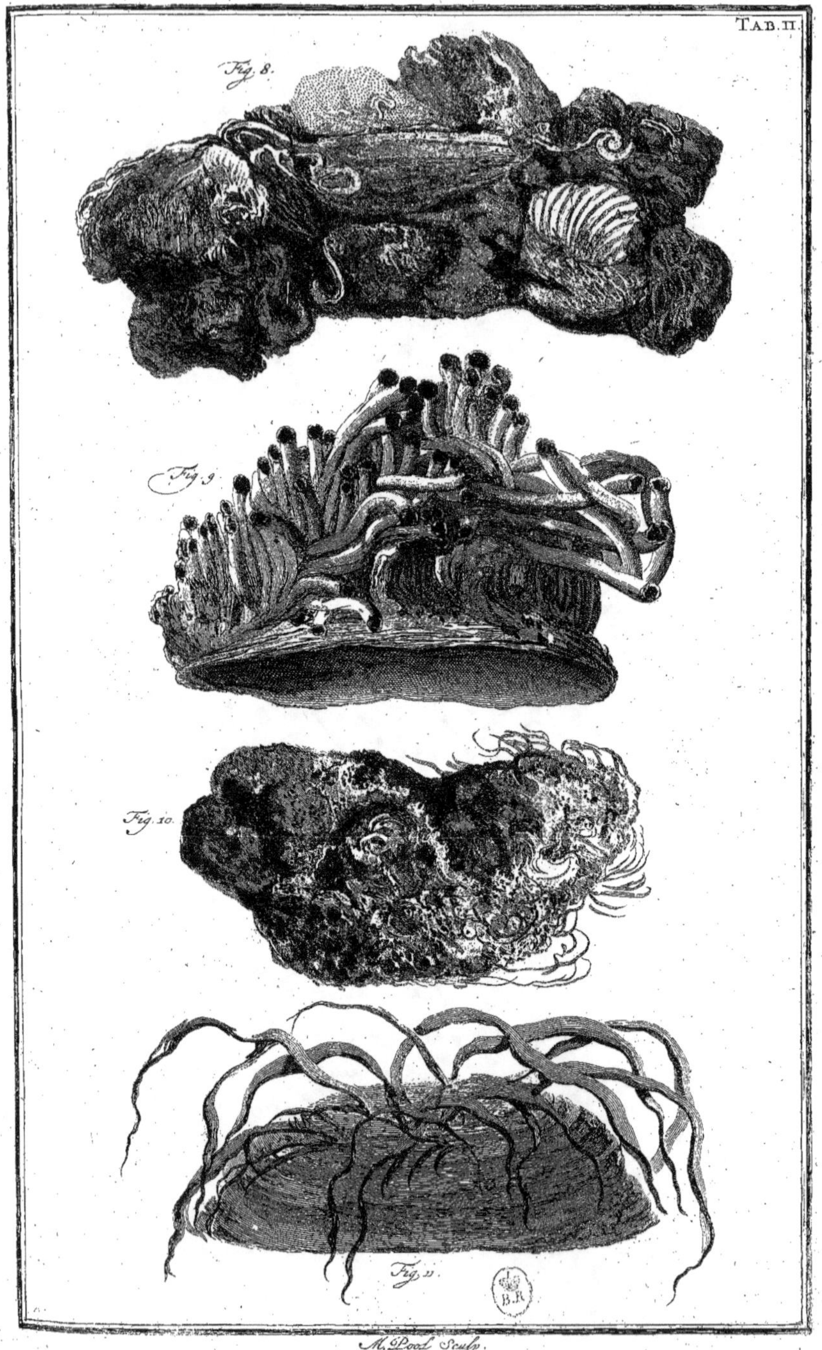

M. Pool Sculp.

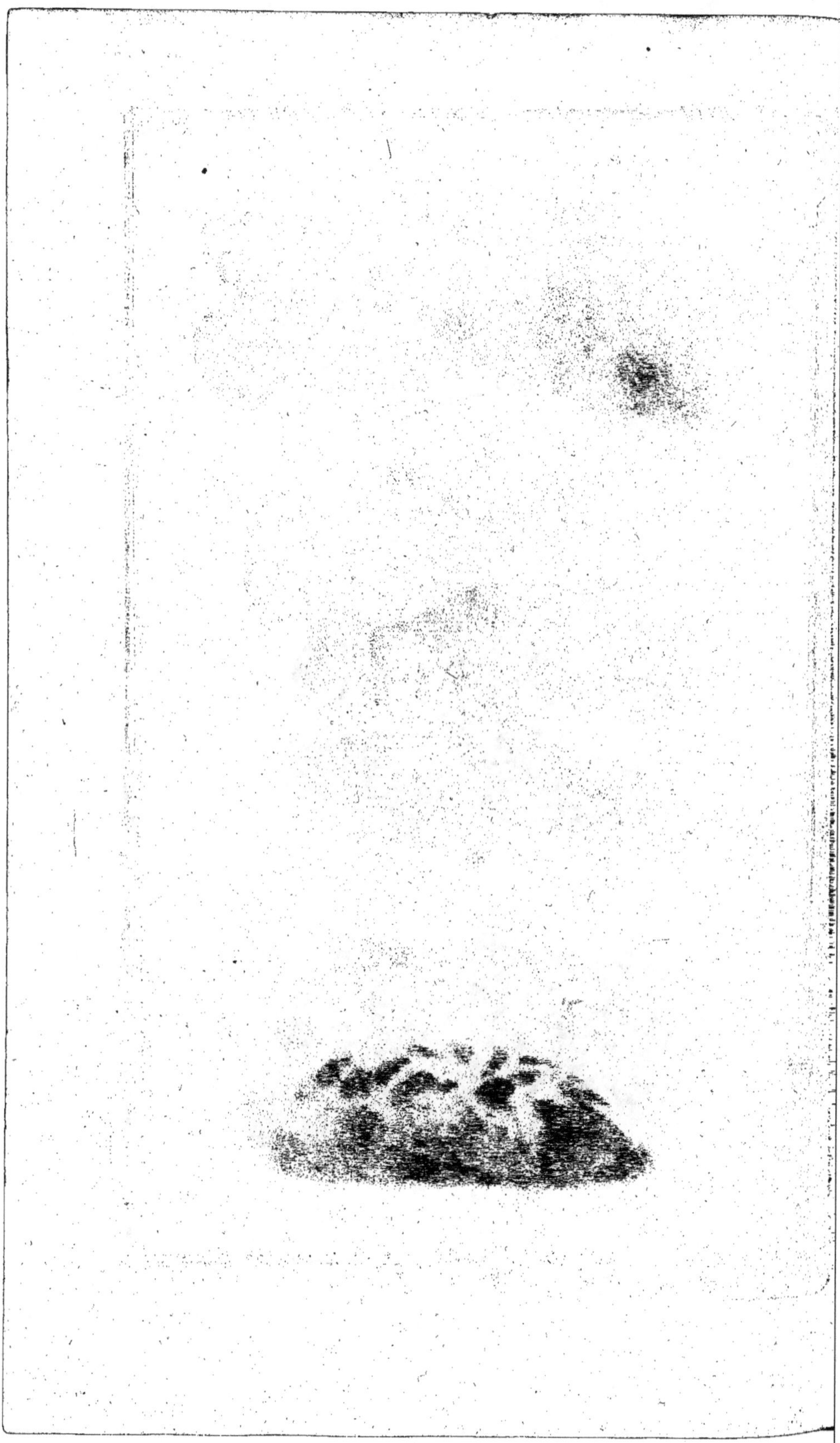

Fig. 12.
Fig. 13.
Fig. 14.
B.R

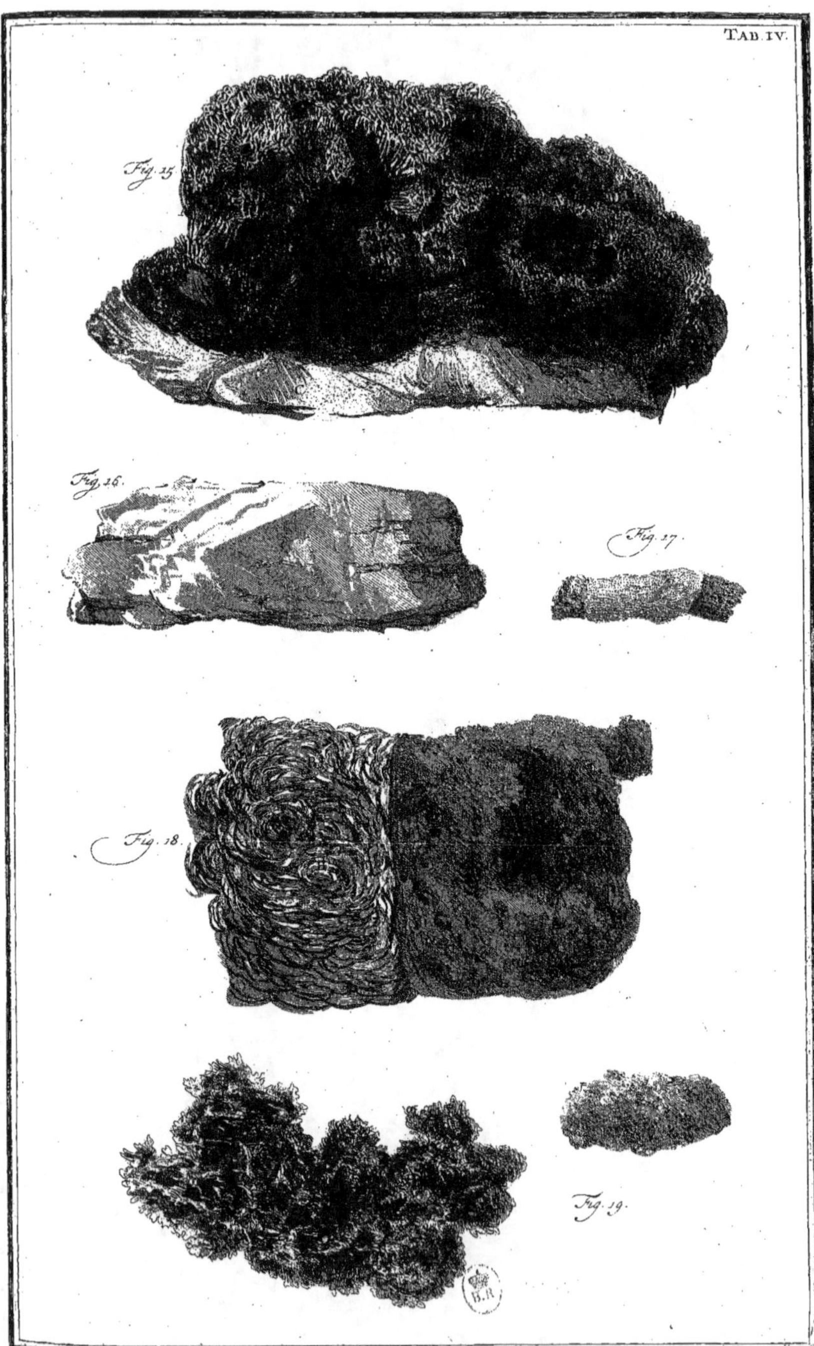

M. Pool Sculp.

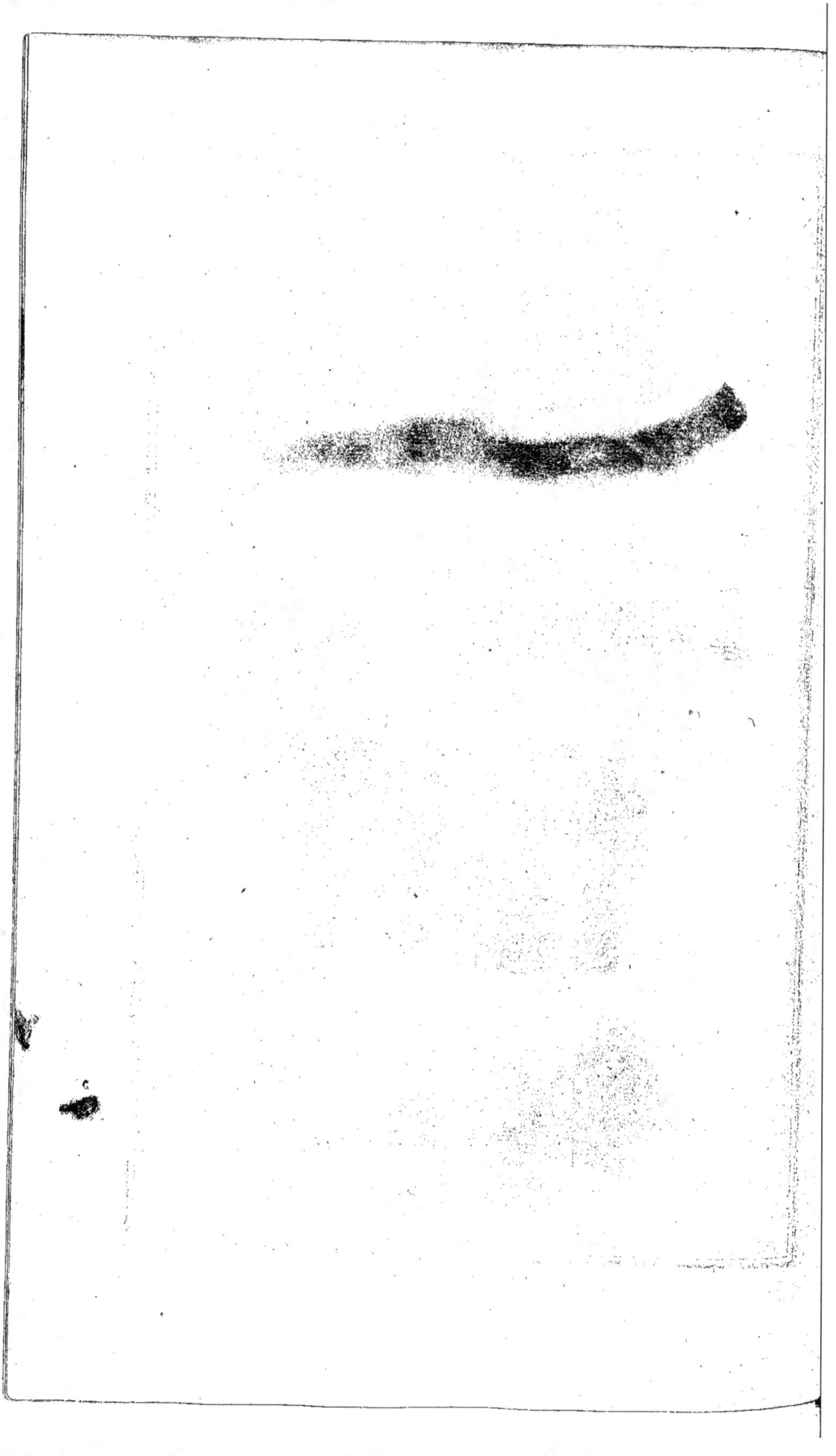

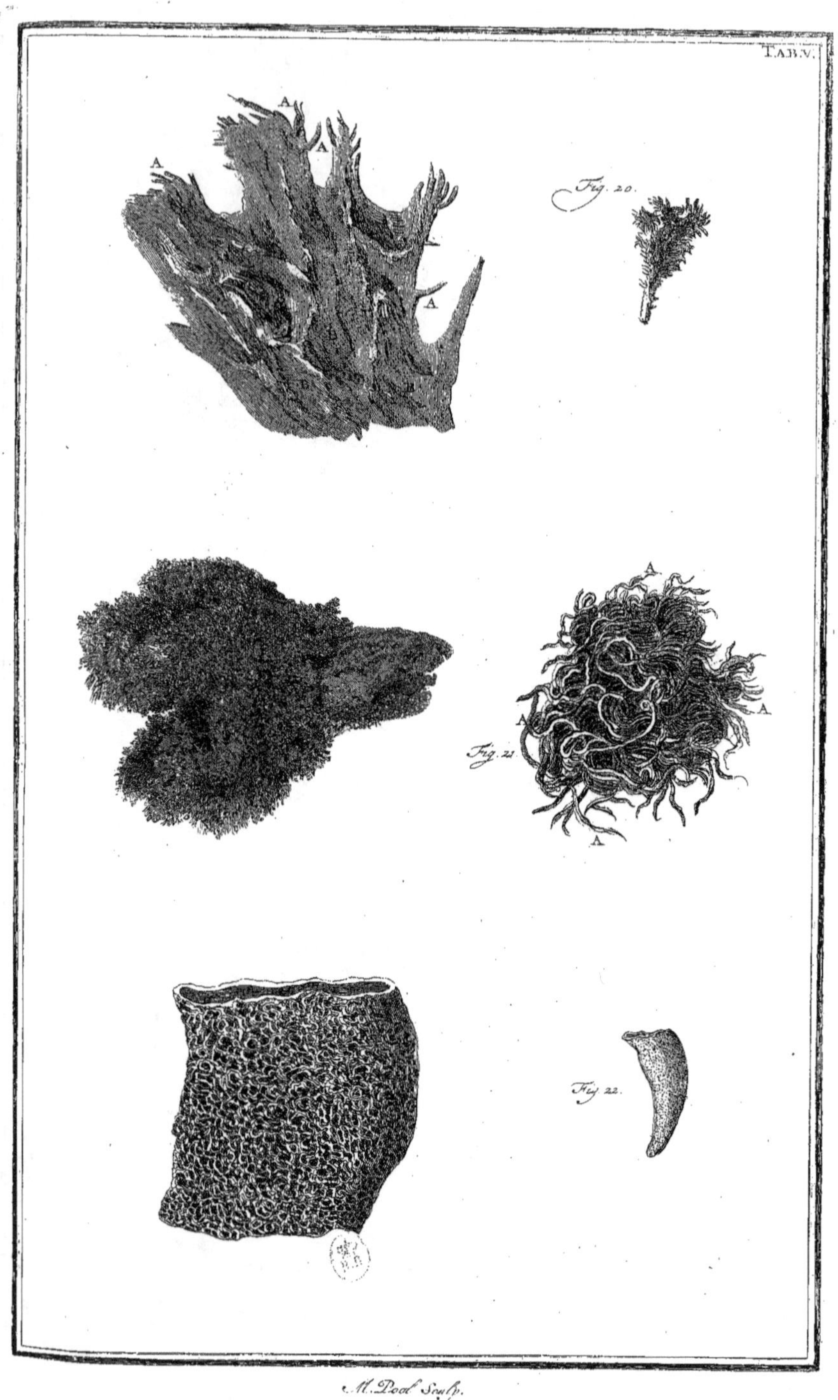
Fig. 20.
A
A
A
A
Fig. 21.
A
A
A
A
Fig. 22.

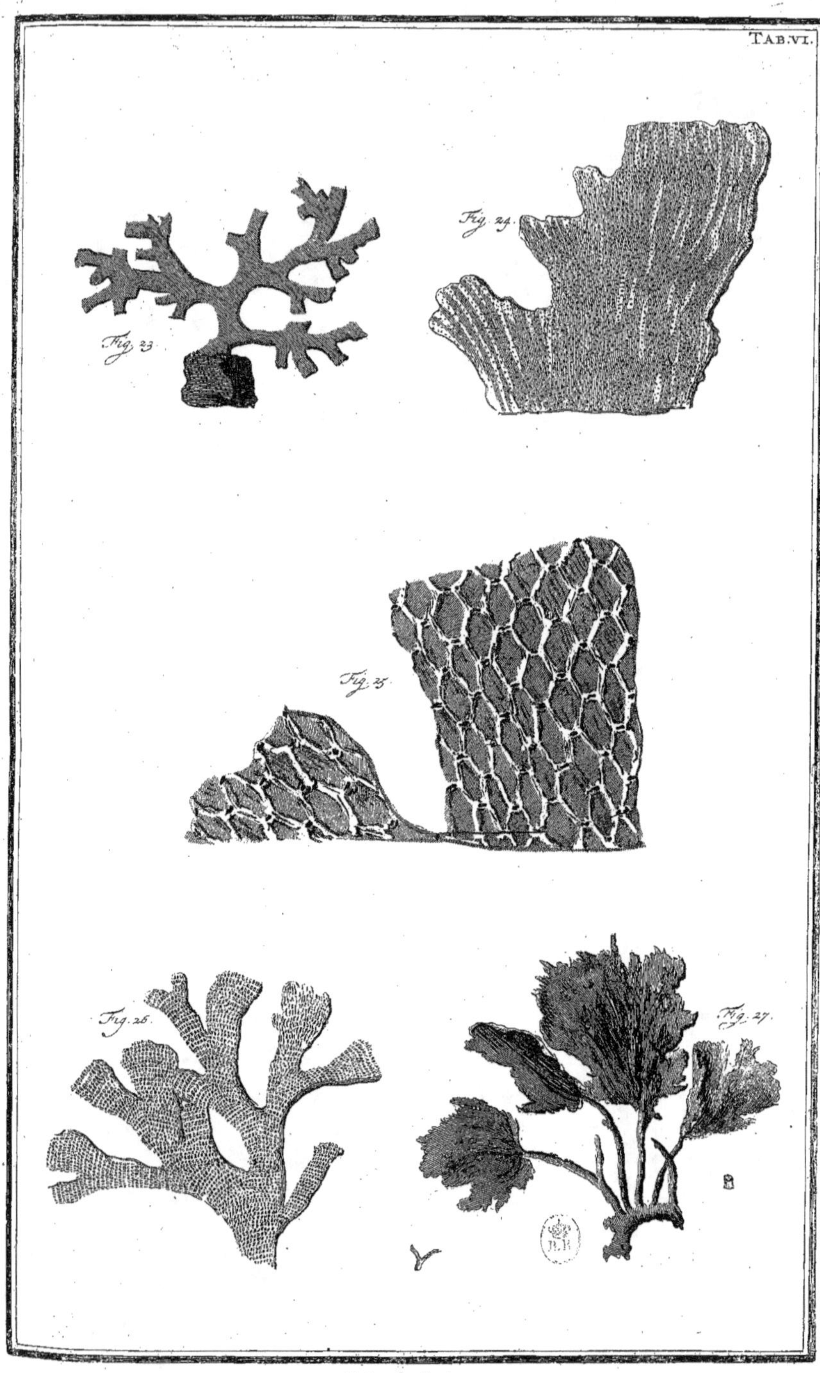

M. Pool Sculp.

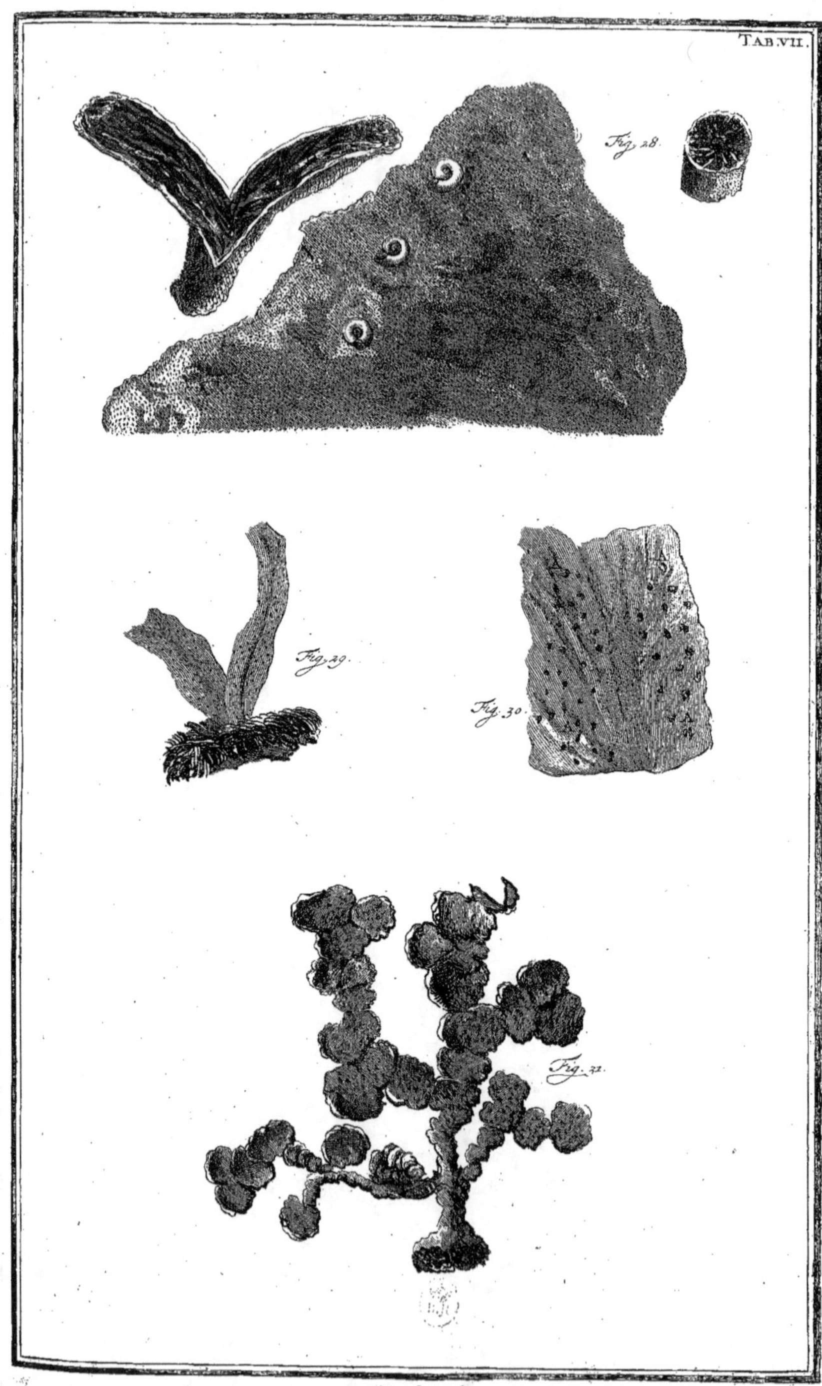
Fig. 28.
Fig. 29.
Fig. 30.
Fig. 31.

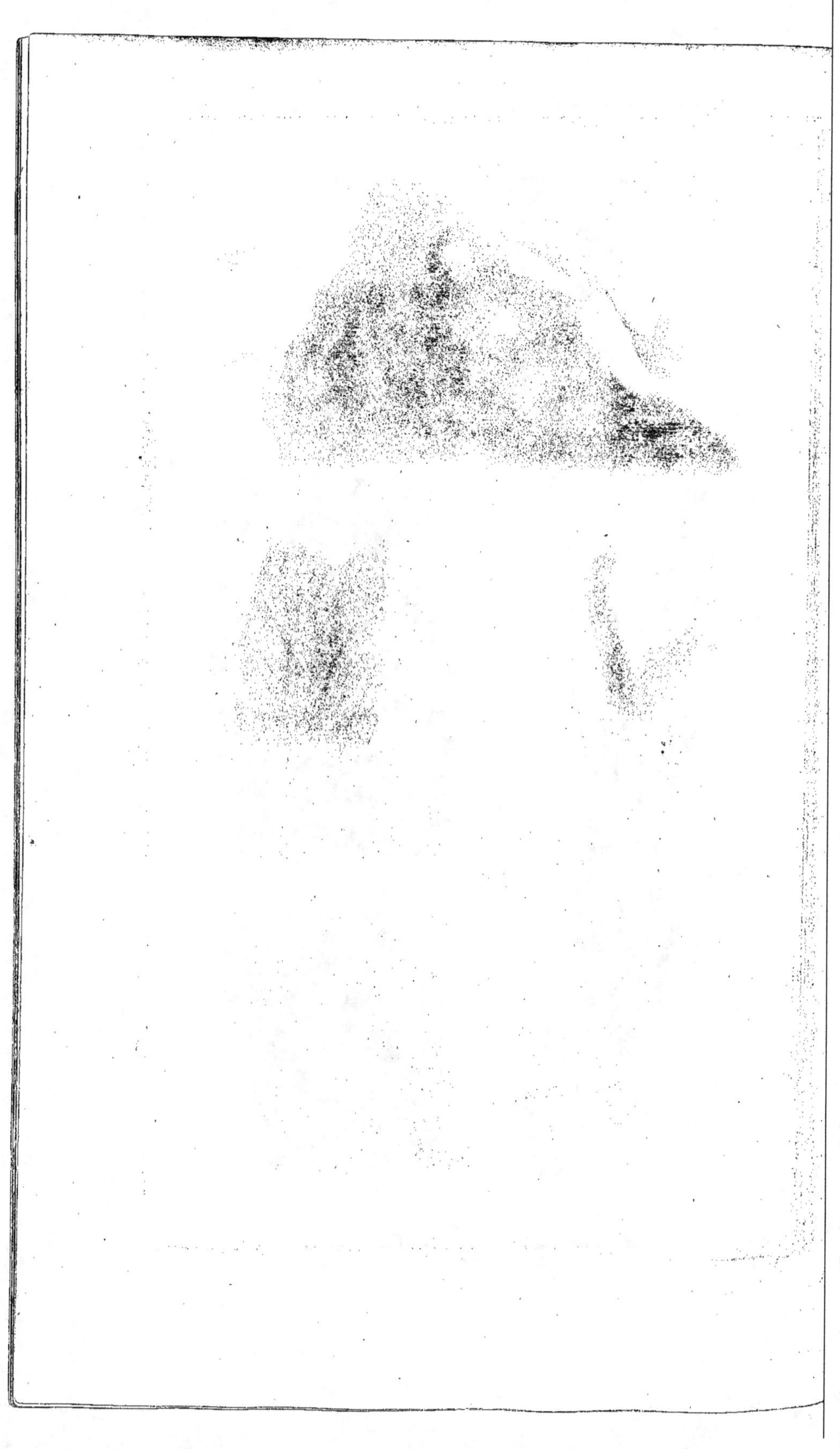

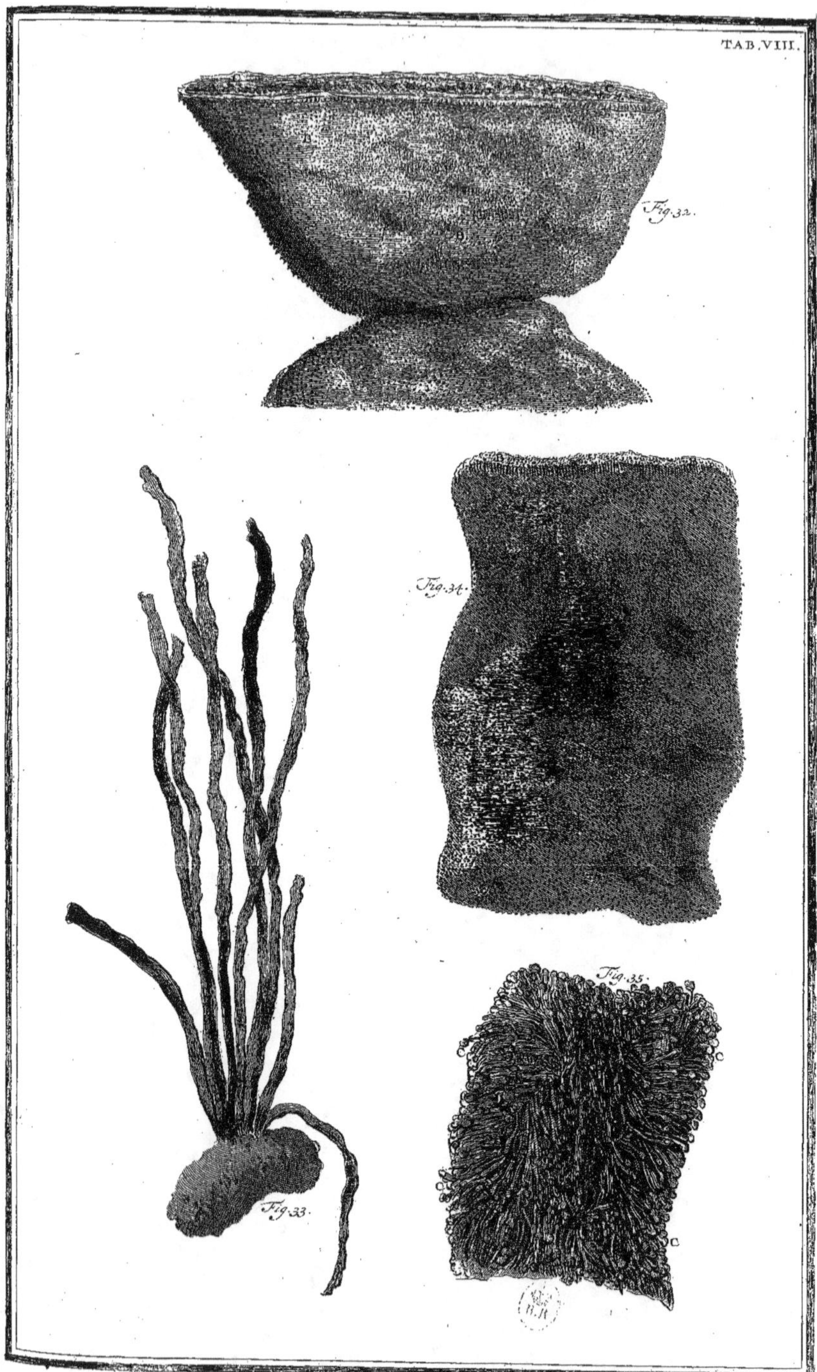

M. Pool Sculp.

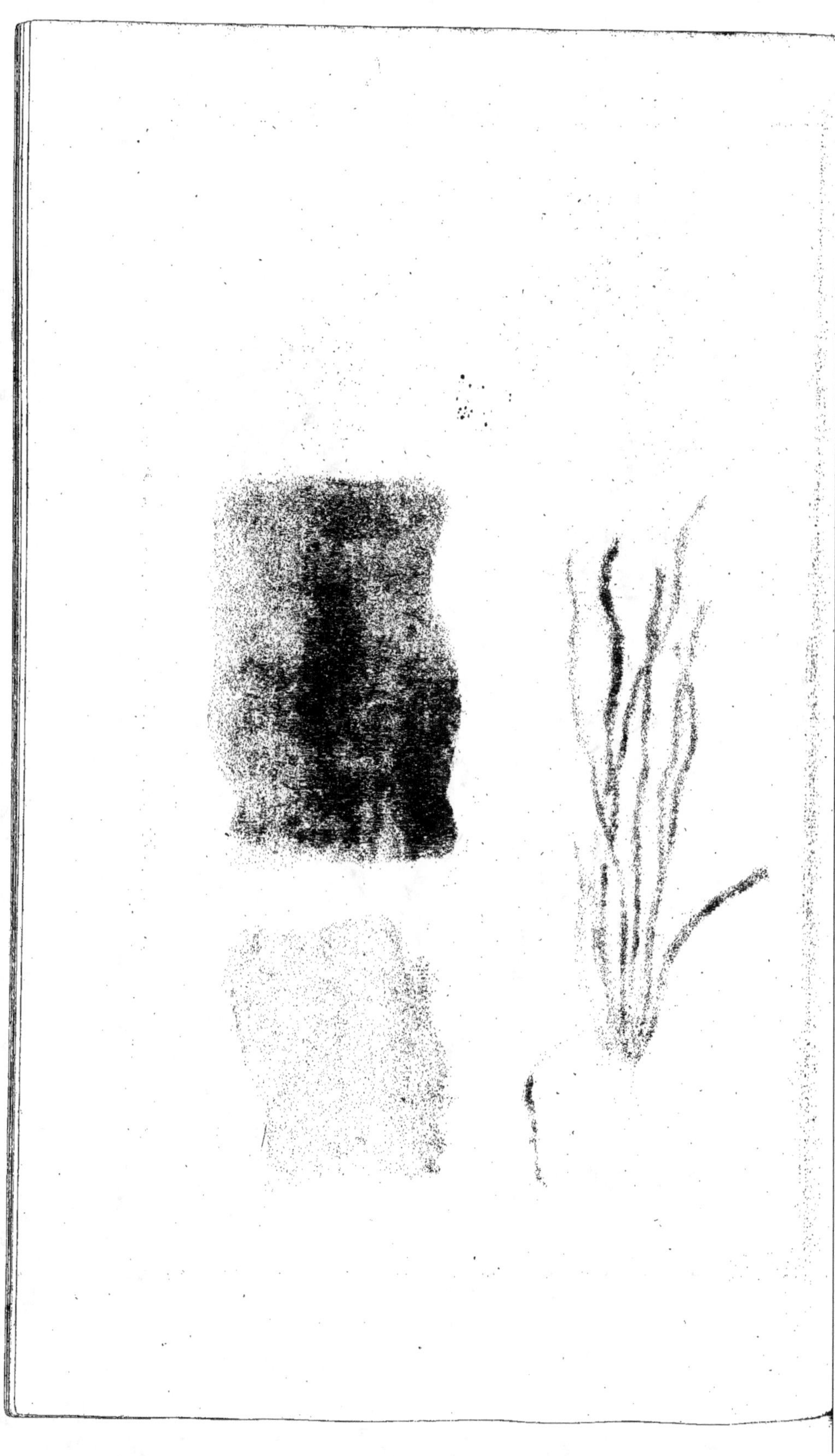

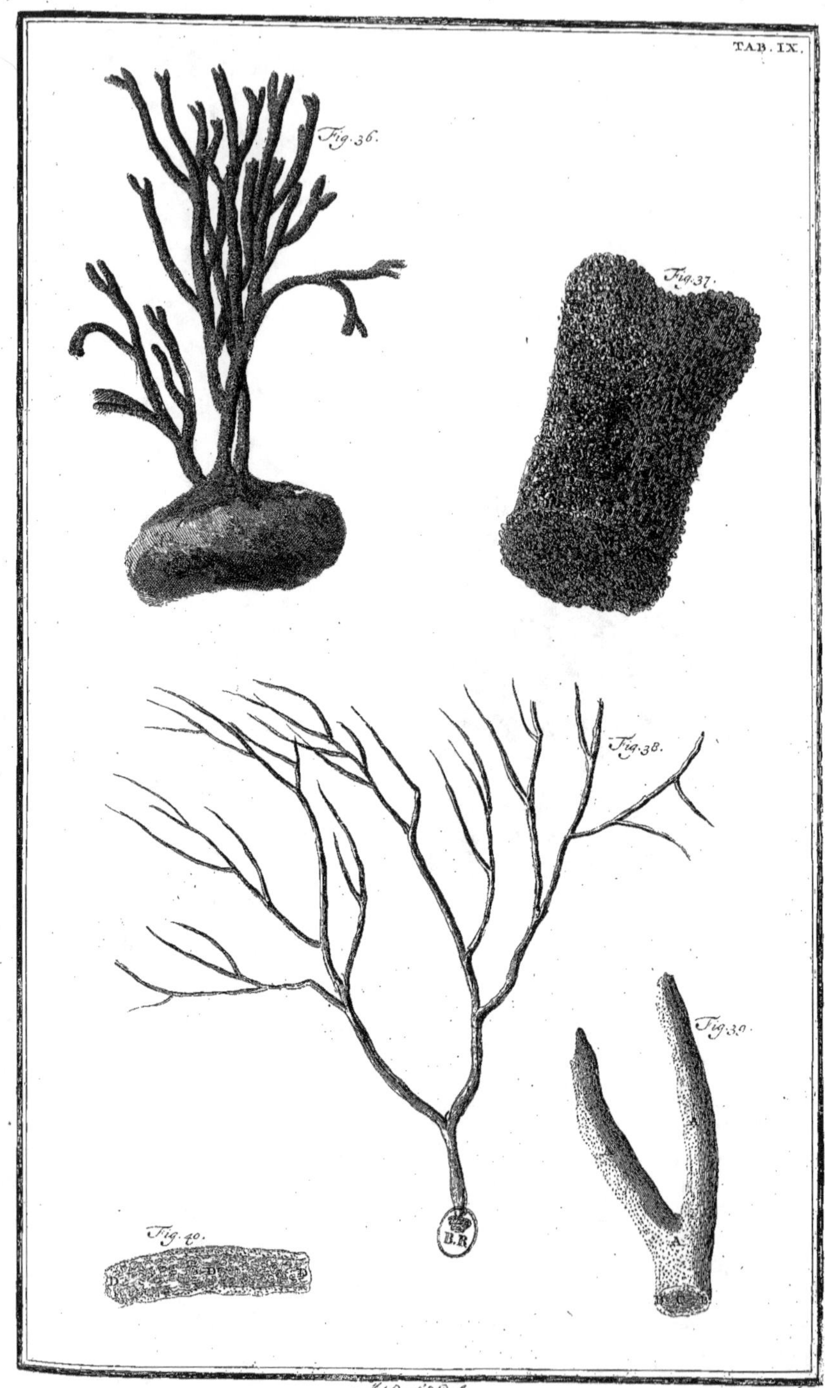

A. Pool Sculp.

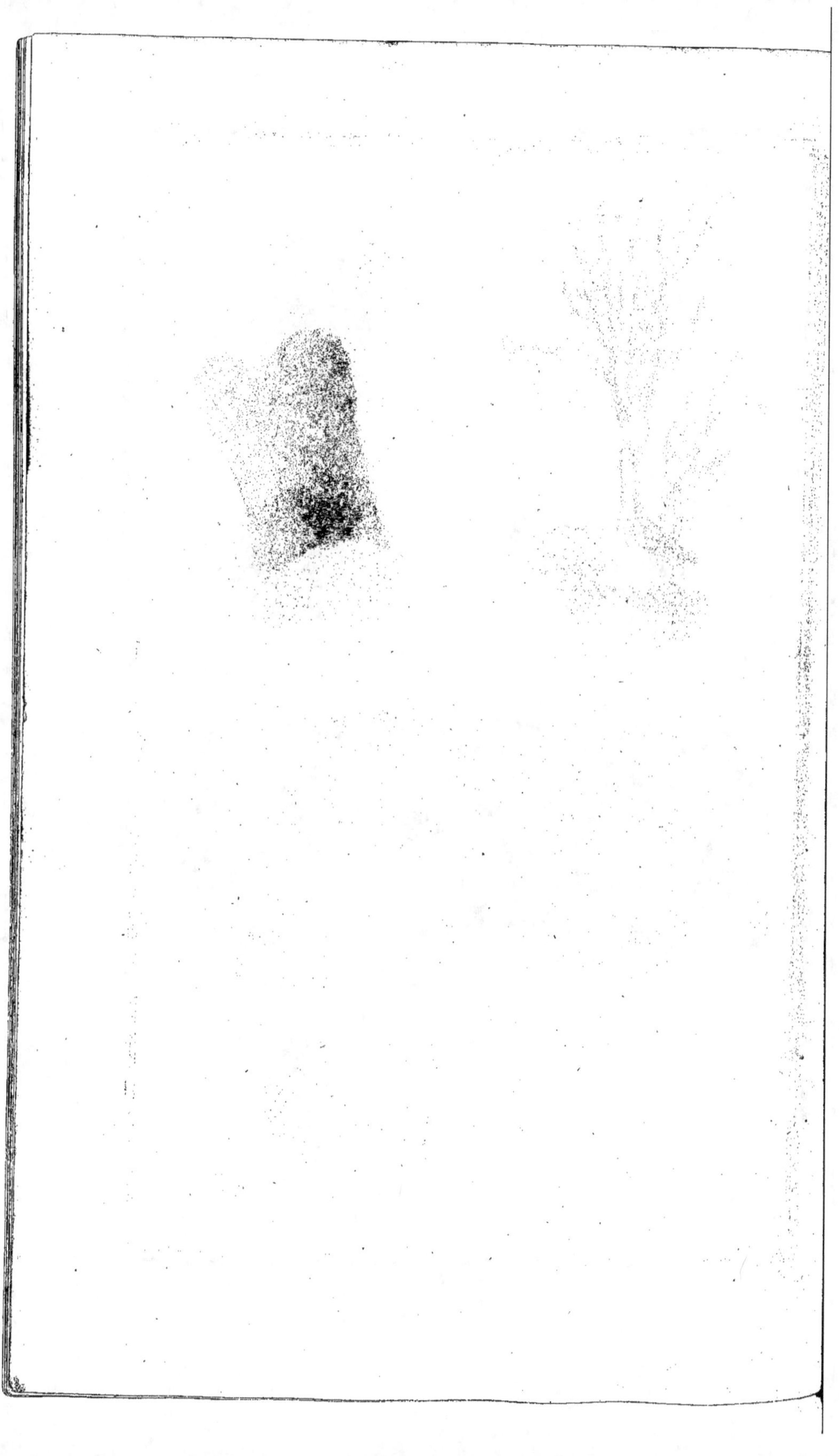

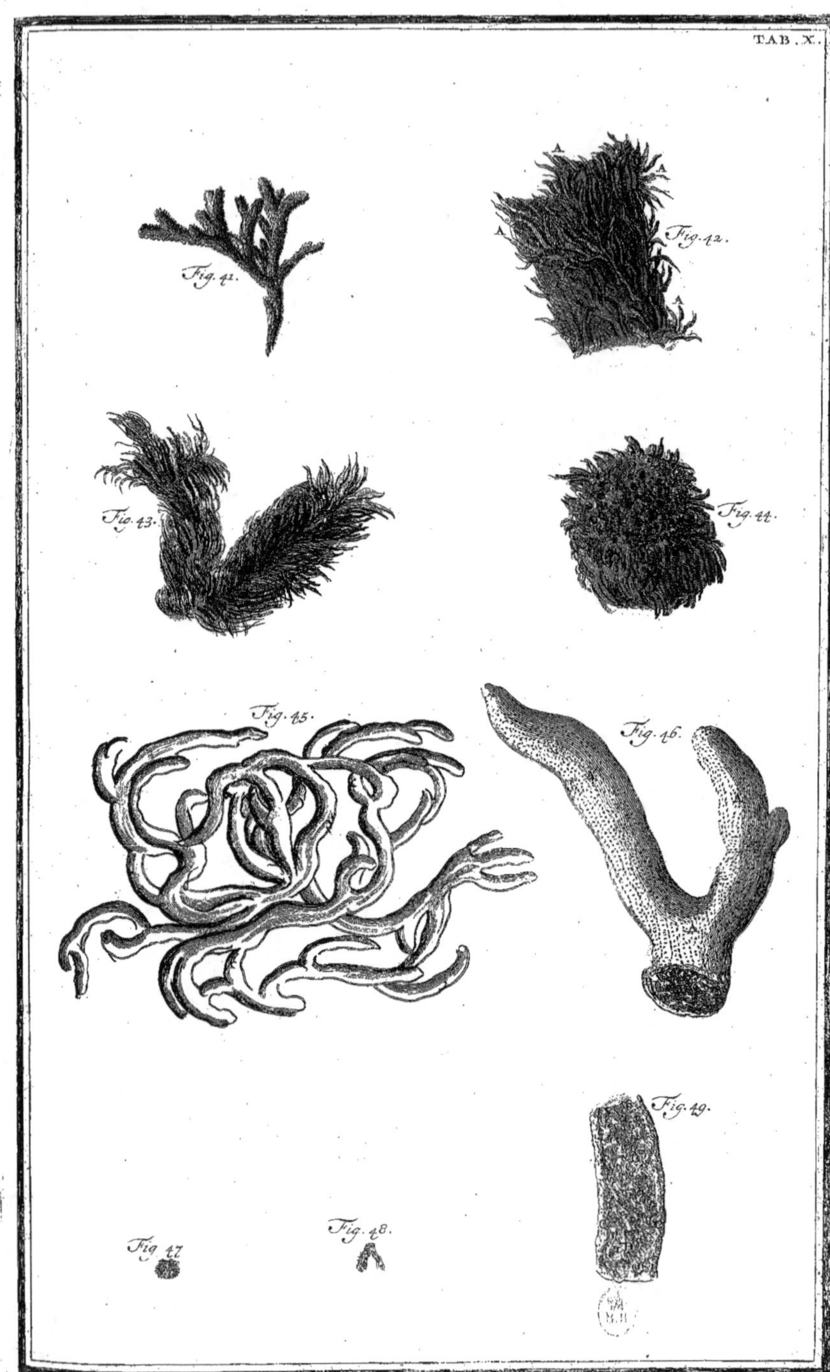

TAB. X.
Fig. 41.
Fig. 42.
Fig. 43.
Fig. 44.
Fig. 45.
Fig. 46.
Fig. 47.
Fig. 48.
Fig. 49.
M. Pool Sculp.

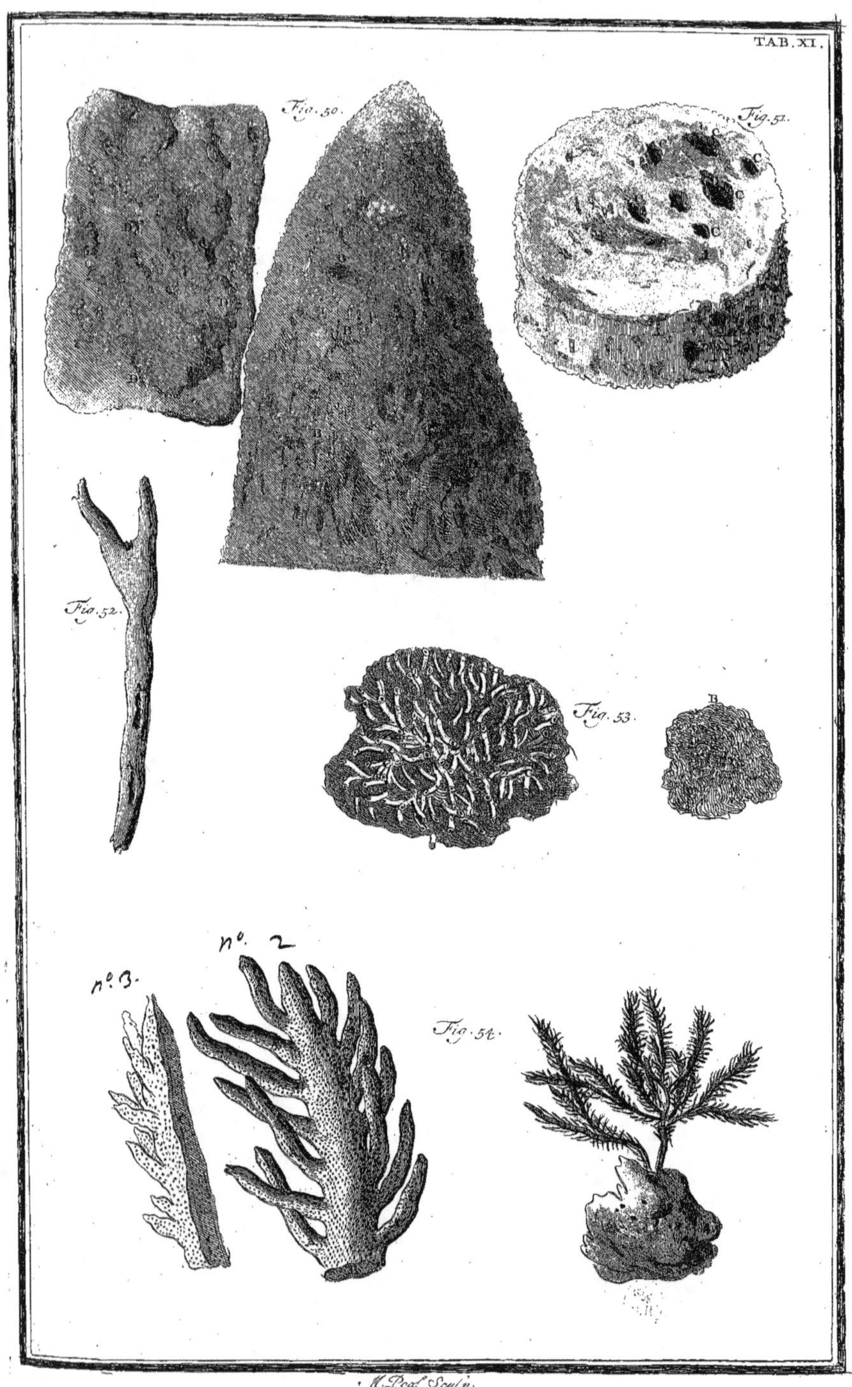
Fig. 50.
Fig. 51.
Fig. 52.
Fig. 53.
B
n.º 2
n.º 3.
Fig. 54.

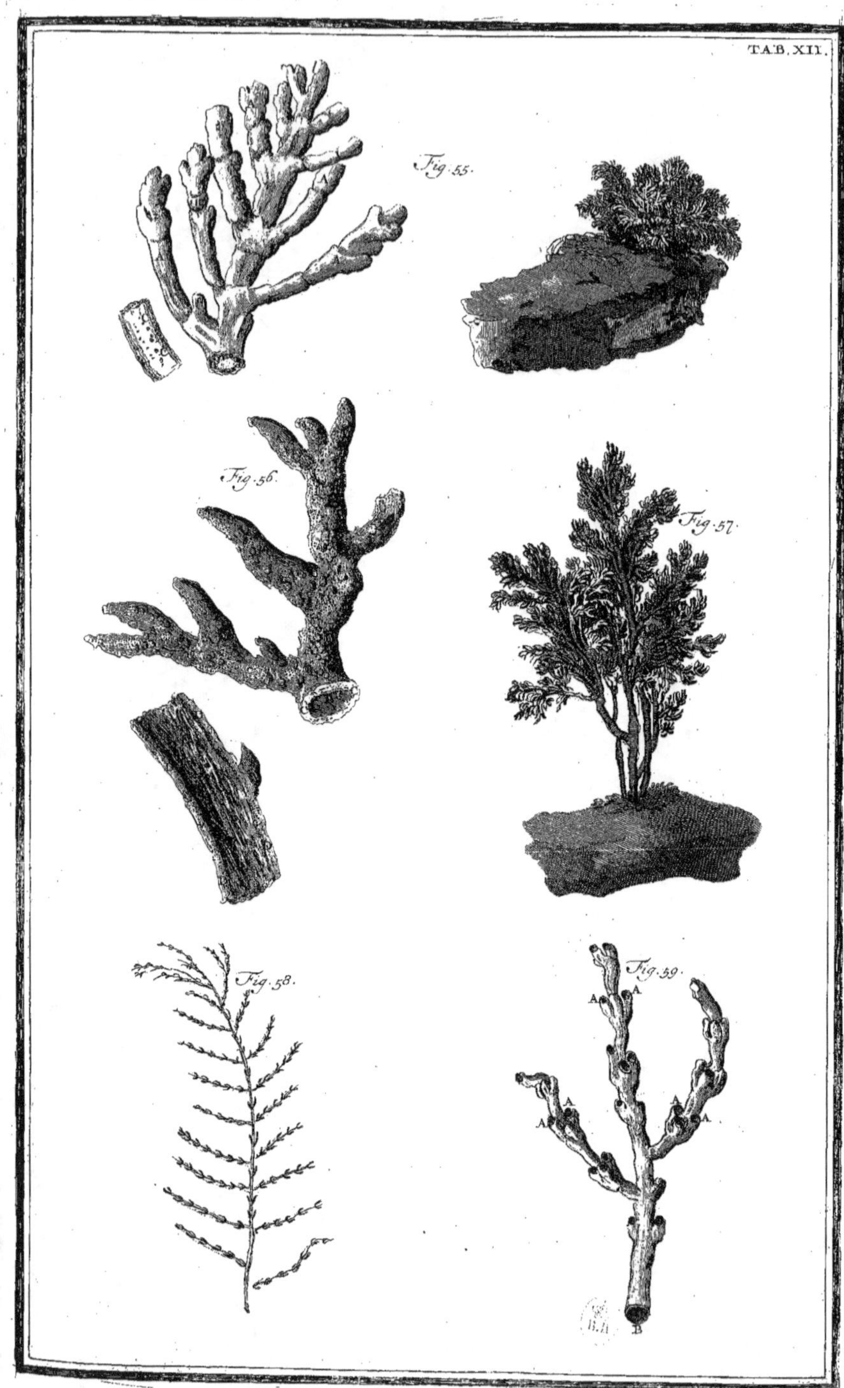

Fig. 55.
Fig. 56.
Fig. 57.
Fig. 58.
Fig. 59.
A A
A A
B
M. Pool Sculp.

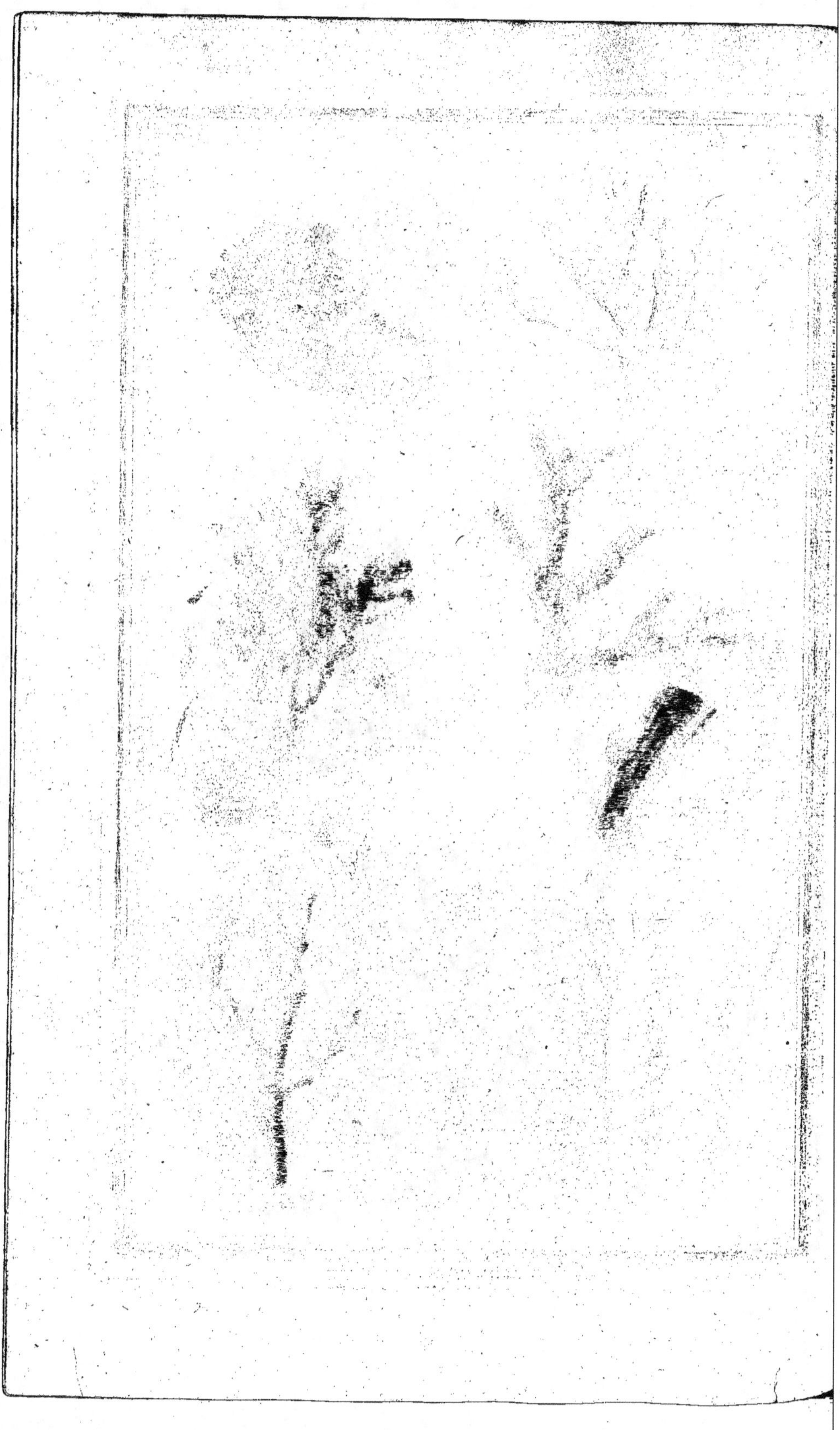

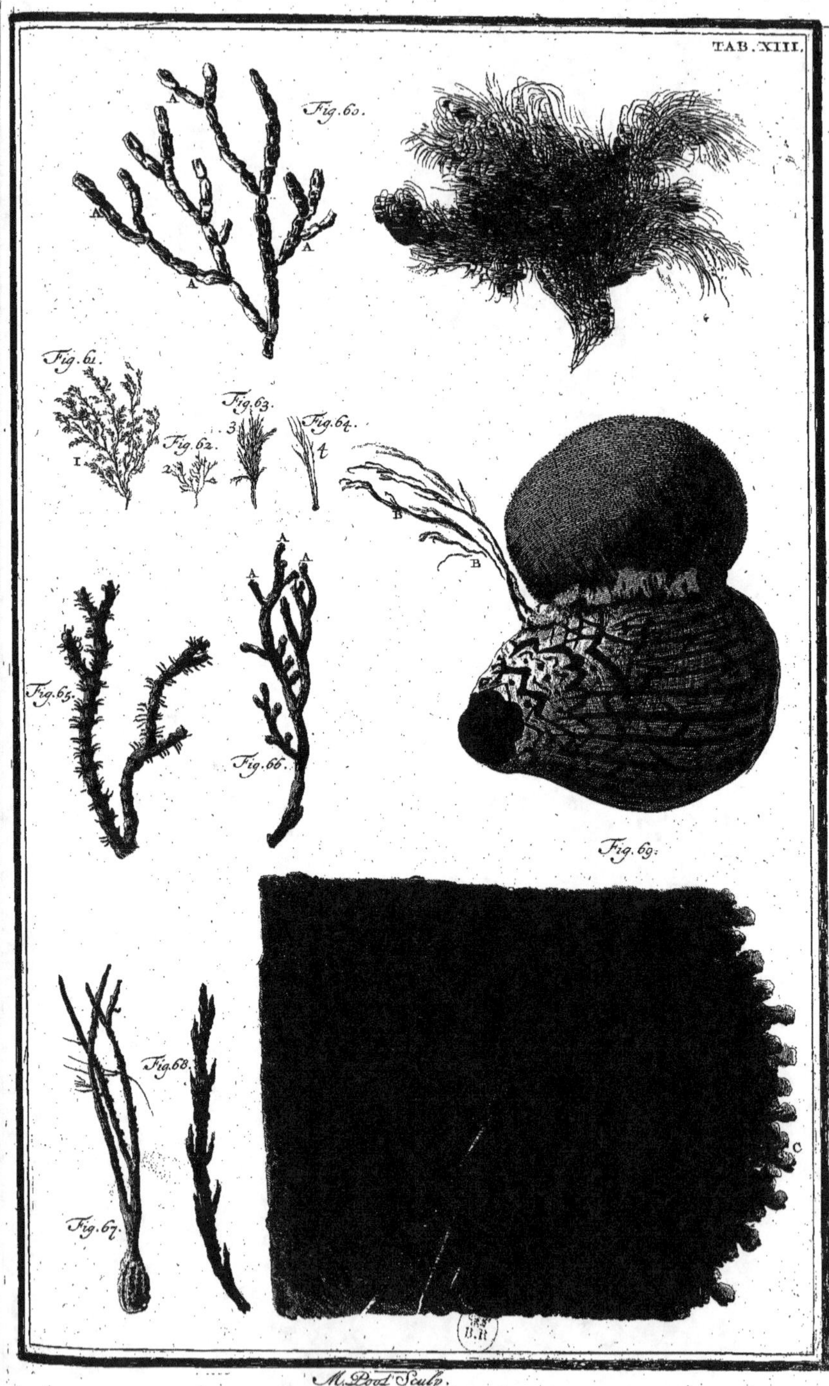

TAB. XIII.
Fig. 60.
Fig. 61.
Fig. 62.
Fig. 63.
Fig. 64.
Fig. 65.
Fig. 66.
Fig. 67.
Fig. 68.
Fig. 69.
M. Pool Sculp.

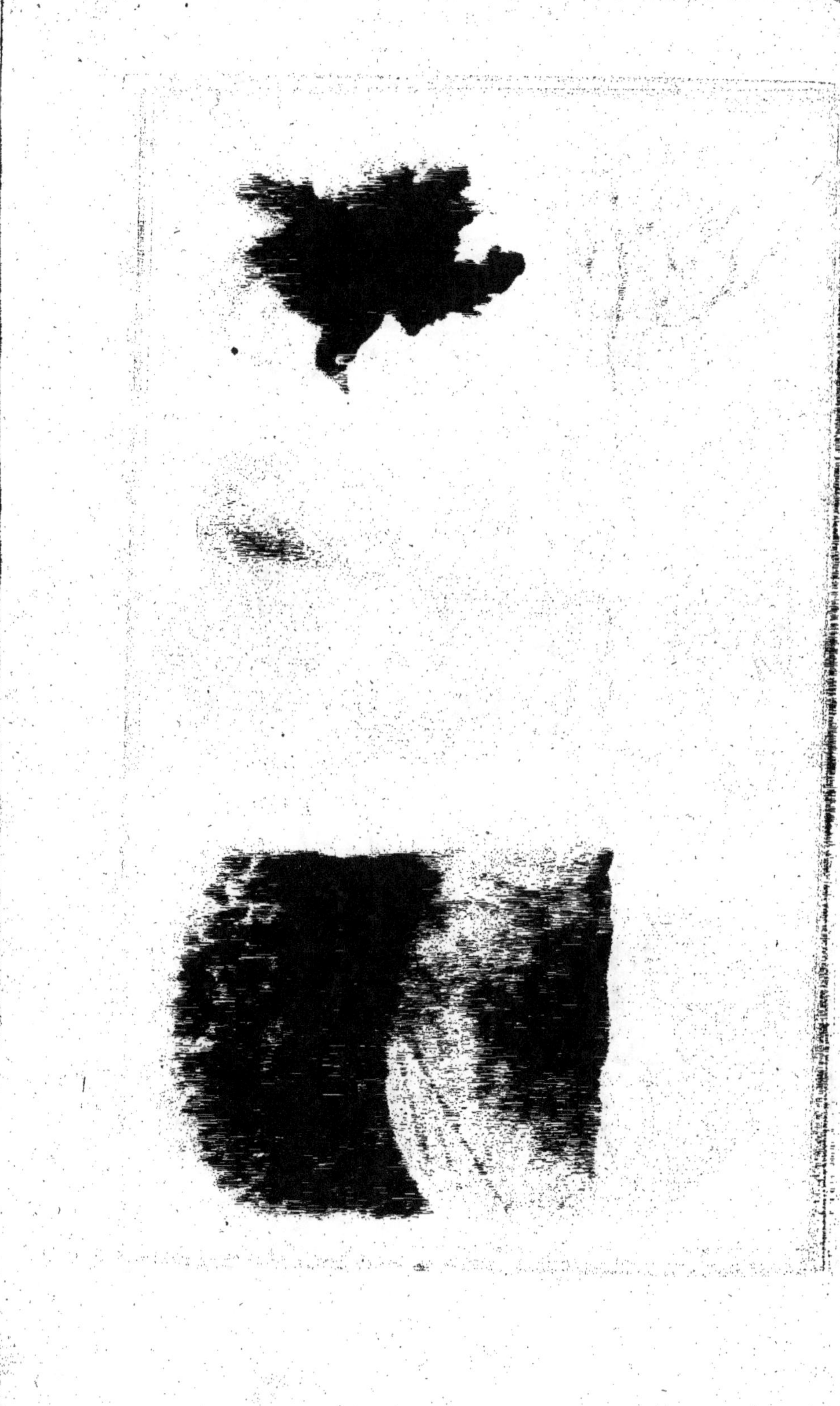

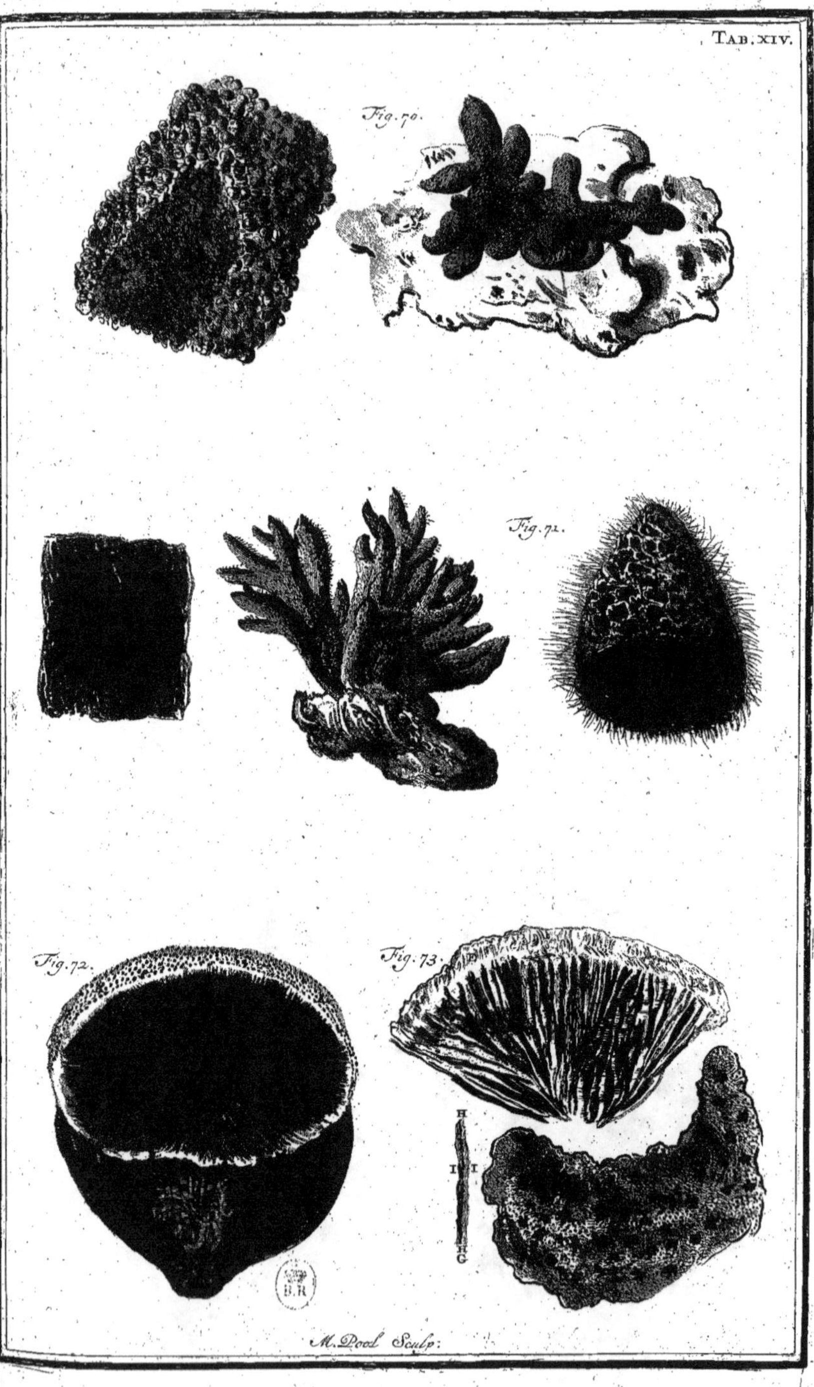

M. Pool Sculp:

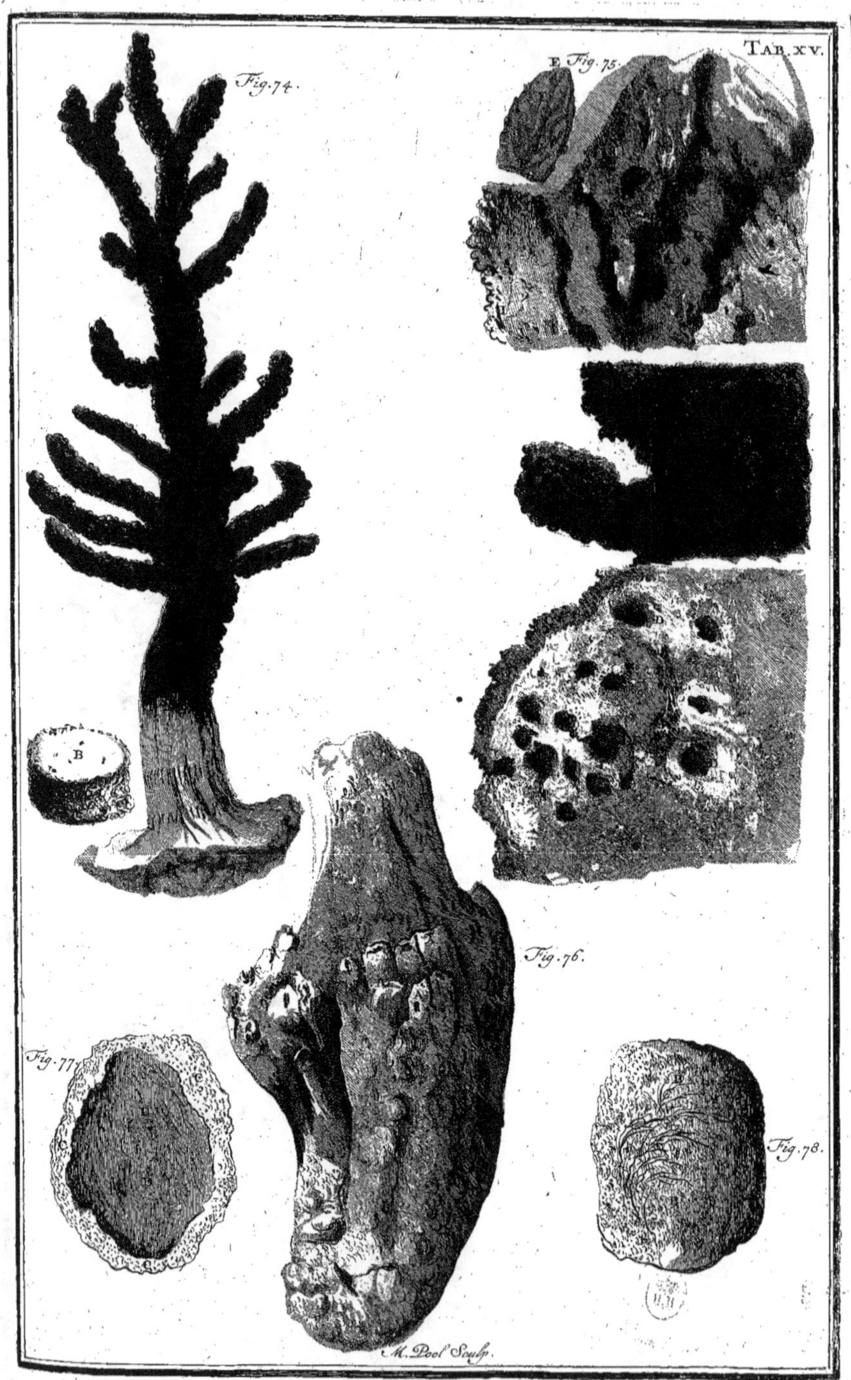

Fig. 74.
E Fig. 75.
TAB. XV.
B
Fig. 76.
Fig. 77.
Fig. 78.
M. Pool Sculp.

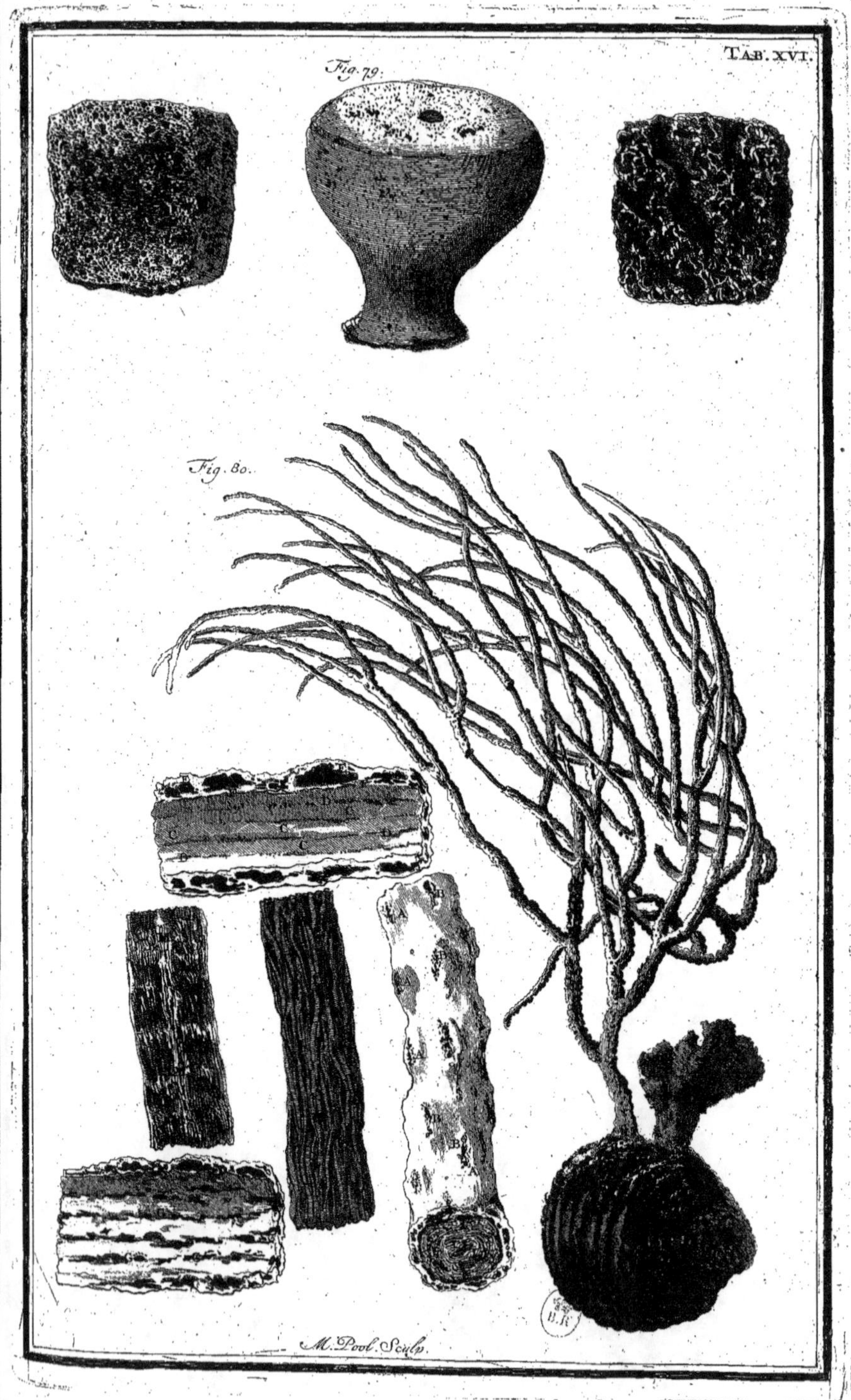

Fig. 79.
Fig. 80.
M. Pool Sculp.

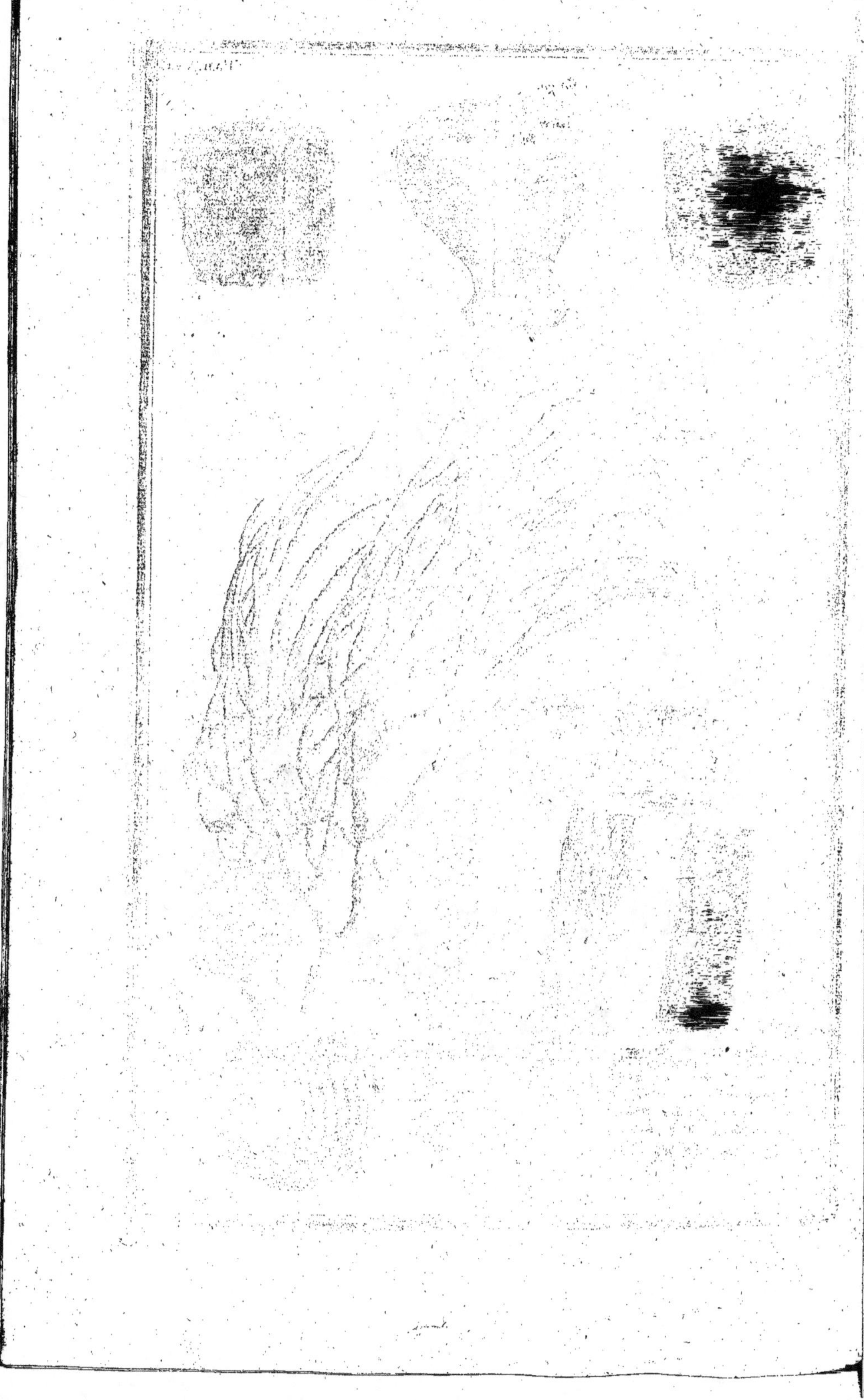

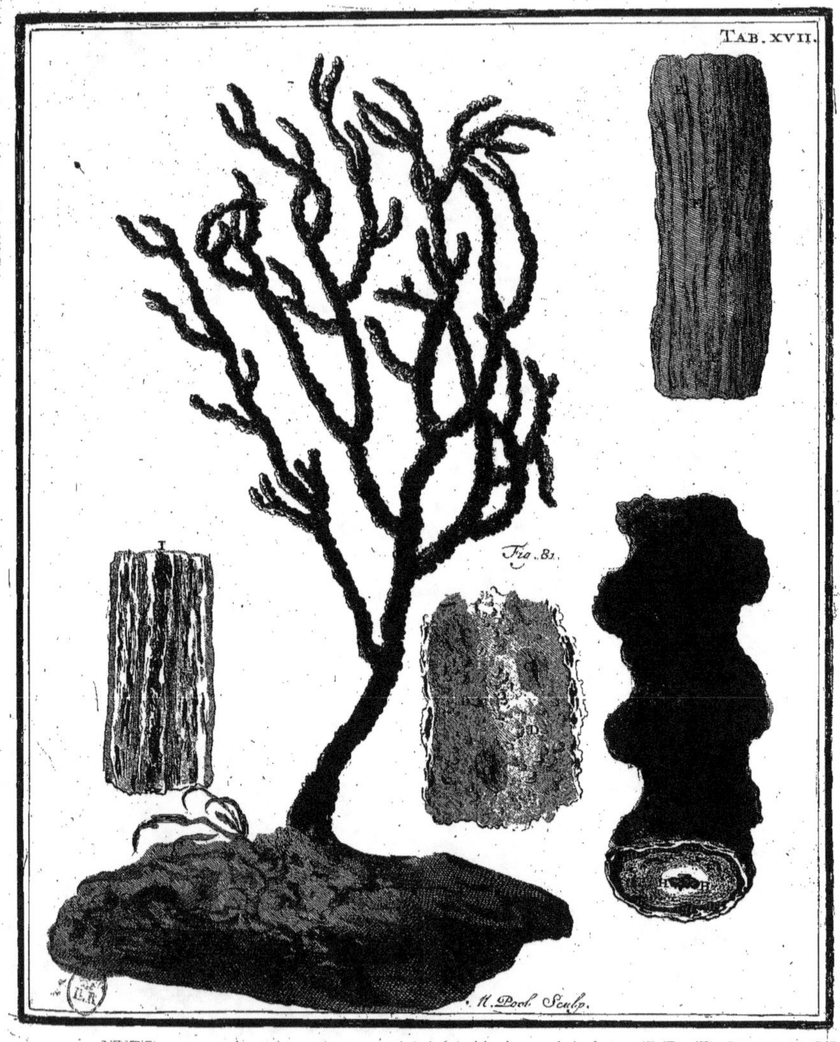

TAB. XVII.
Fig. 81.
H. Pool Sculp.

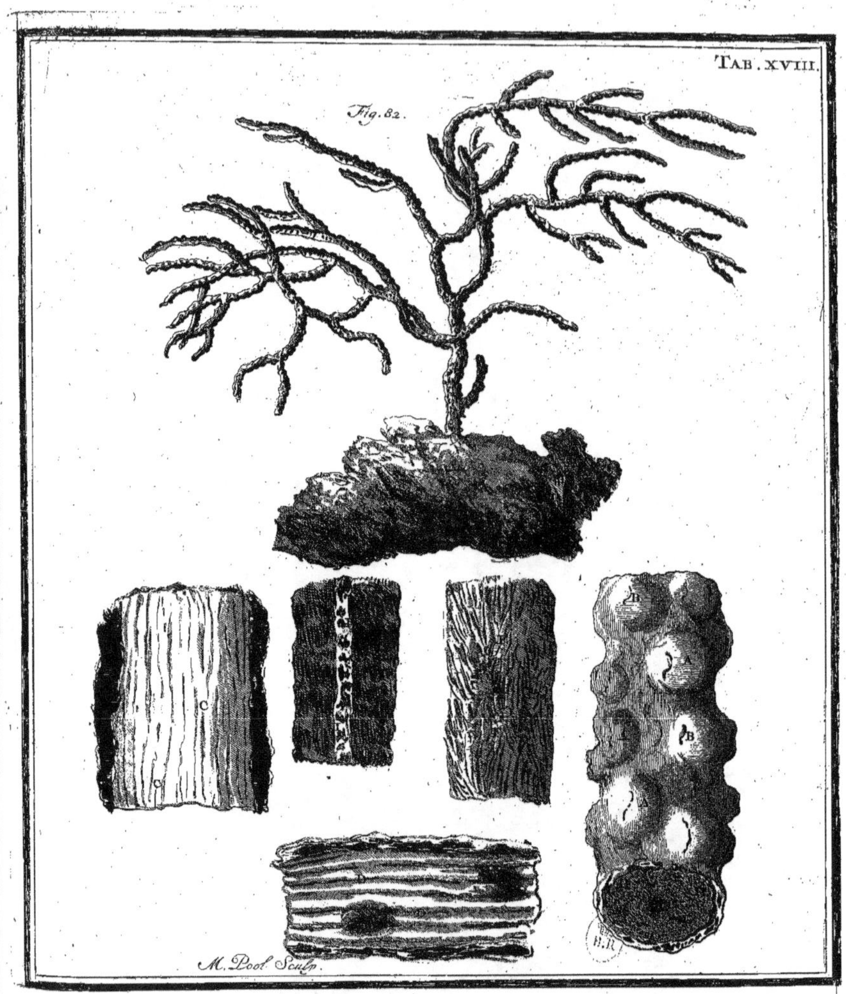

TAB. XVIII.
Fig. 82.
B
A
B
C
M. Pool Sculp.

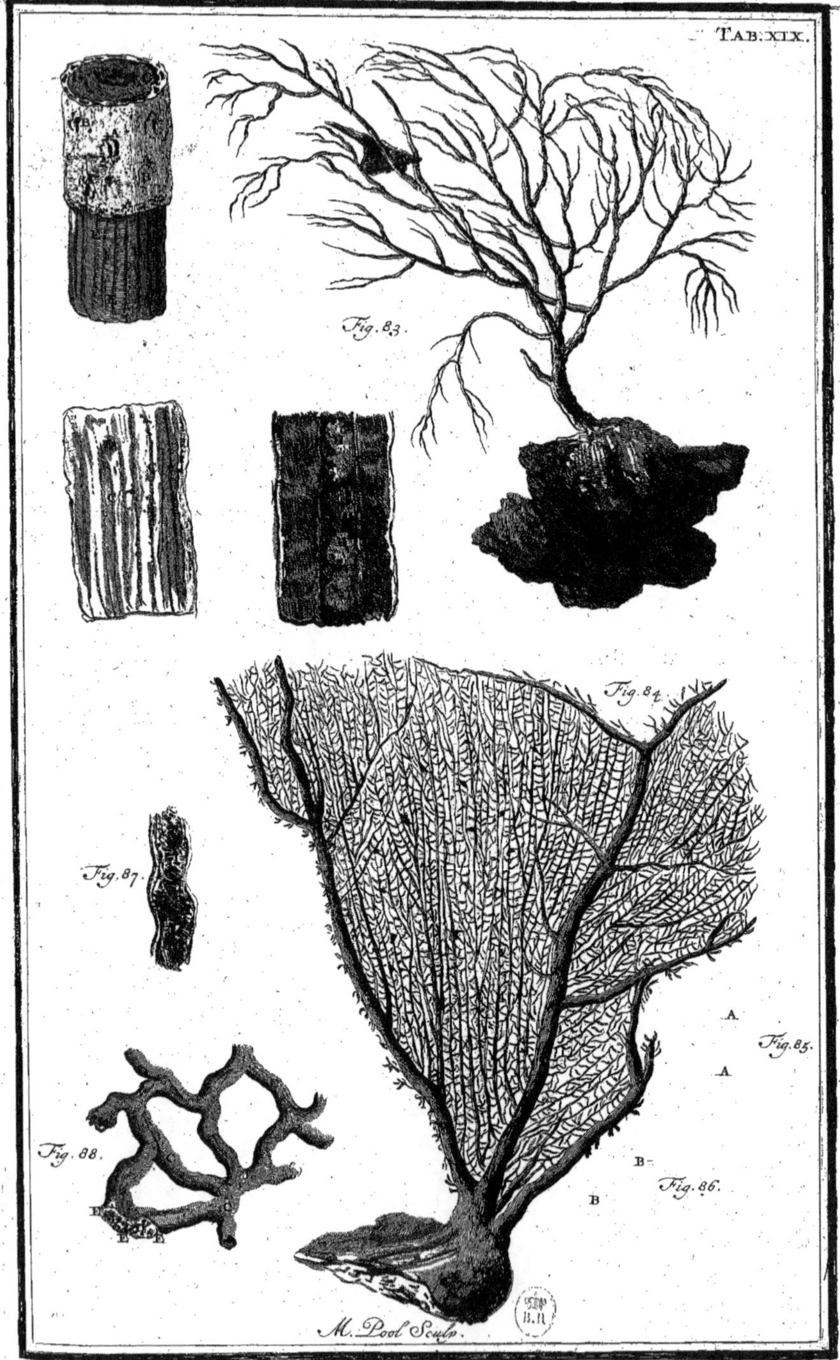

TAB. XIX.
Fig. 83.
Fig. 84.
Fig. 87.
Fig. 85.
A
A
Fig. 88.
B
B
Fig. 86.
M. Pool Sculp.

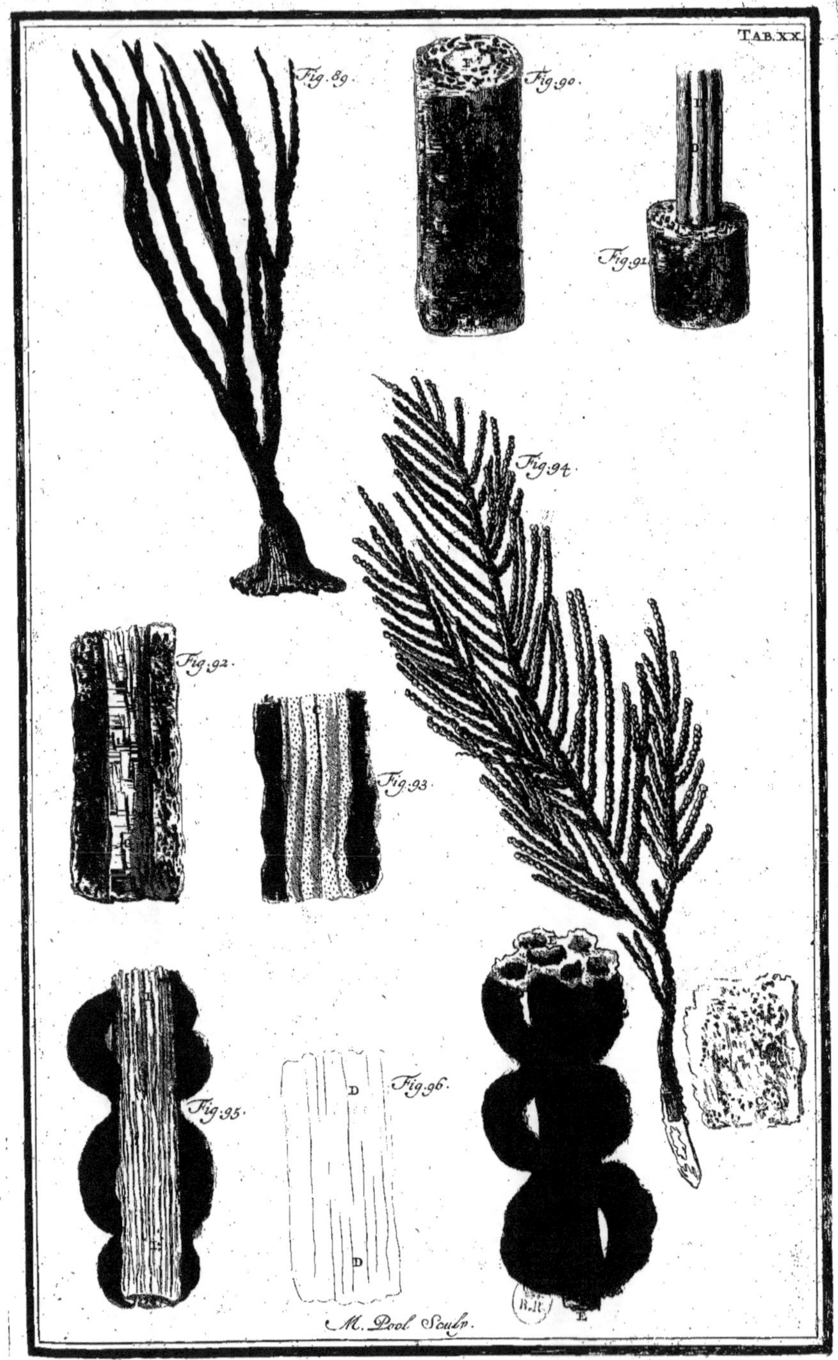Tab.XX.
Fig.89.
Fig.90.
Fig.91.
Fig.94.
Fig.92.
Fig.93.
Fig.95.
Fig.96.
M. Pool Sculp.

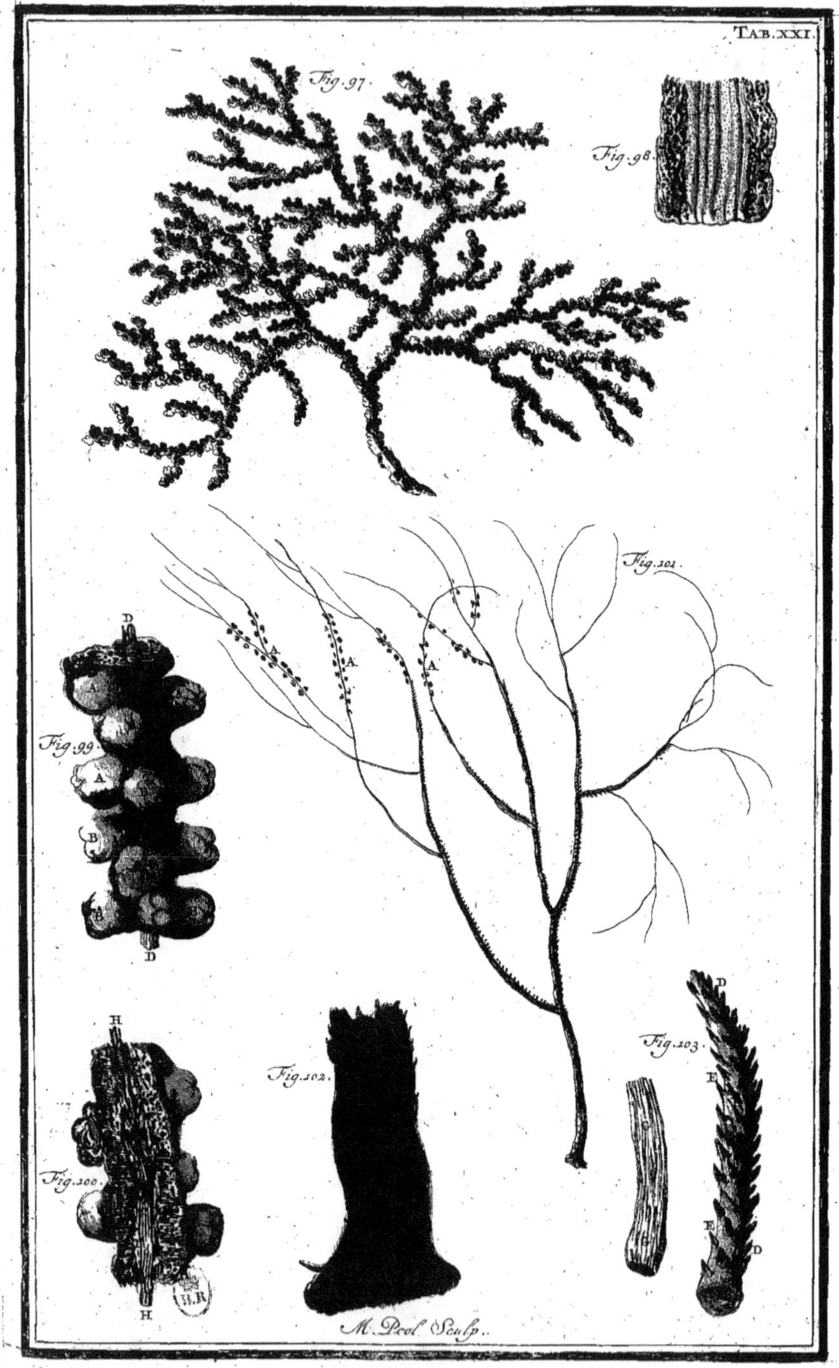
Fig. 97.
Fig. 98.
Fig. 101.
Fig. 99.
Fig. 100.
Fig. 102.
Fig. 103.
M. Pool Sculp.

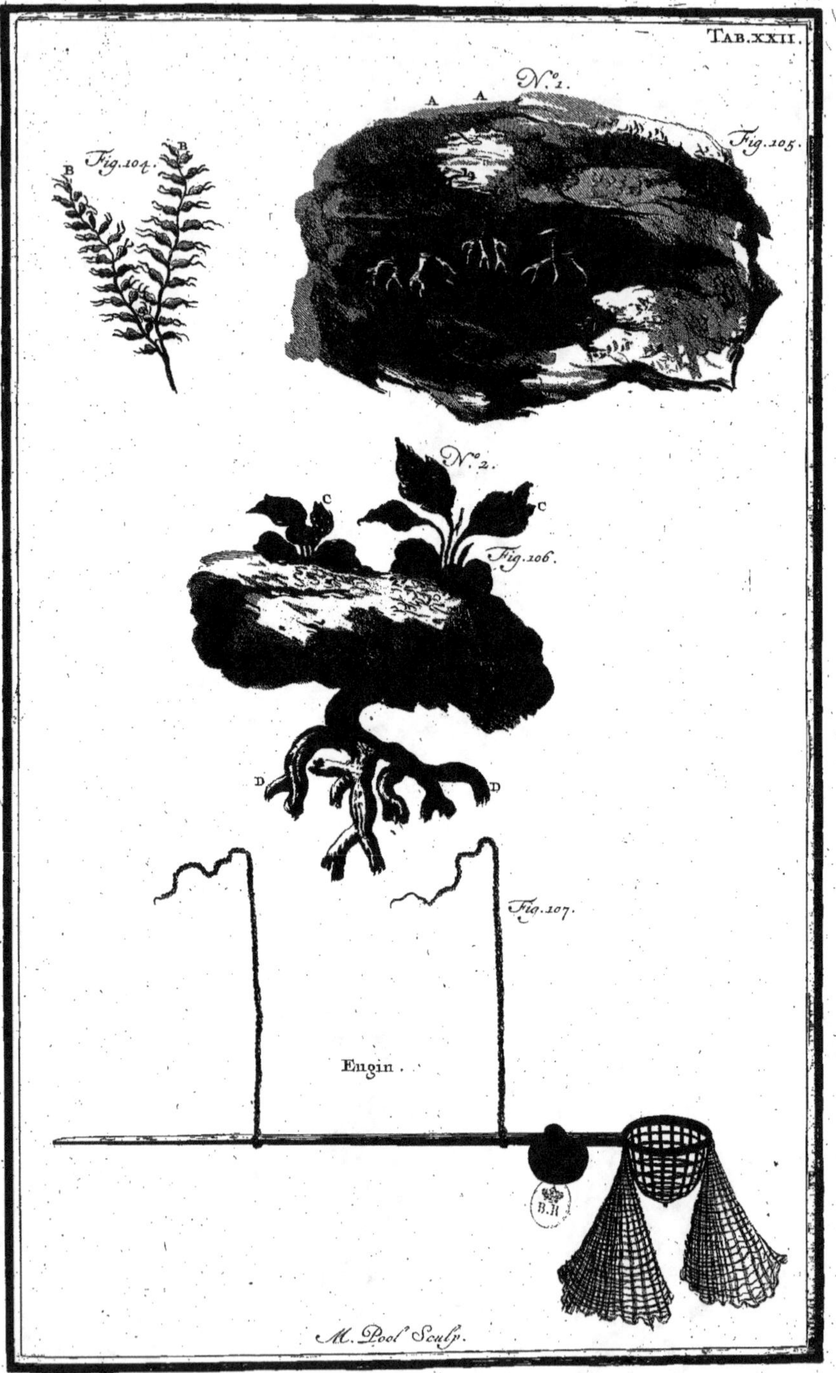

Tab.XXII.
N.º1.
A   A
Fig.104.
B
B
Fig.105.
N.º2.
c
c
Fig.106.
D
D
Fig.107.
Engin.
M. Pool Sculp.

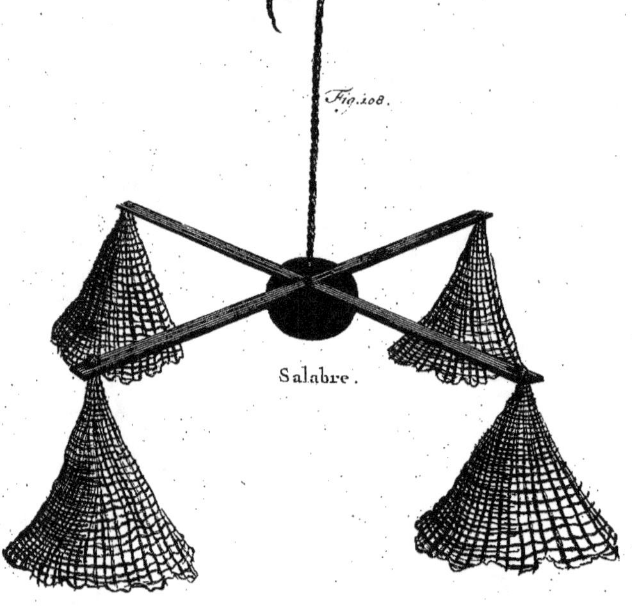

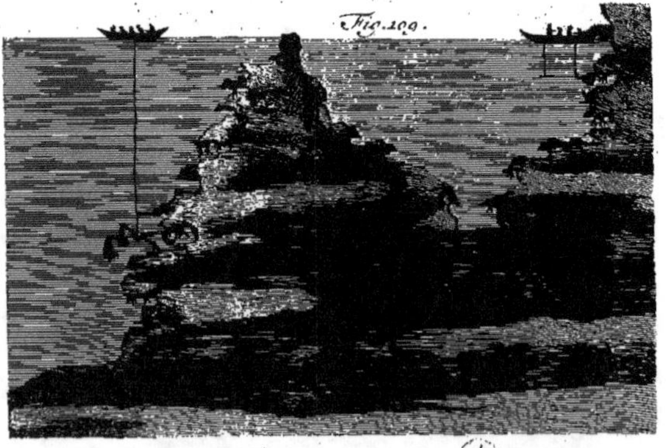

M. Pool Sculp.

Fig. 110.

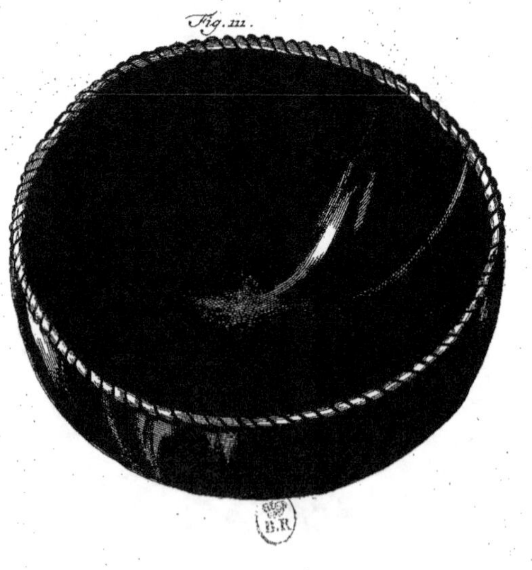

Fig. 111.

M. Pool Sculp.

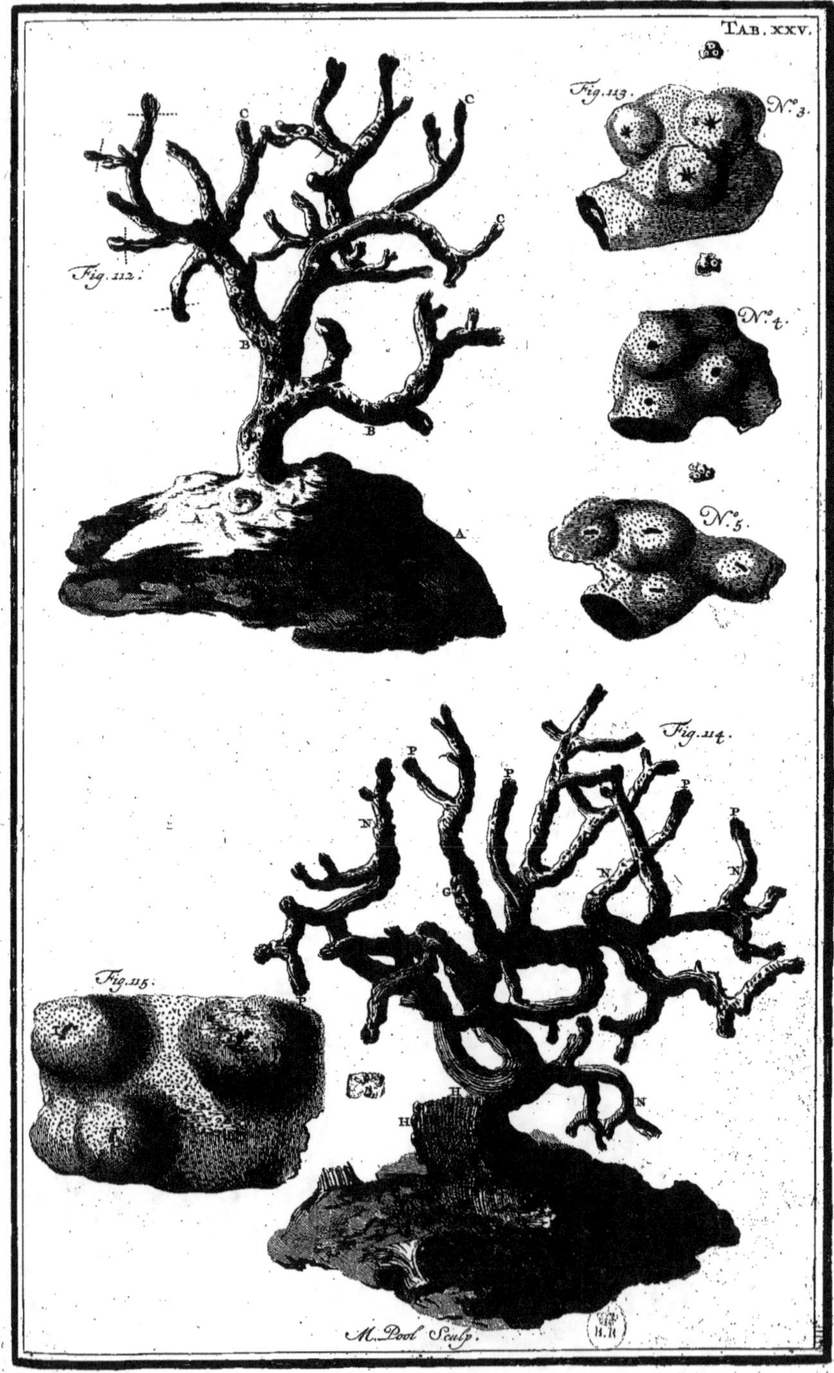

Fig. 112.
Fig. 113.
N.º 3.
N.º 4.
N.º 5.
Fig. 114.
Fig. 115.
M. Pool Sculp.

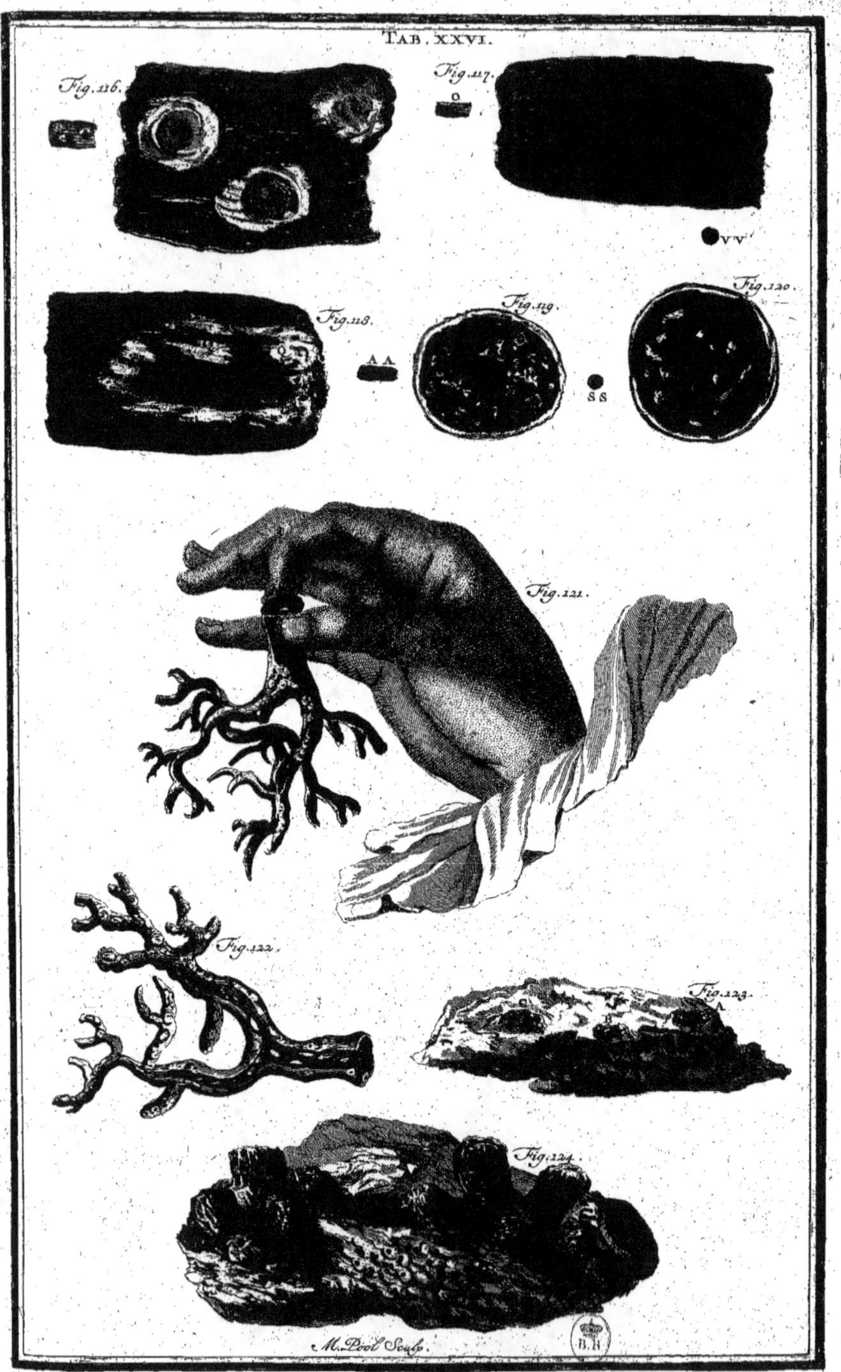
TAB. XXVI.
Fig. 116.
Fig. 117.
O
VV
Fig. 118.
Fig. 119.
Fig. 120.
AA
SS
Fig. 121.
Fig. 122.
Fig. 123.
Fig. 124.
M. Pool Sculp.

Fig. 225.
Fig. 226.
Fig. 227.
Fig. 228.
Nº 1.
Fig. 228.
Nº 2.
Fig. 228.
Nº 4.
Fig. 228.
Nº 5.
Fig. 228.
Nº 3.
Fig. 228.
Nº 6.
Fig. 228.
Nº 7.

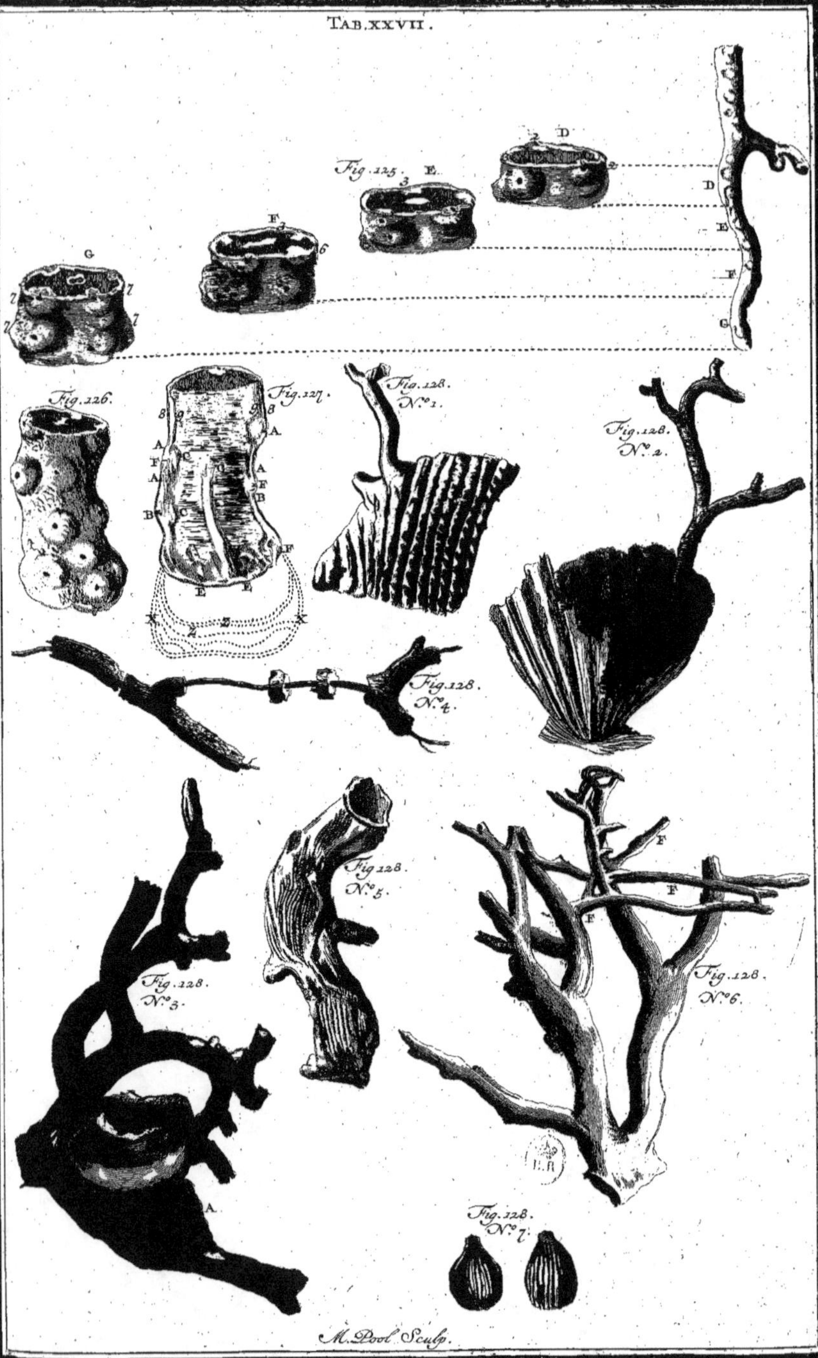

M. Pool Sculp.

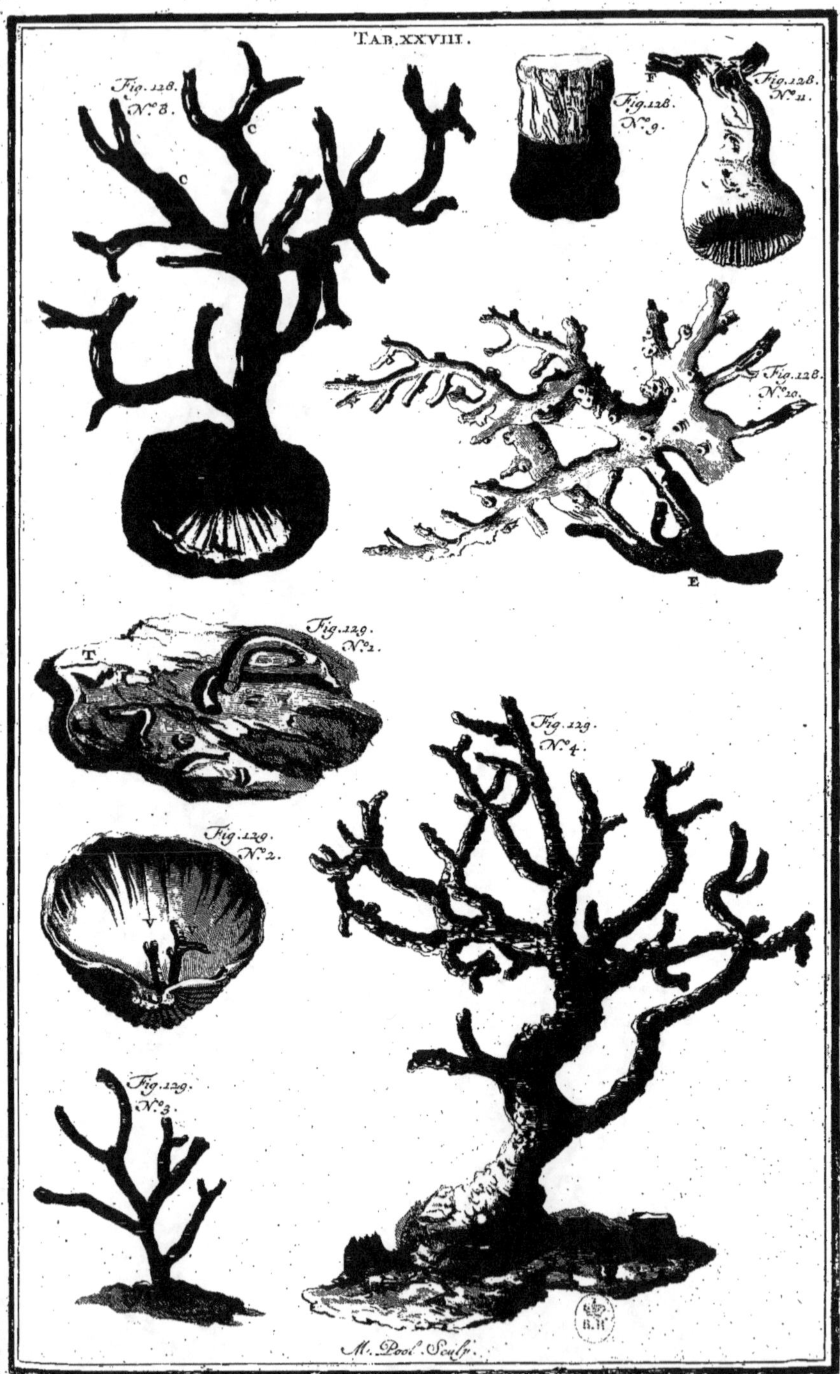

TAB. XXVIII.
Fig. 128. N.º 8.
Fig. 128. N.º 9.
Fig. 128. N.º 11.
Fig. 128. N.º 10.
Fig. 129. N.º 1.
Fig. 129. N.º 2.
Fig. 129. N.º 3.
Fig. 129. N.º 4.
C
C
F
E
T
M. Pool. Sculp.

TAB. XXIX.
Fig.129. N.º5.
Fig.129. N.º8.
Fig.129. N.º9.
Fig.129. N.º6.
Fig.129. N.º7.
Fig.129. N.º10.
Fig.129. N.º11.
Fig.130.
Fig.131.
Fig.132.
Fig.129. N.º12.
Fig.133.
Digiti.
Fig.134.
M. Pool Sculp.

TAB. XXX.
Fig. 135.
Fig. 136.
Fig. 138.
Fig. 137.
Fig. 139.
Fig. 140.
Fig. 141.
Fig. 143.
Fig. 142.
M. Pool Sculp.

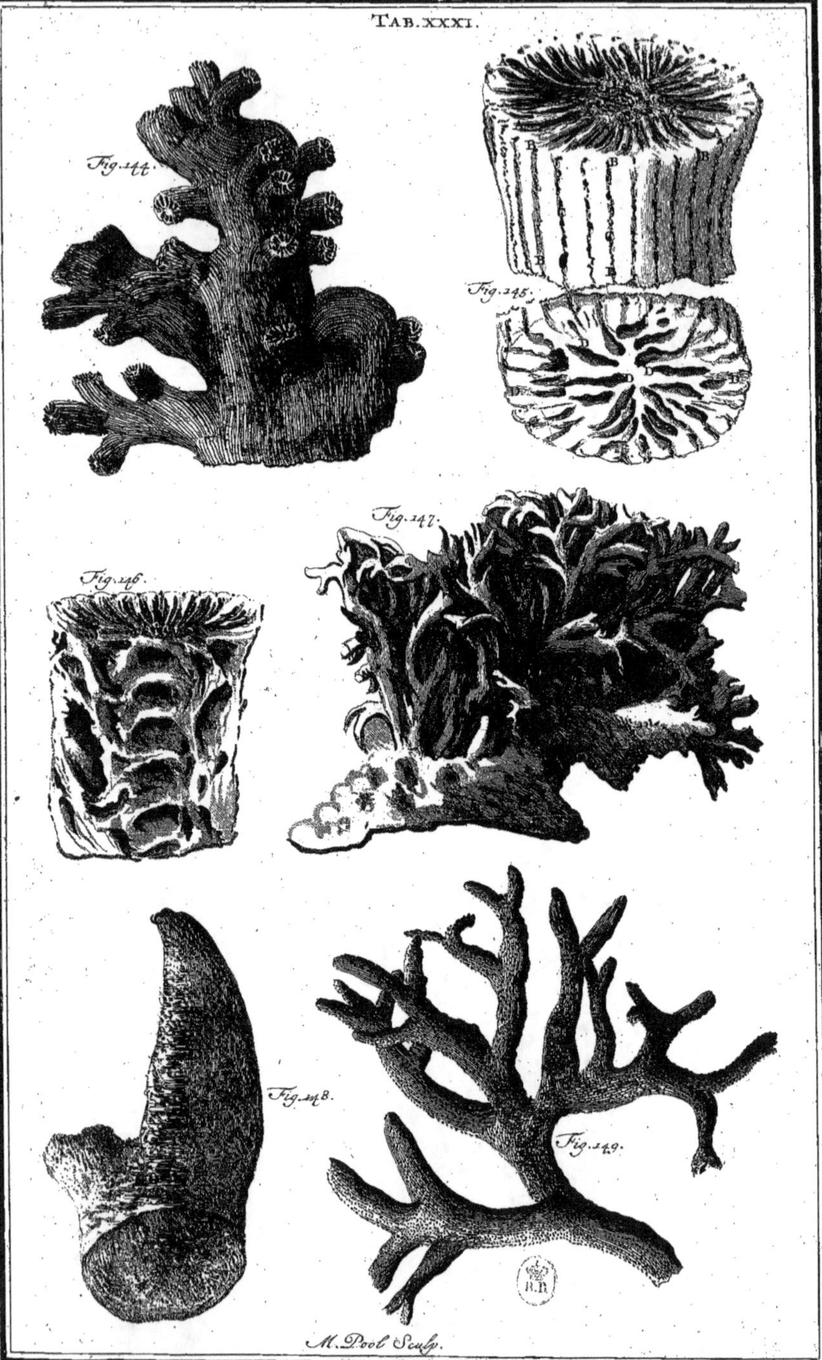

M. Pool Sculp.

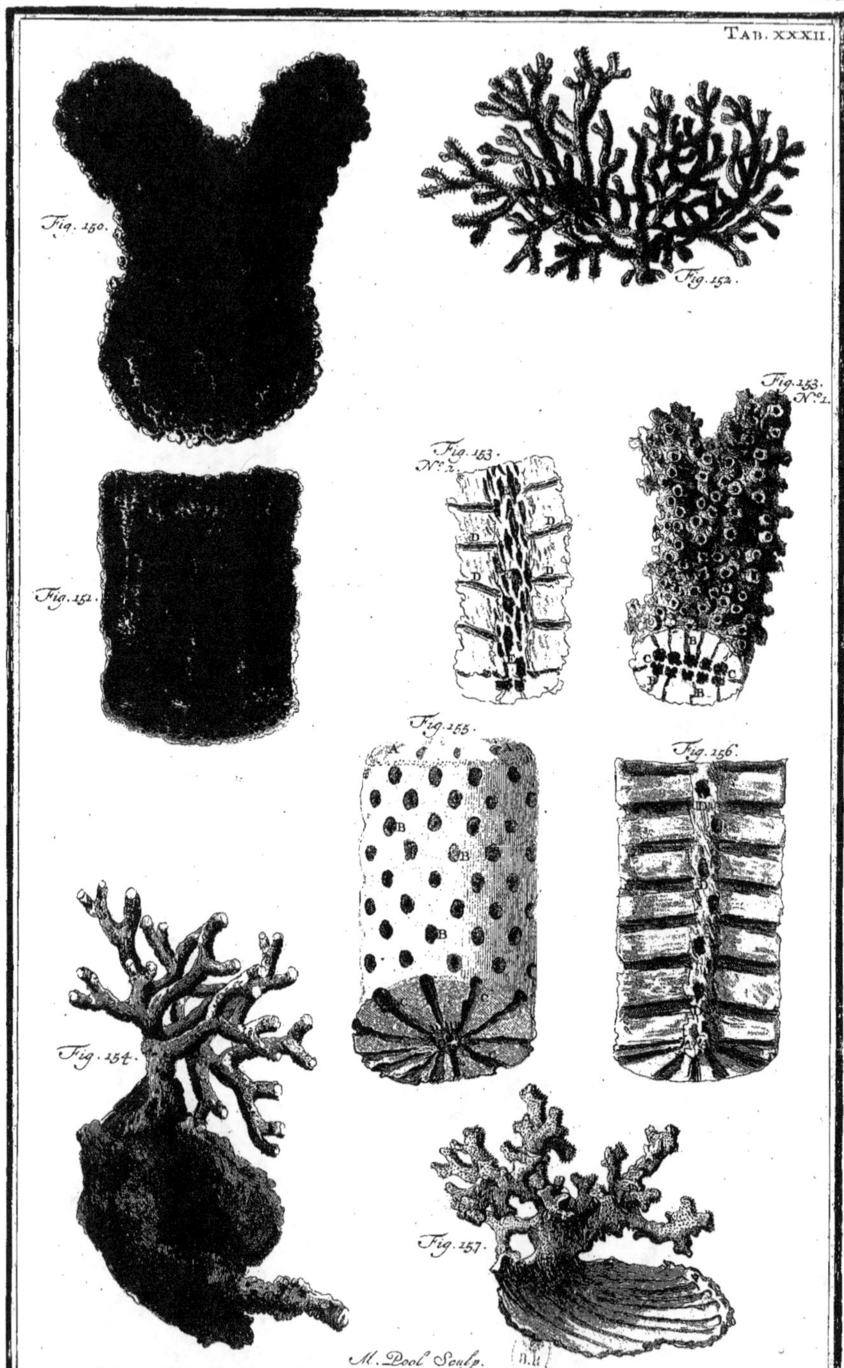

Fig. 150.
Fig. 152.
Fig. 153. N.º 1.
Fig. 153. N.º 2.
Fig. 151.
Fig. 155.
Fig. 156.
Fig. 154.
Fig. 157.
M. Pool Sculp.

Fig.158.
N.º1.
N.º2.
Fig.160.
N.º1.
N.º3.
N.º2.
Fig.161.
N.º1.
Fig.159.
N.º1.
N.º2.
N.º2.
Fig.162.
Fig.163.
Fig.164.

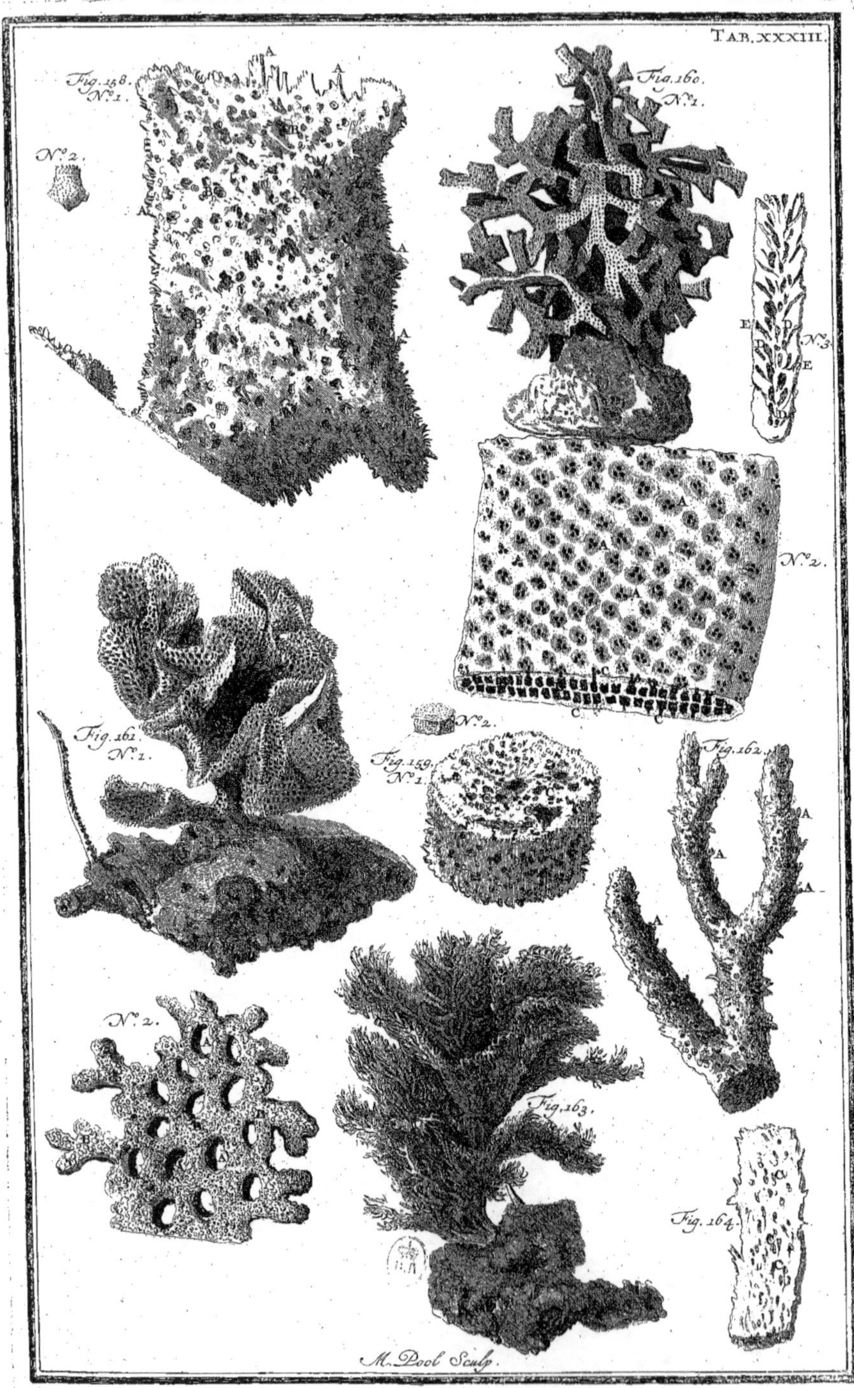

M. Pool Sculp.

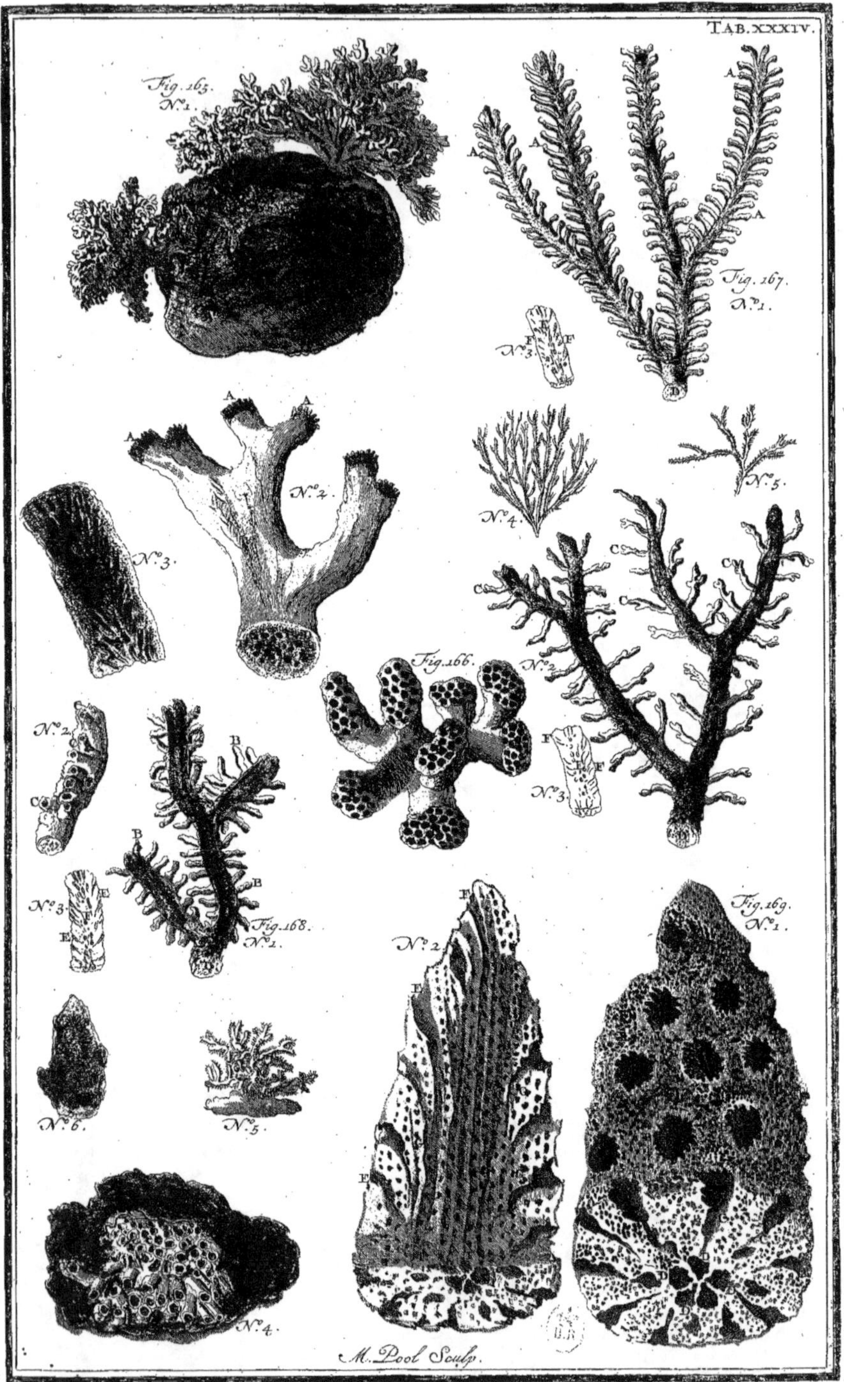

TAB. XXXIV.
Fig. 165.
N.º 1.
Fig. 167.
N.º 1.
N.º 3.
A
A
A
A
D
N.º 2.
N.º 3.
N.º 4.
N.º 5.
C
C
C
C
N.º 2.
Fig. 166.
F
F
N.º 3.
N.º 2.
C
B
B
B
B
N.º 3.
E
E
Fig. 168.
N.º 1.
F
F
N.º 2.
Fig. 169.
N.º 1.
N.º 6.
N.º 5.
E
N.º 4.
M. Pool Sculp.

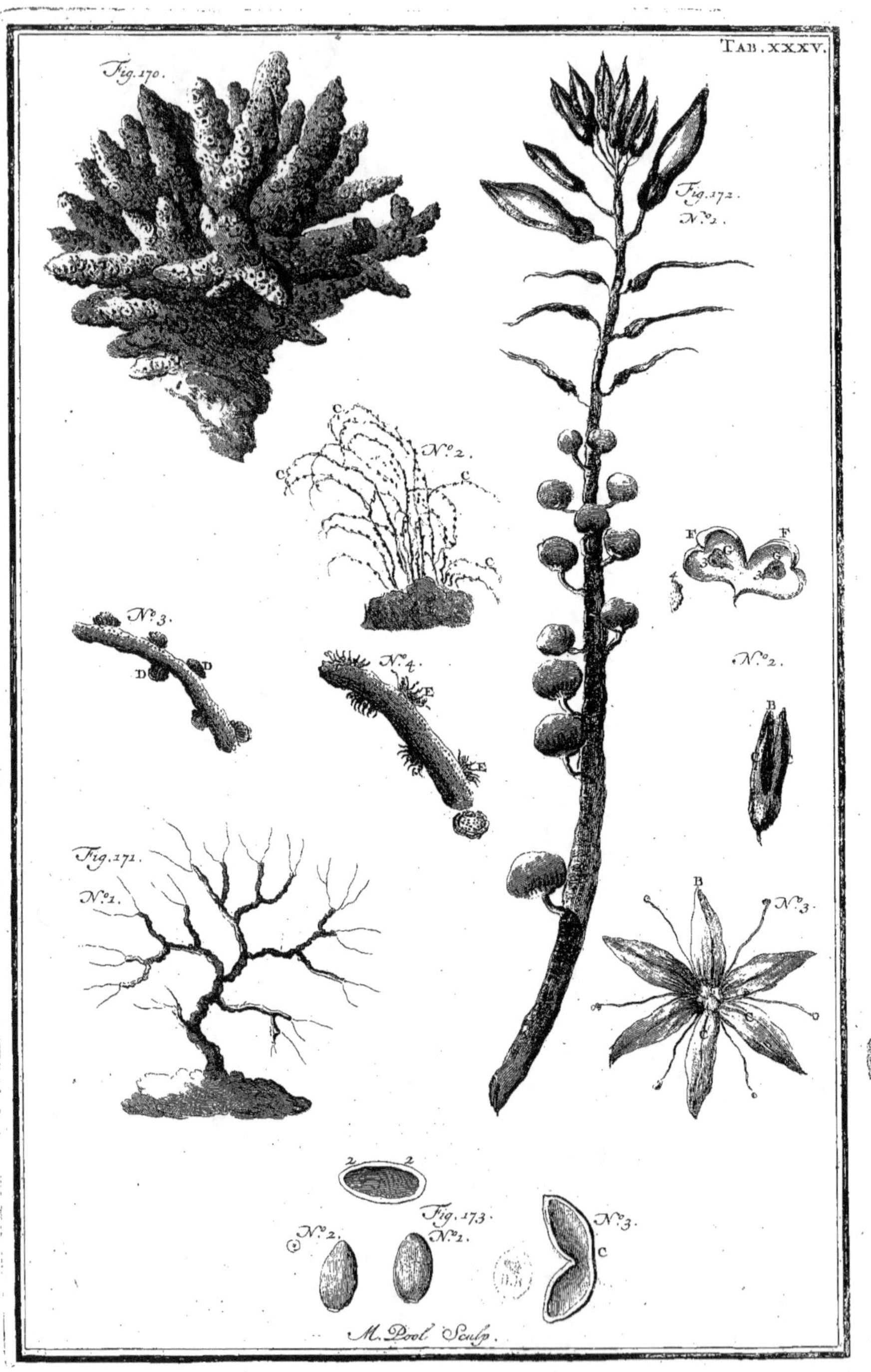

TAB. XXXV.
Fig. 170.
Fig. 172.
Nº. 2.
Nº. 2.
Nº. 3.
Nº. 4.
D
D
E
E
Nº. 2.
B
Nº. 2.
B
Nº. 3.
Fig. 171.
Nº. 1.
2
2
Nº. 2.
Fig. 173.
Nº. 1.
Nº. 3.
C
M. Pool Sculp.

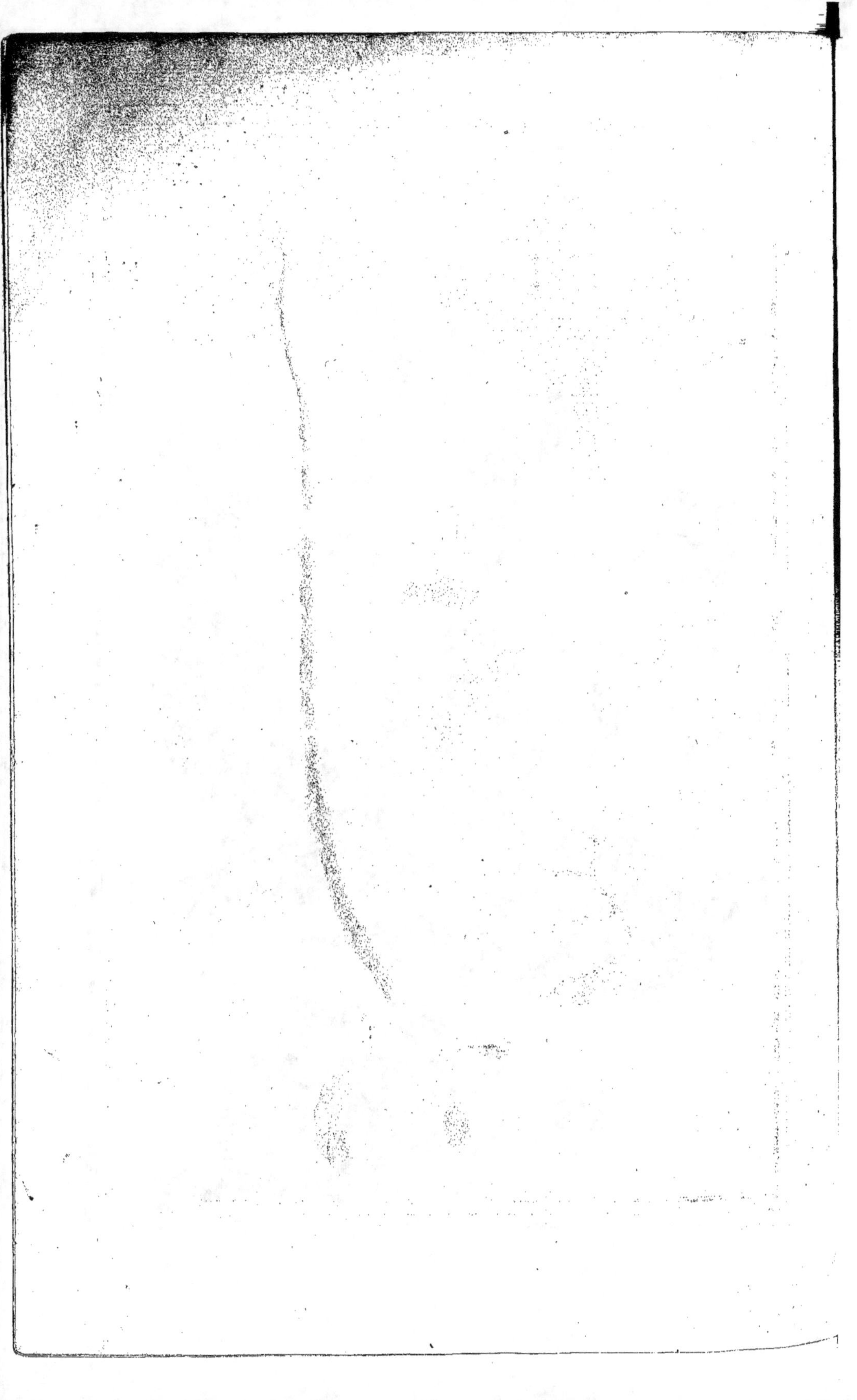

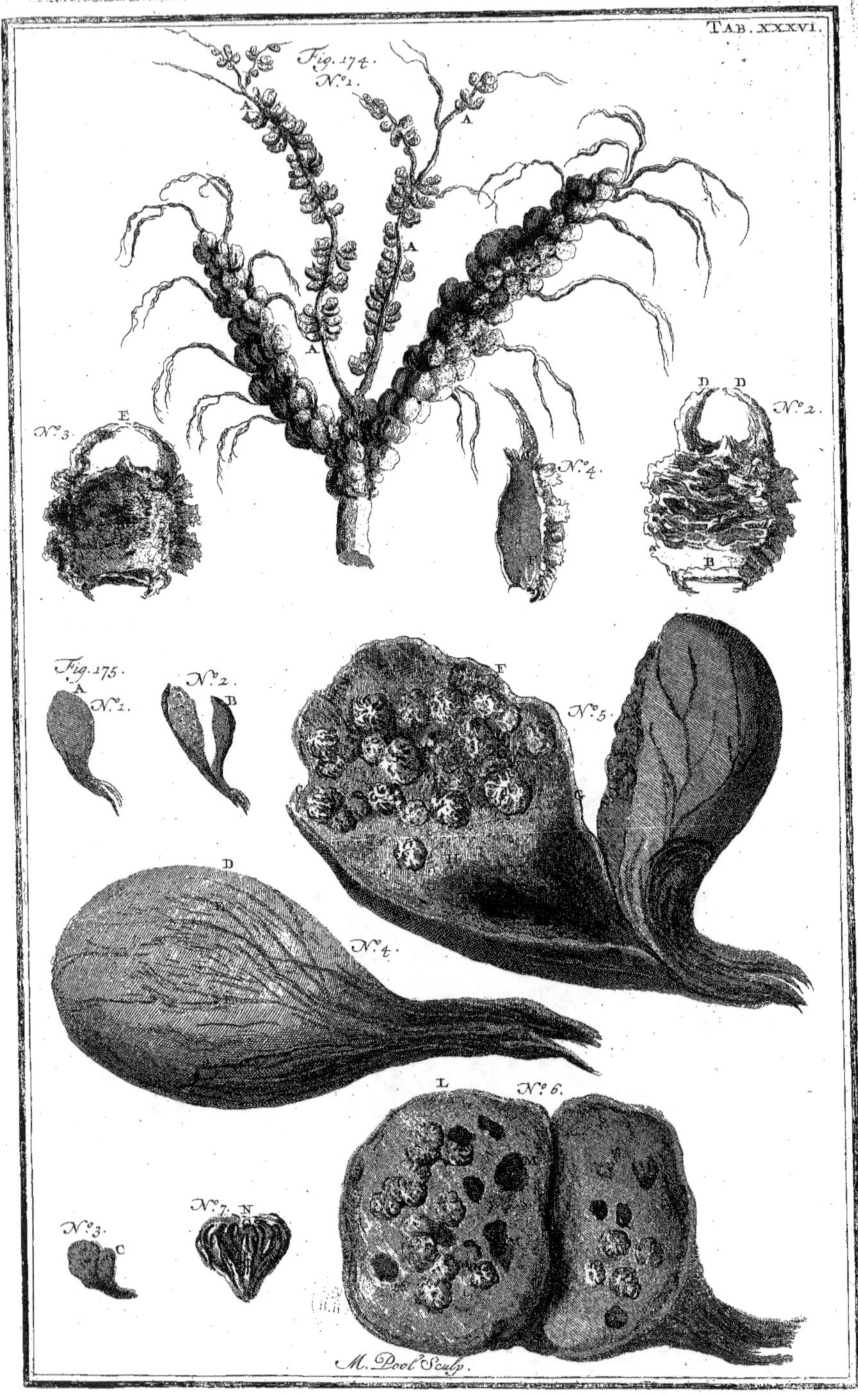

Fig.174.
N.º1.
N.º3
N.º4
N.º2
Fig.175.
N.º1.
N.º2.
N.º5
N.º4
N.º6.
N.º3.
N.º7.
M. Pool Sculp.

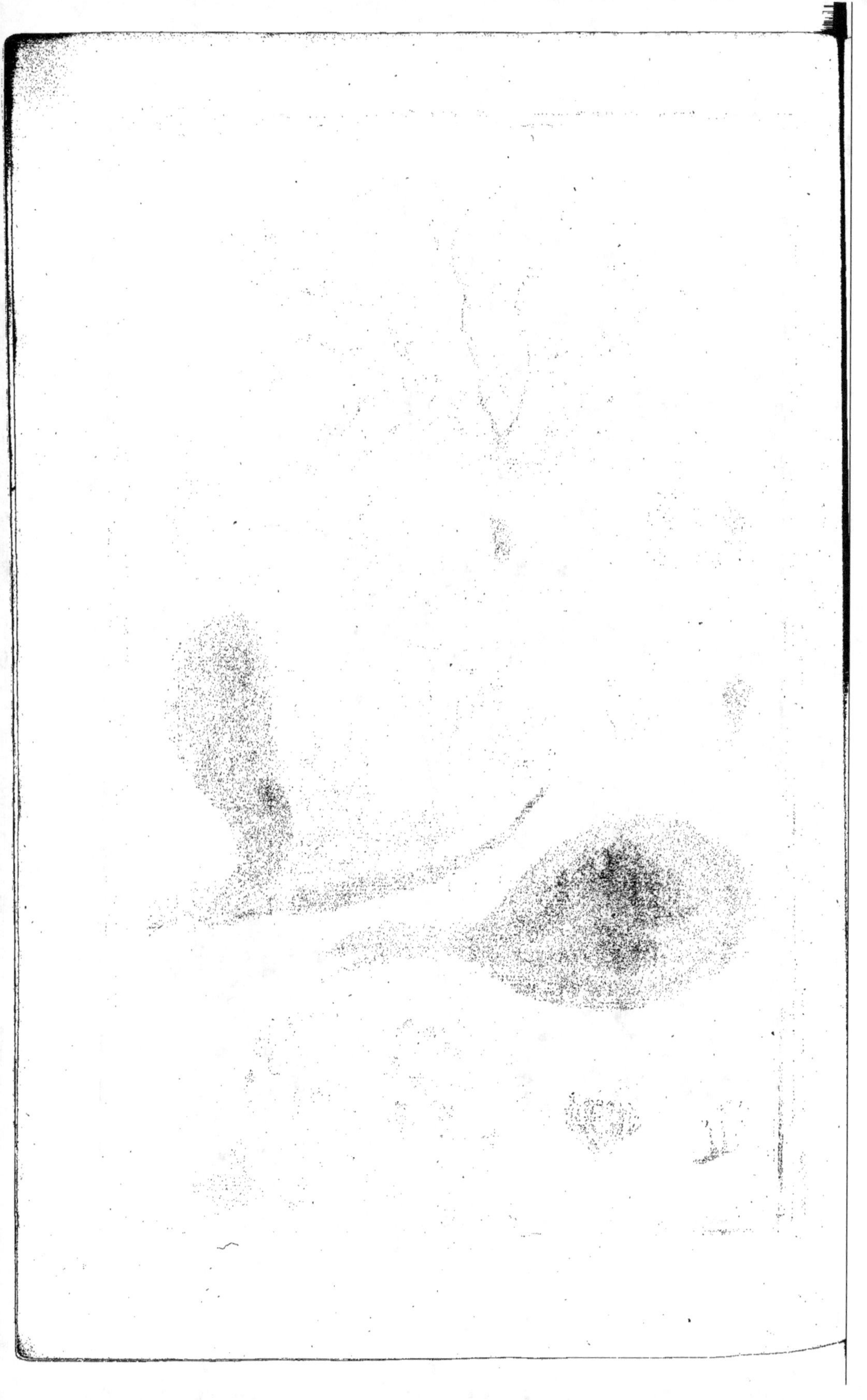

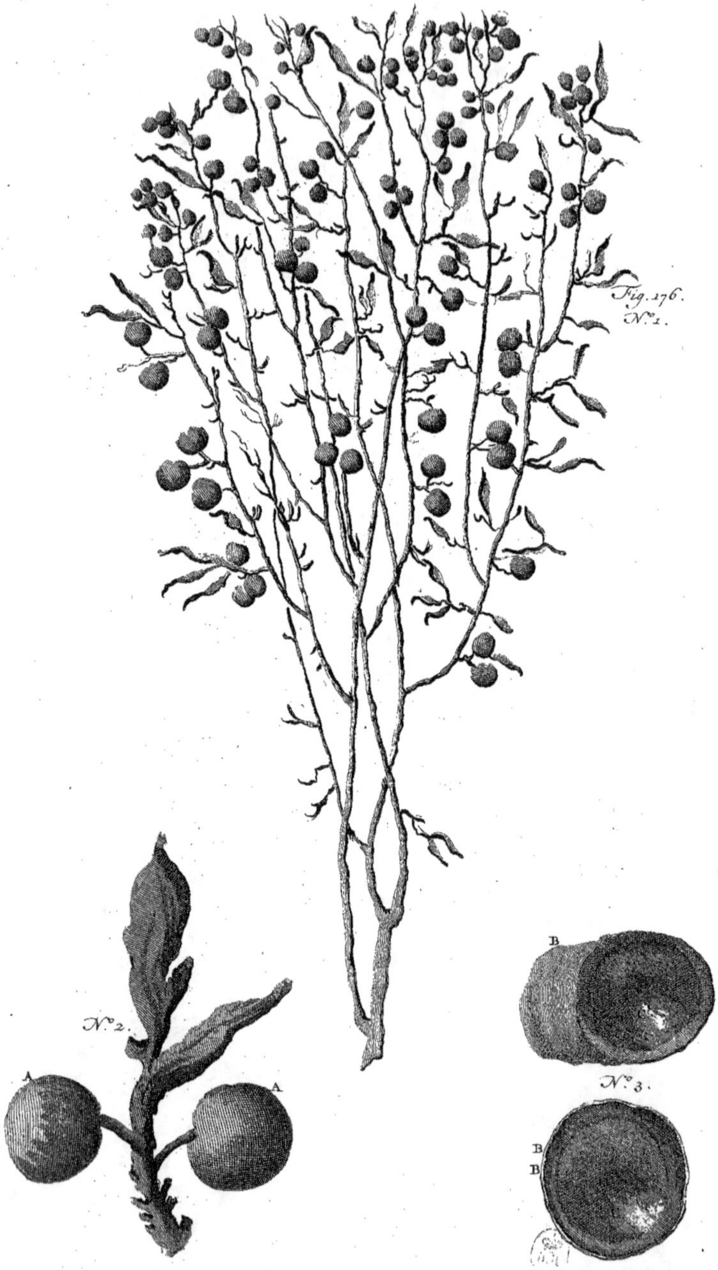

M. Pool Sculp.

M. Pool Sculp.

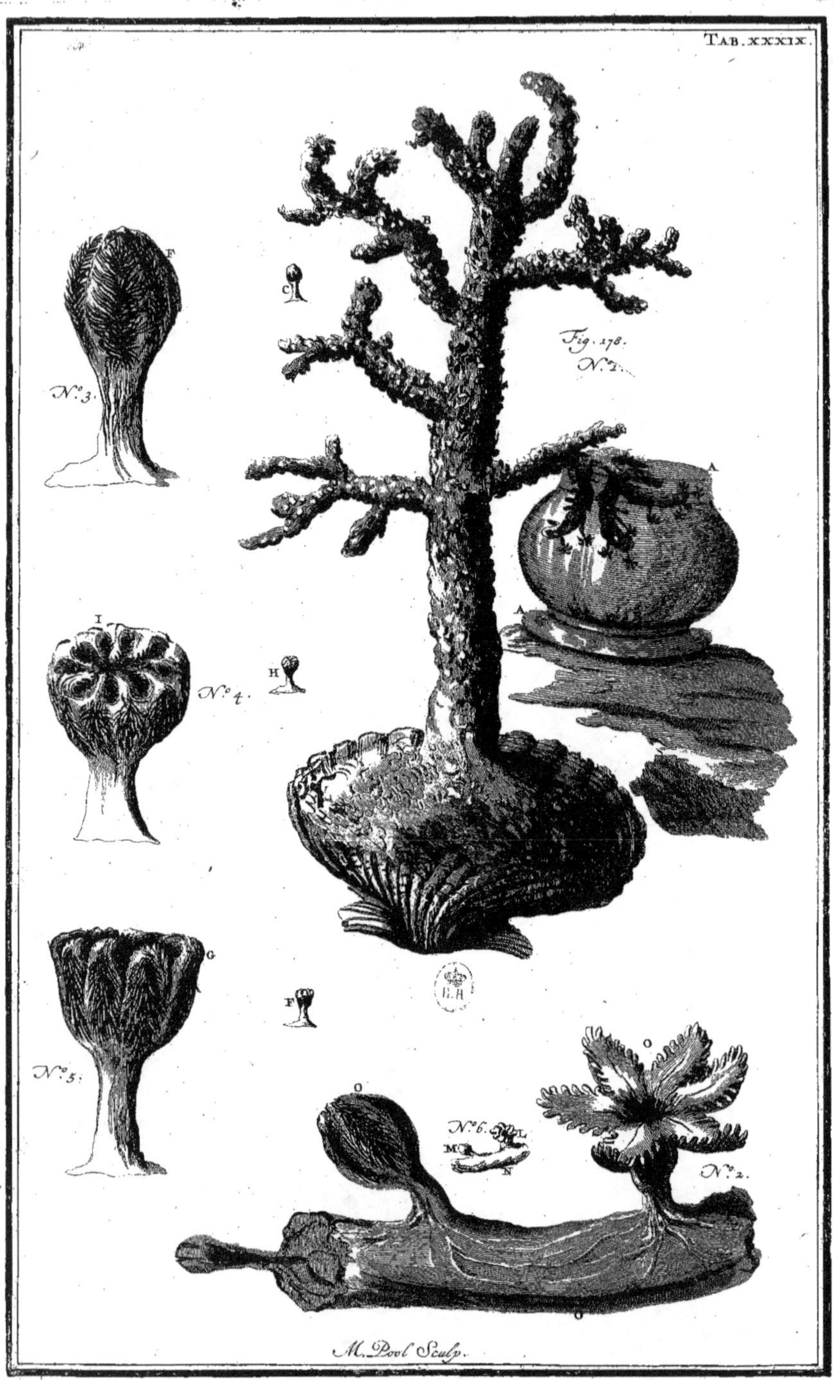

TAB. XXXIX.
Fig. 178.
N.º 1.
N.º 2.
N.º 3.
N.º 4.
N.º 5.
N.º 6.
A
B
C
F
G
H
I
L
M
N
O
M. Pool Sculp.

Tab. XL.
N.º 3.
A
A
A
B
B
N.º 2.
Fig. 179.
N.º 1.
Fig. 180.
N.º 1.
N.º 2.
C
B
A
A
A
N.º 3.
B
B
B
B
M. Pool Sculp.